海洋装备智能可视化交流电磁场检测技术

李伟　袁新安　陈国明　著

電子工業出版社
Publishing House of Electronics Industry
北京 · BEIJING

内 容 简 介

海洋装备的水下结构安全一直是海洋油气资源顺利开发的关键环节，安全检测技术具有“难实施、测不出、测不准”等瓶颈。尤其当前中国海洋油气资源开发逐步走向深海，对于深水结构安全保障技术具有更迫切的需求。本书内容丰富、章节逻辑合理，详述了交流电磁场检测技术的发展过程，涉及基础理论、缺陷识别方法、仪器研制、新技术结合及工程应用等多方面的内容，为海洋装备的水下结构安全检测提供了先进解决方案，能够为本领域的科研和工程人员提供很好的学习资料，促进先进技术在工程领域的推广应用，也为深海装备结构安全检测提供了新思路，对于保障海洋油气资源顺利及安全开发具有重要意义，经济和社会效益显著。

图书在版编目（CIP）数据

海洋装备智能可视化交流电磁场检测技术 / 李伟，袁新安，陈国明著. -- 北京 : 电子工业出版社，2024. 6. -- ISBN 978-7-121-48337-0

Ⅰ. P75

中国国家版本馆 CIP 数据核字第 202413HC74 号

责任编辑：杜　军
印　　刷：三河市龙林印务有限公司
装　　订：三河市龙林印务有限公司
出版发行：电子工业出版社
北京市海淀区万寿路 173 信箱　　邮编：100036
开　　本：787×1092　1/16　印张：12.75　字数：319 千字
版　　次：2024 年 6 月第 1 版
印　　次：2024 年 6 月第 1 次印刷
定　　价：79.00 元

凡所购买电子工业出版社图书有缺损问题，请向购买书店调换。若书店售缺，请与本社发行部联系，联系及邮购电话：（010）88254888，88258888。

质量投诉请发邮件至 zlts@phei.com.cn，盗版侵权举报请发邮件到 dbqq@phei.com.cn。

本书咨询联系方式：dujun@phei.com.cn。

前　言

21世纪是海洋的世纪，是人类全面进入海洋资源开发的关键阶段。党的十八大以来，中国提出了“海洋强国”战略，把全面经略海洋作为国家高质量发展的战略要地。海洋资源开发具有高风险、高投入及高回报的特点，必须依靠安全可靠的海洋装备。由于海洋环境的复杂应力及腐蚀环境，海洋装备不可避免地会产生裂纹、腐蚀等各类危险缺陷，成为海洋装备安全服役的重大隐患。安全检测技术能够及时发现海洋装备的缺陷，为海洋装备的维修、改装及报废提供可靠数据，安全检测已成为保障海洋装备安全服役的必备手段，是海洋工程在国际研究工程应用技术中的热点。当前老龄的深水海洋装备不断增多，对海洋装备安全检测提出了更高的要求和挑战，亟待出版相关先进技术著作，提升安全检测技术服务重大海洋装备的能力。

中华人民共和国科学技术部先后将海洋装备安全检测技术列入了863计划、重点研发计划，对重大科技专项研究项目，投入了大量人力、物力及财力，以推动相关技术的发展与应用。本书所述的智能可视化交流电磁场检测技术正是海洋装备水下结构安全检测的关键技术，已被国际标准（ASME、ASNT）及组织机构（ABS、GL、CCS）列为海洋装备水下结构安全检测的必备手段。本书内容主要基于“十五”国家863计划“海洋油气资源开发的安全保障技术”、“十三五”国家重点研发计划“海洋石油天然气开采事故防控技术研究及工程示范”和“十三五”国家科技重大专项“海洋深水油气田开发工程技术”等项目的研究成果，凝聚了科研团队多年的科学研究及工程应用成果，兼顾理论知识与工程应用，具有接近工程实际的指导作用。

本书作者全部从事海洋装备安全检测工作，具备多年科研、教学及工程实践的经验。本书结合科研与实践详述海洋装备智能可视化交流电磁场检测技术的国内外发展历程、核心基础理论、信号处理方法、探头仪器开发过程、与人工智能等新技术结合、工程应用及标准化建设等多方面的内容，以一线科研人员的视角真实、生动、具体地详述将交流电磁场检测科学理论应用于海洋装备安全保障生产实践的转化经历，对于先进技术的工程应用具有普适性指导意义。本书的目的是推动交流电磁场检测技术的普及和应用，促进中国海洋装备安全检测技术、装备、产业及人才的发展，为海洋装备安全检测的相关专业研究生及工程技术人员提供一定的参考和借鉴。

本书第 1～3 章主要由李伟教授撰写，第 4～6 章主要由袁新安副教授撰写，第 7 章主要由陈国明教授撰写。感谢殷晓康教授、李肖副教授、赵建明副教授在本书出版过程中给予的指导和帮助，感谢海洋油气装备与安全技术研究中心赵建超、丁建喜、陈钦禹等博士，以及张西赫硕士在本书写作过程中的辛苦付出。由于作者学识和能力有限，书中难免有疏漏和不足之处，敬请有关专家和读者批评指正。

目　录

第 1 章

绪论

交流电磁场检测（ACFM）技术是在 20 世纪 80 年代由伦敦大学机械工程系的 NDE 中心经过多年的理论研究，基于交流电压降（ACPD）原理，用表面磁场模型代替 ACPD 检测中的表面电场模型提出的。随着 ACFM 技术被广泛关注，国内外的电磁无损检测专家及学者对其理论和应用进行了研究，提出了各种数学模型，为研究缺陷信息和感应磁场分布之间的关系奠定了基础。在 20 世纪 80 年代后期，ACFM 技术首先被用于水下结构关键部位焊缝质量的检验及有表面涂层的金属结构的检验，1997 年巴西国家石油公司将 ACFM 技术用于海上石油平台的结构检验。随着对 ACFM 技术不用去除涂层而实现表面疲劳裂纹检测的价值的认可及该技术的进一步发展和成熟，ACFM 技术开始被广泛应用到石化、核工业、钢铁和铁路工业、土木结构、航空航天等领域中。国内外交流电磁场的发展历程如图 1-1 所示。本章介绍 ACFM 理论基础，1.1 节介绍 ACFM 技术的检测原理，1.2 节介绍国内外研究现状，1.3 节介绍 ACFM 系统，1.4 节介绍未来发展趋势。

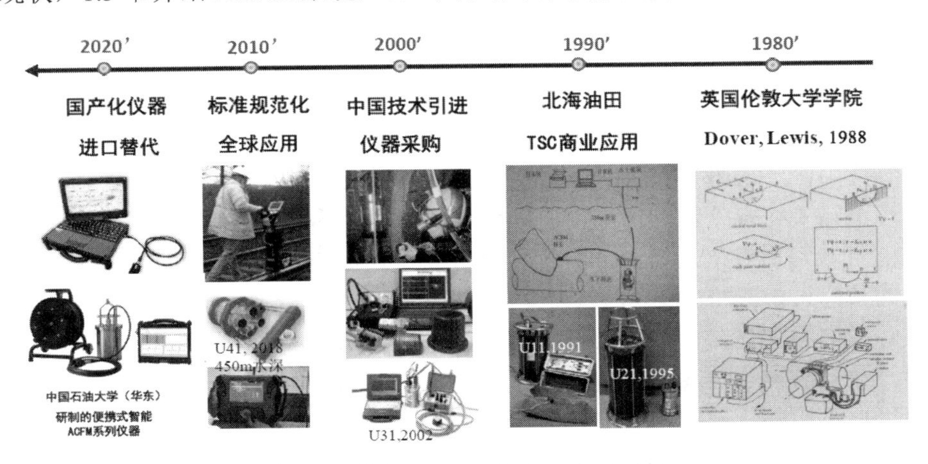

图 1-1　国内外交流电磁场的发展历程

1.1　ACFM 技术的检测原理

ACFM 技术的检测原理：由激励探头在待测试件表面感应出均匀的交变电流，若有缺陷存在，则会由于空气和试件电阻率的差异，使感应电流在缺陷两边和底部绕过，引起表面电磁场的扰动，检测探头能采集缺陷上方的电磁场畸变信息并进行分析，可获得描述缺陷状态的尺寸信息，从而达到定量分析的目的，如图 1-2 所示。

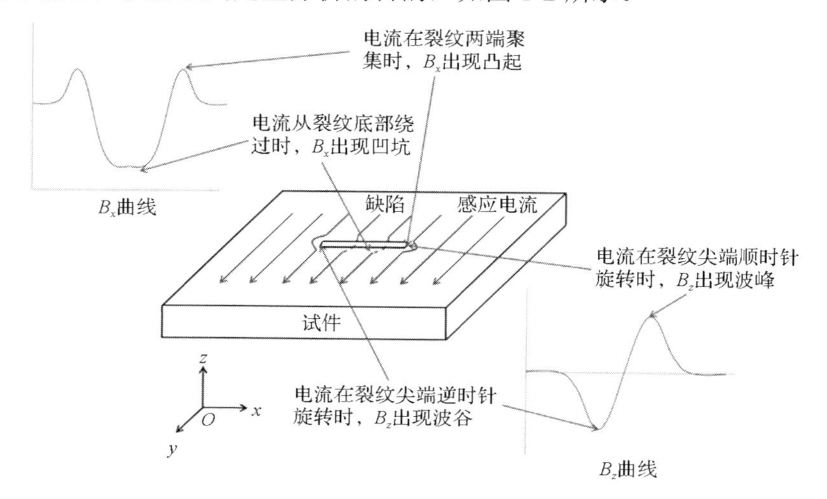

图 1-2　ACFM 技术的检测原理

ACFM 技术可以测量试件表面感应磁场磁通密度的三个分量，x 分量记作 B_x，与电流方向垂直，与试件表面平行；y 分量记作 B_y，与电流方向一致；z 分量记作 B_z，与试件表面垂直。当缺陷的长度方向也与电流方向垂直时，x 分量的方向与缺陷的长度方向平行（见图 1-2）。

根据电磁感应定律可知，当试件表面无缺陷存在时，感应电流均匀分布，分量 B_y 和 B_z 的值为零，磁场在 x 轴方向均匀分布并与电流方向垂直。当电流经过含缺陷的试件表面时，电流向缺陷两端和底面偏转，使流经存在缺陷的试件表面的电流强度减小，缺陷越深的地方，电流线越稀疏，感应磁场的磁通密度值也就越小；另外，当电流在缺陷两端聚集时，势必会使缺陷两个端点处的磁通密度处于极大值。当探头沿着缺陷表面进行扫描时，B_x 会出现一个宽凹陷区，B_y 和 B_z 会出现高幅值的波峰和波谷（见图 1-2）。由于 B_y 的数量级较小，因此在不需要特殊处理的情况下，探头只需测量 B_x 和 B_z 分量，即可判定缺陷的存在。而且裂纹的形貌可通过磁场信号的特征量进行反演，如裂纹的深度可由 B_x 的波谷深度度量，裂纹的长度可由 B_z 的波峰与波谷的间距度量。

ACFM 具备均匀感应电流的特性，可使电流均匀绕过缺陷区域，在非缺陷区域呈现一致稳定性，使 ACFM 技术具备以下优势。

（1）提离不敏感。相较于涡流、漏磁等电磁检测技术，假设均匀感应电流和扰动场使 ACFM 技术对探头提离有一定的容忍度，特别是特征信号 B_z 与探头提离无关，可实现对海洋结构焊缝、涂层、附着物下缺陷的检测，无须打磨或彻底清理附着物和涂层，在海洋结构缺陷检测领域具有突出的经济效益和工程应用价值。

（2）定量检测。海洋结构疲劳裂纹、应力腐蚀开裂等缺陷属于装备重大安全隐患，但受制于海洋水下环境、复杂结构及维修成本等因素，裂纹等缺陷并不会在发现后立即被修复，而是在容限损伤理论指导下定期评估缺陷尺寸。ACFM 技术具备对裂纹长度、深度进行定量检测的能力，完全满足海洋装备裂纹等缺陷的检测及评估需求，因此 ACFM 技术得到了众多国际标准、规范及组织的推荐，适于海洋装备特殊工况的结构缺陷检测。

（3）操作简便。ACFM 技术无须耦合剂、无须磁化及退磁处理，检测过程无危险，是一种环保、高效、便捷的电磁无损检测技术，经过团队的技术研发及改良，能实现检测过程缺陷可视化及识别智能化，搭载水下无人作业机器人等完成深水检测，适合复杂环境、特殊表面状态、异形检测、无人化作业场景等，能够契合海洋装备水下及水上结构检测的需求。

1.2 国内外研究现状

1.2.1 国外发展现状

在国外，Sadeghi 等人最先提出利用 U 形线圈激励来获得均匀磁场，并且讨论了在铁磁性金属表面上的疲劳损伤对表面磁场的分布，使用弧形槽来模拟疲劳损伤。加拿大纽芬兰纪念大学对 ACFM 技术用于薄壁奥氏体不锈钢管内表面的缺陷检测进行了研究。Lewis 等人总结了前人对 ACFM 技术的研究，基于试件表面电流场稳定且均匀的前提，对试件外部磁场与表面磁场进行了耦合研究，首先建立了一种通用 ACFM 理论模型。Salemi 等人提出了不同形状的激励线圈下激励场的计算模型，将被测试件表面的磁场分解为激励场和裂纹引起的扰动场并分别进行计算。Kan 等人提出了构造用 ACFM 裂纹的数学模型和建立有限元数值的模拟缺陷定量，并解决了裂纹尺寸对 ACFM 精度的影响。为了减小探头提离对检测结果的影响，并对裂纹附近的扰动信号进行拟合，Reza K. Amineh 提出了用盲反卷积方法计算金属试件裂纹附近电磁场的分布。Hasanzadeh 等人提出了采用基于模糊算法的最小二乘法来模拟缺陷裂纹信号。当利用 ACFM 技术对金属试件中的裂纹进行检测和量化时，Ravan M 采用神经网络算法对扰动电磁场检测到的特征值进行计算，以此确定疲劳裂纹的深度及轮廓信息。Akbari-Khezri 建立了 ACFM 技术圆柱表面裂纹检测理论模型。Nicholson 等人针对轨道滚动疲劳裂纹建立了 ACFM 快速仿真模型，对滚动疲劳裂纹的倾斜角度和簇状裂纹的影响进行了相关分析，采用神经网络技术构建了复杂裂纹的反演方法。Ravan 和 Sadeghi 建立了任意形状激励线圈下任意截面表面裂纹的理论模型。Saguy 等人解释了试件表面电流在裂纹深度方向的扰动规律，并给出了裂纹深度的估算公式。

探头作为检测技术的核心部件，对检测效果起着至关重要的作用。在国外，Dariush Mirshekar-Syahkal 设计了对于细小裂纹检测具有较高灵敏度的新型一维阵列探头，这种探头的激励线圈采用菱形结构。Raine 开发了复合矩形线圈，实现了自差分、自调零，大大提高了检测速率。W.Ricken 等人改变了探头的单一传感器模式，增加了传感器数量，发现了可以更为有效地进行应力检测的方法。W.D.Dover 等人设计了一种新型交流电磁场应力检测探头，由原来的一个激励探头变为互相垂直放置的两个激励探头，实验验证了其可行性，并得出了残余应力计算方法。

Blakeley、Davis、Topp 和 Lugg 采用仿真和实验方式将 ACFM 技术应用于导管架焊缝、输油管道、核电、锚链、螺纹等各类不同结构物缺陷的检测和评估中。Smith 等人开展了核电站燃料水池覆面板焊缝缺陷 ACFM 实验，分析了检测速度、辐噪环境下 ACFM 装置的检出率。Papaelias 等人先将 ACFM 技术用于对铁轨缺陷的定位和定量，再对铁轨进行高速检测分析。2010 年，Blakeley 和 Lugg 将 ACFM 技术运用到具有金属表面涂层的试件中。为了提高轨道疲劳裂纹检测的效率及可靠性，2011 年，Rowshandel 等人提出了用 ACFM 技术实现自动化检测，开始将自动化 ACFM 传感器初步应用于对轨道疲劳裂纹的检测，并于 2013 年研发了用于探测轨道疲劳裂纹的检测系统；在超高速检测环境下，提离高度会发生变化，这将导致 ACFM 背景信号值不停地跟着变化，对检测造成了极大影响，为了克服该问题，Rowshandel 等人于 2014 年提出了一种结合信号极限与信号匹配的理论，很好地解决了在这种检测环境下进行检测所带来的问题。

随着 ACFM 技术的成熟，该技术开始商用。英国技术软件公司（TSC）对 ACFM 技术的研究和推广源于 1991 年，该公司研制出第一台 ACFM 装置，并成功用于北海平台的水下检测。1996 年，TSC 研发出基于 ACFM 技术的自动螺纹检测（ATI）系统。2000 年，TSC 的 R. F. Kare 对 ACFM 阵列探头裂纹监测进行研究。2005 年 TSC 在加拿大对管道进行 ACFM，透过防腐层可检测应力腐蚀裂纹（SCC）。2007 年，TSC 在法国应用 ACFM 设备，对炼厂的储罐内部底板焊缝进行检测，检测速度达 100 m/h，结果可靠。1991 年其在北海平台进行 ACFM 的水下应用，此后世界上许多主要检测单位使用 ACFM 系统，用于近海平台、海底结构、海底焊缝和船体结构等平台的检测。2010 年，TSC 研发的商用水下 ACFM 系统，能够覆盖 3000 m 以内水深结构物的缺陷检测，其中一款便携式水下结构缺陷 ACFM 产品为 U31D，其能够满足 300 m 水下结构物的缺陷检测需求，如图 1-3 所示。2009 年，美国 MISTRAS Services Division 公司利用 ACFM 技术成功检测了吊车吊杆的表面缺陷，并于同年成功对不锈钢表面进行检测。

图 1-3　TSC 便携式水下结构缺陷 ACFM 产品 U31D

TSC 致力于 ACFM 技术在水下、螺纹、管道、焊缝等方面的研究，目前该公司生产 ACFM 系统与仪器的技术居世界领先水平。表 1-1 和图 1-4 所示分别为 TSC 研发的各系列探头的分类、实物图；图 1-5 所示为 TSC 研发的 ACFM 系统与仪器。

表 1-1　TSC研发的各系列探头的分类

各系列探头	探头分类
标准型单传感器探头	标准探头、紧密型探头、铅笔式探头、边缘探头、小铅笔探头、大探头、线探头
主动型单传感器探头	主动探头、主动小铅笔探头、主动大铅笔探头
标准型阵列探头	漆刷式探头、提放式探头

图 1-4 TSC 研发的各系列探头的实物图

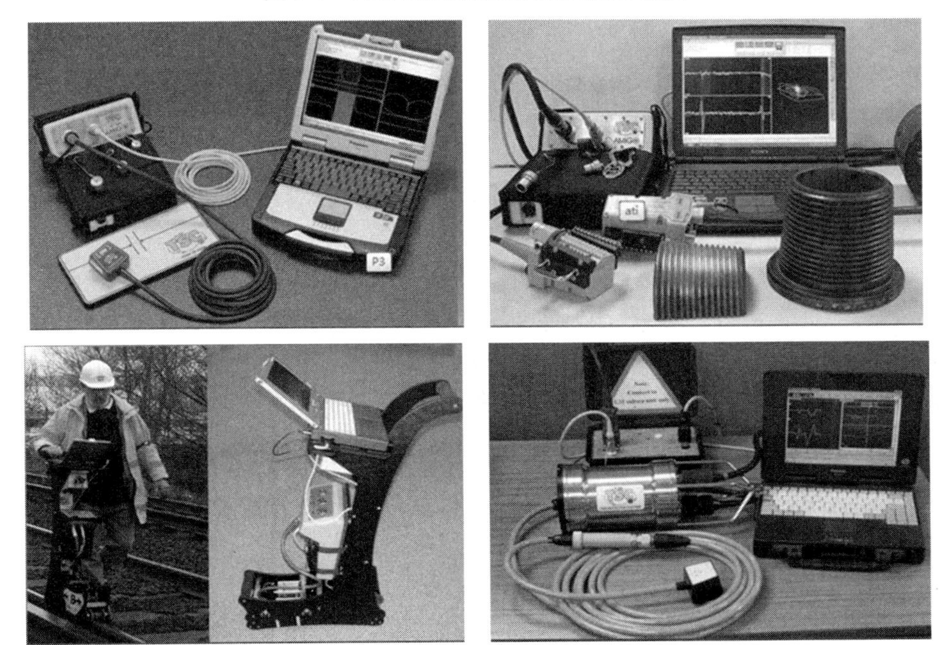

图 1-5 TSC 研发的 ACFM 系统与仪器

1.2.2 国内发展现状

在国内，1998 年中国船级社的汪良生介绍了 ACFM 的要求和程序。北京工业大学对 ACFM 技术关注较早，早在 2001 年便开始着手研究该技术，陈建忠与史耀武对该技术的原理、优点与信号做了初步分析。国防科技大学紧随其后，于 2003 年开始研究该技术，其建立了测量薄板缺陷的检测系统，利用有限元数值仿真方法对表面缺陷周围空间的电磁场分布特性进行研究和描述，建立了国内第一个 ACFM 系统的仿真模型，设计了“点式”传感器，研究了缺陷处磁场分布的特点，并设计了应用于该技术的激励信号源。中国石油大学（华东）则对该技术进行了较为系统和全面的研究，从 2004 年开始至今，一直都在从事对该技术的研究。以陈国明教授为代表的中国石油大学团队使用 ANSYS 仿真软件，对 ACFM 技术进行了仿真分析，并建立了相应的数学模型；开发了 ACFM 实验平台；对水下缺陷的 ACFM 进行了仿真和实验分析；分析了被检试件的材料属性对 ACFM 信号的影响；研究了管棒类试件轴向裂纹的 ACFM 方法。南昌航空大学以任尚坤教授为代表，于 2008 年开始对 ACFM 技术进行研究。其研究了铁磁性和非铁磁性两类材料在不同的 ACFM 频率下，被检试件表面磁场分布的特点；分析了试件表面 B_x、B_z 信号分量与缺陷的对应关系；任尚坤等人采用仿真分析的方法对空气环境下扰动磁场特征量的影响因素进行了分析；宋凯等人对 U 形磁芯的 ACFM 与 AC-MFL 原理进行了辨识。李安强等人利用 ACFM 方法对焊缝进行跟踪研究。湘潭大学洪波、汤迪铭、李安强等人将 ACFM 技术用于焊缝焊接过程中的焊缝跟踪，并将 ACFM 应用于其他领域，扩大了 ACFM 的应用范围。吉林化工学院潘晓明等人借助仿真分析焊缝缺陷对 ACFM 的影响，结合焊缝缺陷试样的 ACFM 实验，研究彼此之间的相互关联。

在国内，中国石油大学（华东）研究了该技术中裂纹的反演计算方法；葛玖浩针对管道的簇状裂纹进行了识别和三维轮廓重构的研究。2017 年吴衍运对基于 ACFM 的缺陷三维可视化技术进行了研究，并取得了一定成果。南昌航空大学根据裂纹的特征与裂纹处磁场分布的特点，建立了裂纹的反演算法。胡书辉等人开展了对 ACFM 特征信号与裂纹反演的研究，给出了试件二维表面裂纹形状的反演算法。冷建成等人开展了金属磁记忆（Metal Magnetic Memory，MMM）与 ACFM 技术联合的自升式海洋平台检测实验，利用 MMM 检测并分析应力集中部分，借助 ACFM 评估应力集中部分的缺陷深度尺寸。赵玉丰建立了两种探头模型，一种是含有三组裂纹缺陷的模型，另一种是检测线圈相互垂直的模型，并定量分析缺陷的信息。中国石油大学（华东）对探头的结构进行了优化，进一步加深了对阵列探头的研究，仿真模拟了阵列探头排布间距对检测效果的影响并进行了实验验证，制作出阵列探头，并搭建系统进行实验测试，针对 ACFM 任意走向的裂纹开展了相关研究，提出了正交双 U 形 ACFM 探头。同时，为了实现管柱表面裂纹的全周向快速检测，其提出了外穿式 ACFM 探头和亥姆霍兹探头。

随着技术的发展，国内学者开始关注 ACFM 设备的研制。国防科技大学的康中尉与罗飞路教授对 ACFM 技术做了大量的数值模拟，并开展了 ACFM 仪的研制。南昌航空大学设计了基于该技术的信号处理电路，进行了 ACFM 仪的开发，研制了基于巨磁电阻（GMR）传感器、隧道磁电阻（TMR）传感器的 ACFM 试验样机；南昌航空大学宋凯老师团队对交流电磁场的应力检测技术进行了研究，并研发了一套交流电磁场应力检测系统。针对传统 ACFM 系统的稳定性和实时性差的问题，南昌航空大学的张亚帆等人提出了一种基于 S3C2440 和嵌入式 Linux 操作系统的 ACFM 裂纹信号采集分析系统的设计方案，研究并设计了一套基于 ARM9 的嵌入式 ACFM 系统。为将仪器做到小型化、便携式，南昌航空大学的周留赐进行了便携式交变电磁场检测仪器的研制及实验。中国石油大学（华东）的李伟教授对缺陷的智能可视化方向进行了深入研究及相关仿真，基于 LabVIEW 软件开发了检测仪器。袁新安着重研究了水下结构物缺陷 ACFM 的智能检测和三维重构，并开发了一套智能水下检测系统。2010 年张祎达研发了一套便携式 ACFM 系统，以便在工程环境中使用。李文艳制作并开发了一系列探头，这些探头可以适应不同形状的结构物，并研制了工业样机进行实验测试。刘涛研制并开发了水下检测探头，对水下检测探头进行了结构设计和加工制作，并开发出配套系统进行实验测试。贾廷亮针对隔水管研发了一套快速缺陷检测系统。姜永胜侧重于研究焊缝检测，其研发了一套检测系统。马维平研发了一套便携式水下 ACFM 智能系统。中国石油大学（华东）海洋油气装备与安全技术研究中心在理论研究和实验的支持下，研发了不同类型的陆上交流电磁场智能检测仪与水下交流电磁场智能检测仪。陆上交流电磁场智能检测仪如图 1-6～图 1-9 所示。图 1-10 与图 1-11 所示为研发的便携式水下交流电磁场智能检测仪，分别可实现对 50m 与 500m 水深结构物的缺陷检测。其所研发的交流电磁场智能检测仪均可满足工程需要，已应用于压力容器、压力管道、工业锅炉、大型钢结构、海上石油平台、火车铁轨、火车轮毂、高压线缆、船舶、各种规格螺栓等中。

图 1-6　ACFM-C1 型检测仪

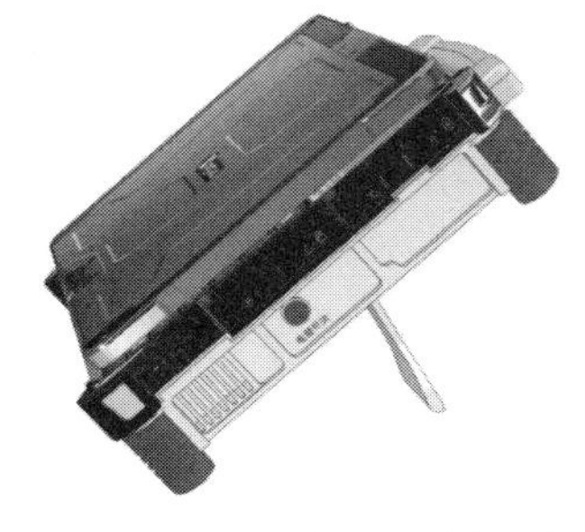

图 1-7　LKACFM-X1 型检测仪

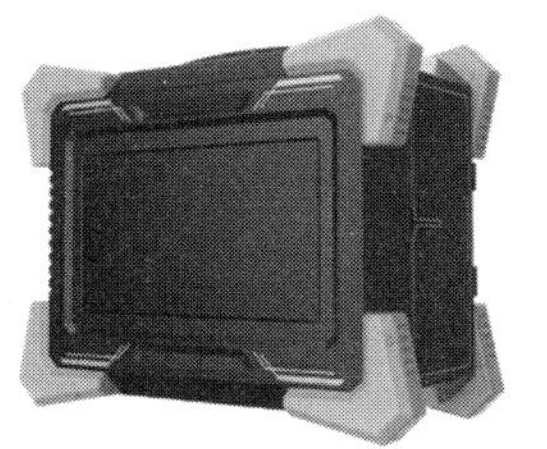

图 1-8　LKACFM-P1 型检测仪

图 1-9　LKACFM-S1 型检测仪

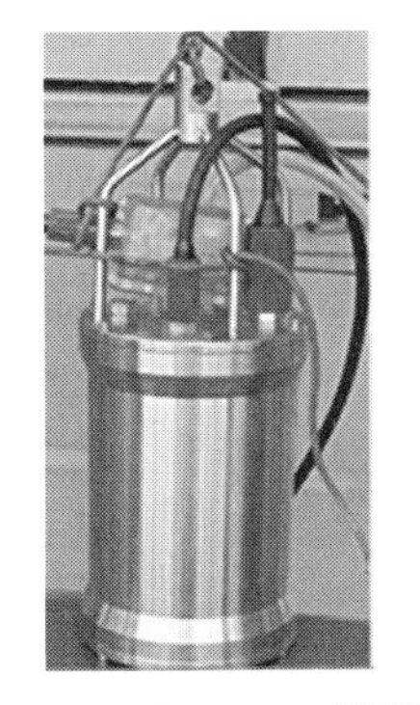

图 1-10　水下 50m 检测仪

图 1-11　水下 500m 检测仪

在检测探头制作及研发方面，我国已研发出笔式探头、平面探头、螺纹螺栓探头、带编码器探头等多种检测探头。各种可选检测探头如表 1-2 与表 1-3 所示。

表 1-2　各种可选检测探头（1）

名称	笔式纵向探头	笔式横向探头	平面探头	平面探头	平面探头
规格	BZ1-10	BH1-10	PM1-10	PM2-20	PM8-70
外观					
通道数	1	1	1	2	8
扫查范围	10mm	10mm	10mm	20mm	70mm
长×宽×高	80mm×30mm×20mm	80mm×30mm×20mm	68.2mm×39.2mm×48mm	68.2mm×39.2mm×48mm	107.7mm×74.5mm×48mm
探头线	标准为 3m 最长增加 30m	标准为 3m 最长增加 30m	标准为 3m 最长增加 30m	标准为 3m 最长增加 30m	标准为 3m 最长增加 30m

表 1-3　各种可选检测探头（2）

名称	螺纹螺栓探头	带编码器探头	定做各种规格探头
规格	LS1-10	—	高温、各种规格管道、铁轨、各种规格螺栓等
外观			—
通道数	1	—	—
扫查范围	10mm	—	—
长×宽×高	根据螺纹规格定做	—	—
探头线	标准为 3m 最长增加 30m	—	—

1.2.3　国内外对比

综上可知，在理论研究方面，国内外对 ACFM 的研究均取得了一定成果。在技术应用方面，国外主要是 TSC 在研究 ACFM，并针对不同的检测对象开发不同的仪器及探头；国内主要是各大高校在研制不同的 ACFM 仪器，其中中国石油大学（华东）海洋油气装备与安全技术研究中心在理论研究和实验的支持下，研发了不同类型的陆上交流电磁场智能检测仪与水下交流电磁场智能检测仪，并针对不同的工况开发了不同类型的探头，而其他高校目前研发的仪器大多处于实验室样机及系统研究阶段。ACFM 系统如图 1-12 所示。

图 1-12　ACFM 系统

国内外仪器优劣对比如表 1-4 所示。

表 1-4　国内外仪器优劣对比

特点	国外仪器	国内仪器
优势	工业应用经验丰富 环境适应能力强 仪器可靠性更高	相对国外进口设备价格低 适应性开发 智能可视化软件 售后服务及时周到
劣势	价格高 售后服务迟滞 无法适应性开发 不具备智能功能	工业应用经验匮乏 可靠性需进一步提升 产业对接、市场营销不足
核心技术指标	10mm 长、1mm 深裂纹	5mm 长、0.5mm 深裂纹，可探测埋深为碳钢 2mm、不锈钢 5mm、铝 8mm 的非表面缺陷

1.3　ACFM 系统

本节介绍 ACFM 系统。1.3.1 节介绍 ACFM 系统的发展与研究现状，1.3.2 节介绍 ACFM 探头的组成。

1.3.1　ACFM 系统的发展与研究现状

随着 ACFM 技术理论的不断完善，ACFM 设备也逐步成熟。从仪器的发展水平来看，目前可分为三代产品：第一代产品是以分类元件为主的 ACFM 仪，它仅显示相关信号（如缺陷、提离变化等）的一维信息，能够解决特定范围的无损检测问题；第二代产品是以计算机为主体的 ACFM 仪，它可以将 ACFM 特征信号的信息实时显示在屏幕上，并具有存储、报表等功能；第三代产品是在第二代产品的基础上进行优化的智能化检测仪器，其除具备第二代产品的所有功能外，还可以在检测过程中智能判断缺陷的存在，并对缺陷的几何尺寸（如裂纹长度、深度等）进行量化。从探头的发展水平来看，也主要包含三个方面，第一是检测传感器数量的增加，由单个传感器变为多个传感器；第二是适应性的提高，由开始特定的检测环境（如平板等）逐步可以适应多种工况（如焊缝、螺纹、管道等）；第三是应用领域的拓宽，随着理论和制造技术的成熟，陆上环境检测探头不断趋于完善，水下检测探头在工程现场也得到了大量应用。

国内多家高校及科研机构对ACFM技术开展了持续研究并开发了部分陆地实验样机系统。罗飞路、康中尉、陈棣湘等人针对ACFM技术开展了系统研究，将独立分量分析、小波神经网络、频率扫描和脉冲激励等技术应用于ACFM技术中，提出了基于磁通密度幅值蝶形图的斜率比值缺陷识别模型。齐玉良等人建立了空气环境中的ACFM有限元仿真模型，用以分析不同加载参数下的试件表面缺陷周围电磁场的畸变规律。倪春生等人开展了ACFM传感器、探头电磁兼容的可靠性优化设计。任尚坤等人将不同类型的磁场传感器运用到ACFM探头中，设计了信号调理电路等硬件模块，研发了集成式陆上ACFM仪。刘佳利等人搭建了ACFM扫描成像实验平台，对缺陷识别方法进行了定性研究。李勇等人利用均匀电场脉冲激励技术实现了对铝板埋深缺陷的可视化成像检测。作者及其课题组针对ACFM技术开展了持续研究，在探头结构、激励方式、信号处理、缺陷反演与评估、仪器研制等方面做了大量研究工作，针对水下ACFM技术进行了初步仿真与实验分析。国内的中海油研究总院、中海油天津分公司检测中心、海洋石油工程股份有限公司、深圳海油工程水下技术有限公司等都开展了ACFM工业现场测试。

图1-13所示为一种基本的ACFM系统原理图，一套完整的ACFM系统主要由探头、信号发生器、AD采集器和上位机组成。信号发生器产生的交变电流能加载到探头的激励线圈上，当探头移动到裂纹处时，试件表面的电流会发生扰动，进而造成空间磁场的扰动，通过探头内部的检测传感器拾取磁场的畸变情况，将磁信号转换为电压信号，通过AD采集器将模拟电压信号转化为数字量传到上位机中，经过软件的处理，就可以实现对缺陷的信号分析，得到缺陷的特征量。

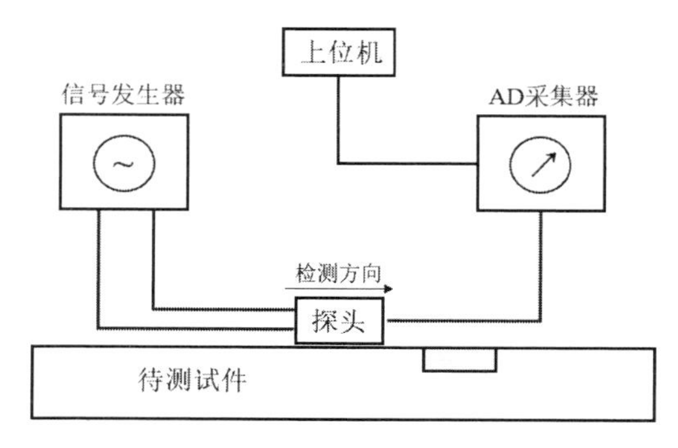

图1-13 一种基本的ACFM系统原理图

1.3.2 ACFM探头的组成

ACFM探头的作用是在试件表面激发出均匀的电流并且检测畸变的磁场信号。不同类型的ACFM探头虽然外观不同，但其结构基本相同。图1-14所示为一种基本的ACFM探头，主要由磁场传感器、激励模块（激励线圈、U形磁芯）、信号处理模块和壳体组成。

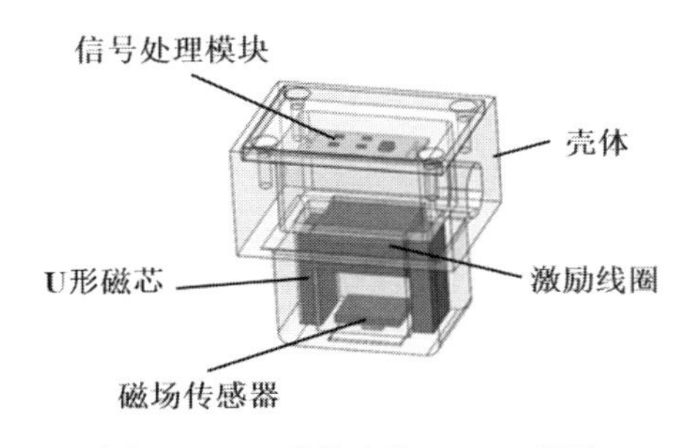

图 1-14 一种基本的 ACFM 探头

1. 磁场传感器

磁场传感器主要用来检测畸变的磁场信号，只要是对磁场变化敏感的传感器，如各向异性磁电阻（Anisotropic Magneto Resistance，AMR）传感器、巨磁电阻（Giant Magneto Resistance，GMR）传感器及隧道磁电阻（Tunnel Magneto Resistance，TMR）传感器等都可以作为磁场传感器。

常用的传感器参数对比如表 1-5 所示。

表 1-5 常用的传感器参数对比

传感器类型	功耗/mA	灵敏度/[mV/(V.Oe)$^{-1}$]	工作范围/Oe	尺寸/mm	分辨率/(mOe)	温度特性/(℃)
AMR 传感器	1～10	1	0.001～10	1.0×1.0	0.1	<150
GMR 传感器	1～10	3	0.1～30	2.0×2.0	2	<150
TMR 传感器	0.001～0.01	20	0.001～200	0.5×0.5	0.1	<200

本书选择 TMR 传感器作为检测传感器，由 TMR 传感器典型的输出曲线可知，在输入磁场的变化范围时，TMR 传感器的电压输出和外加磁场输入具有较强的线性关系，有利于对微弱磁场进行线性感应测量。结果表明，TMR 传感器有较大的线性感应范围、极低的功耗、更高的灵敏度、较宽的工作电压范围、更小的封装尺寸，非常适合对微弱磁场进行检测。

2. 激励模块

ACFM 是基于电磁感应的检测方式，激励源为线圈，由早期的研究可知，将激励线圈绕在金属磁芯上可以显著增强激励效果，同时经过仿真研究，U 形磁芯产生的激励电场相对于矩形磁芯产生的激励电场的方向性更明显，感应电流集中在 U 形磁芯的腿部区域，因此激励由在 U 形磁芯上缠绕均匀的多匝线圈来实现。

3. 信号处理模块

在大多数检测中，畸变的磁场变化量一般很小且容易受干扰噪声的影响，采用图 1-13 所示的 ACFM 系统在检测微小缺陷时的检测灵敏度很低，因此在 ACFM 系统中，广泛使用各种放大电路和滤波电路等信号处理电路，以提高微小缺陷的检测灵敏度。

传感器的检测信号在探头内就需要进行初步的放大和滤波处理，以防噪声信号干扰。探头内常用的信号处理芯片为 AD620，其为低功耗运算放大器芯片，该芯片可以通过设置不同放大电阻实现对不同倍数信号的放大。运算放大器芯片辅以电容滤波电路就能实现对探头信号的初步滤波和放大处理，具有体积小、效率高、功耗低等优点。

4．常用的检测探头

图 1-15 所示为部分探头实物图。每种探头各有其独特的优势和适用范围，单探头属于线扫描，探头内部可放置单个传感器，单个传感器的分辨范围较窄，一次扫描只能提取该路径上的电磁场信息，一般用于管道和平面的线性扫描；对于大面积试件的检测来说，使用单探头需要多次重复扫描，而平面阵列探头由于内部可放置多个传感器，使分辨范围大大提高，单次扫描面积更广，检测速度更快；笔式探头适合对小试件进行检测或对试件上焊缝和管接点等阵列探头无法伸入的区域中的缺陷进行检测；外螺纹探头用于检测管道螺纹部分的缺陷；内穿式检测探头用于检测管道内壁的缺陷，外穿式检测探头用于检测管道外表面的缺陷；焊缝检测探头能对平板对接焊缝区域和两侧热影响区域同时进行检测；针对水下焊缝和水下平板结构可以分别使用水下焊缝检测探头和水下平板阵列探头进行检测。

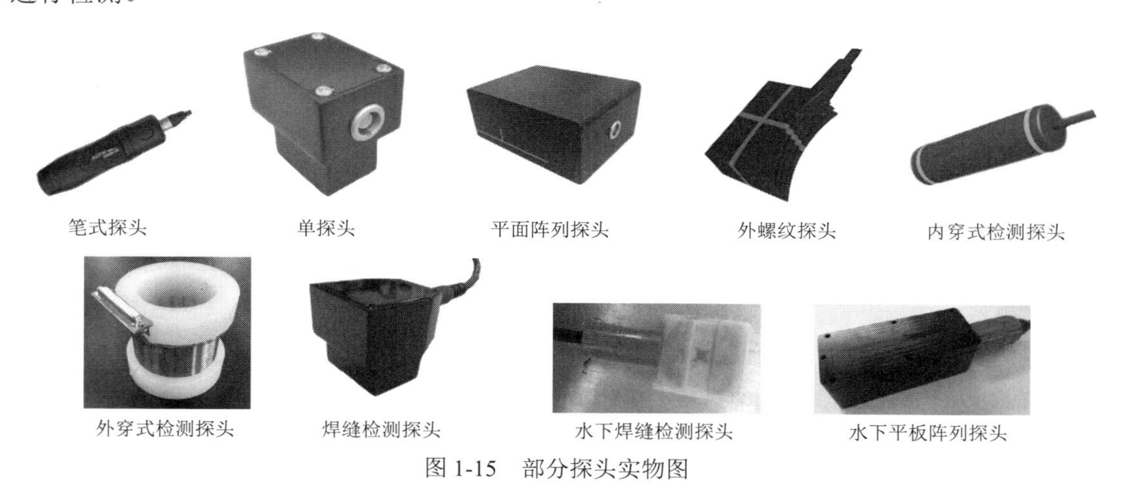

图 1-15　部分探头实物图

1.4　未来发展趋势

1.4.1　交流电磁场的复合编码技术

目前 ACFM 技术采用单频激励，只用于检测表面缺陷，且只对垂直于感应电流方向的缺陷敏感；未来通过将正交信号、多频信号、调制信号等激励信号组合成全新的复合编码激励信号来克服检测具有方向性的劣势，同时增加检测技术的穿透深度，使其能够完全覆盖目前表面缺陷检测技术和超声检测技术之间的检测盲区。

1.4.2　交流电磁场的智能识别技术

目前 ACFM 技术主要依靠幅值信息和特征信号的线图进行缺陷分析和判定，并且依赖人工，随着信号处理技术和人工智能的发展，其能将丰富的频域信号、时域信号和深度学习相结合，从而实现缺陷检测的智能化，提高检测的误判率。

1.4.3 交流电磁场的缺陷成像技术

目前交流电磁场只有正问题的相关理论和模型，并且也只能实现缺陷的判定，无法反演缺陷的形貌，随着电磁学和图形学技术的发展，未来将建立交流电磁场畸变磁场和缺陷之间的反问题模型，进而实现对缺陷形貌的可视化。

参考文献

[1] DOVER W D, COLLINS R, MICHAEL D H, et al. The Use of AC-Field Measurements for Crack Detection and Sizing in Air and Underwater [and Discussion] [J]. Philosophical Transactions of the Royal Society of London. Series A, Mathematical and Physical Sciences, 1986, 320(1554): 271-283.

[2] DOVER W D, COLLINS R, MICHAEL D H. Review of Developments in ACPD and ACFM[J]. British Journal of Non-Destructive Testing, 1991, 33(3): 121-127.

[3] CHEN K, BRENNAN F P, DOVER W D. Thin-skin AC Field in Anisotropic Rectangular Bar and ACPD Stress Measurement[J]. NDT & E International, 2000, 33(5): 317-323.

[4] BLAKELEY B, LUGG M. Recent Research and Development Activities in Electromagnetic Sensor Technologies [J]. Insight, 2011, 53(3): 138-142.

[5] 张曙光, 邵建华. 无损检测技术在海洋工程中的应用[J]. 无损检测, 2014, 36(5): 69-72.

[6] LUGG M. The First 20 years of the A.C. field Measurement Technique[C]. World Conference on Nondestructive Testing, 2012.

[7] MARTIN L, TOPP D, KEYNES M. Recent Developments and Applications of the ACFM Inspection Method and ACSM Stress Measurement Method[C]. ECNDT, 2006.

[8] BLAKELEY B, LUGG M. Application of ACFM for Inspection Through Metal Coatings[J]. Insight, 2010, 52(6): 310-315.

[9] RAINE A. Cost Benefit Applications Using the Alternating Current Field Measurement Testing [J]. Materials Evaluation, 2002, 60(1): 49-52.

[10] MARQUES F C R, MARTINS M V M, TOPP D A. Experiences in the Use of ACFM for Offshore Platform Inspection in Brazil. Insight[J]. Insight, 2001, 43(6): 394-398.

[11] PARK S, LUGG M. Development of CIA's Remote Robotic Crack Detection Service[C]. Jacqueline Cameron, 2011.

[12] ASNT. Nondestructive Testing Handbook Volume 5 Electromagnetic Testing - Third Edition [S], ASNT145-2004, 2004.

[13] ASTM. Standard Practice for Examination of Welds Using the Alternating Current Field Measurement Technique[S]. ASTME2261/E2261M-17, 2017.

[14] CSWIP. Requirements for the Certification of Personnel engaged in the ACFM Inspection of Welds-Levels 1, 2, and 3[S], CSWIP-DIV-8-96, 2005.

[15] ZHOU J, DOVER W D. Electromagnetic Induction in Anisotropic Half-space and Electromagnetic Stress Model[J]. Journal of Applied Physics, 1998, 83(3): 1694-1701.

[16] LEWIS A M, MICHAEL D H, LUGG M C, et al. Thin - skin Electromagnetic Fields Around Surface - Breaking Cracks in Metals[J]. Journal of Applied Physics, 1988, 64(8): 3777-3784.

[17] NOROOZI A, HASANZADEH, REZA P R, et al. A Fuzzy Learning Approach for Identification of Arbitrary Crack Profiles Using ACFM Technique[J]. IEEE Transactions on Magnetics, 2013, 49(9): 5016-5027.

[18] RAVAN M, SADEGHI S H H, MOINI R. Field Distributions Around Arbitrary Shape Surface Cracks in Metals, Induced by High-frequency Alternating-current-carrying Wires of Arbitrary Shape[J]. IEEE Transactions on Magnetics, 2006, 42(9): 2208-2214.

[19] SAGUY H, RITTEL D. Bridging Thin and Thick Skin Solutions for Alternating Currents in Cracked Conductors[J]. Applied Physics Letters, 2005, 87(8): 084103.

[20] SAGUY H, RITTEL D. Alternating Current Fow in Internally Fawed Conductors: A Tomographic Analysis[J]. Applied Physics Letters, 2006, 89(9): 094102.

[21] NICHOLSON G L, KOSTRYZHEV A G, HAO X J, et al. Modelling and Experimental Measurements of Idealised and Light-moderate RCF Cracks in Rails Using an ACFM Sensor[J]. NDT&E International, 2011, 44(5): 427-437.

[22] NICHOLSON G L, DAVIS C L. Modelling of the Response of an ACFM Sensor to Rail and Rail Wheel RCF Cracks[J]. NDT&E International, 2012, 46(1): 107-114.

[23] AKBARI-KHEZRI A, SADEGHI S H H, MOINI R, et al. An Efficient Modeling Technique for Analysis of AC Field Measurement Probe Output Signals to Improve Crack Detection and Sizing in Cylindrical Metallic Structures[J]. Journal of Nondestructive Evaluation, 2016, 35(1): 9.

[24] PAPAELIAS M P, LUGG M C, ROBERTS C, et al. High-speed Inspection of Rails Using ACFM Techniques[J]. NDT & E International, 2009, 42(4): 328-335.

[25] PAPAELIAS M PH , ROBERTS C, DAVIS C L, et.al. Detection and Quantification of Rail Contact Fatigue Cracks in Rails Using ACFM Technology[J]. Insight, 2009, 50(7): 364-368.

[26] SMITH M, LAENEN C. Inspection of Nuclear Storage Tanks Using Remotely Deployed ACFMT[J]. Insight, 2007, 49(1): 17-20.

[27] 康中尉, 罗飞路, 陈棣湘. 交变磁场测量的缺陷识别模型[J]. 无损检测, 2005, 27 (3): 123-163.

[28] 胡祥超, 罗飞路, 何赟泽, 等. 脉冲交变磁场测量技术缺陷识别与定量评估[J]. 机械工程学报, 2011, 47 (4): 17-22.

[29] KANG Z W. The Quantitative Measurement Model of ACFM Based on Swept Frequency Method[J]. The Asian Pacific Conference Fracture and Strength , 2006, 2007: 2273-2276.

[30] 陈棣湘, 潘孟春, 罗飞路. 基于频率扫描技术的裂纹深度检测方法研究[C]. 中国仪器仪表与测控技术交流大会论文集, 2007.

[31] 齐玉良, 陈国明, 张彦廷. 交流电磁场检测数值仿真及其信号敏感性分析[J]. 石油大学学报（自然科学版）, 2004, 28(3): 65-68.

[32] CHEN G M, LI W, WANG Z X. Structural Optimization of 2-D Array Probe for ACFM[J]. NDT&E International, 2007, 40(6): 455-461.

[33] 李伟, 陈国明, 齐玉良. 交流电磁场裂纹检测反演算法研究[J]. 中国机械工程, 2007, 18(1): 13-16.

[34] 胡书辉. 裂纹的交流电磁场检测与反演研究[D]. 天津: 天津大学, 2004.
[35] 冷建成, 田洪旭, 周国强, 等. 自升式海洋平台关键部位 MMM 与 ACFM 联合检测[J]. 海洋工程, 2017, 35(2): 34-38.
[36] 倪春生, 陈国明, 张彦廷. 交流电磁场检测探头激励线圈的数值仿真及优化[J]. 中国石油大学学报（自然科学版）, 2007, 31(2): 100-104.
[37] 刘佳利. 交变磁场测量成像技术的研究[D]. 长沙: 国防科学技术大学, 2010.
[38] LI Y, JING H Q, ABIDIN I M Z, et al. A Gradient-Field Pulsed Eddy Current Probe for Evaluation of Hidden Material Degradation in Conductive Structures Based on Lift-Off Invariance[J]. Sensors, 2017, 17: 943.
[39] LI Y, YAN B, LI D, et al. Gradient-field Pulsed Eddy Current Probes for Imaging of Hidden Corrosion in Conductive Structures[J]. Sensors and Actuators: A, 2016, 238: 251-265.
[40] LI W, YUAN X A, CHEN G M, et al. A Feed-through ACFM Probe with Sensor Array for Pipe String Cracks Inspection[J]. NDT&E International, 2014, 67: 17-23.
[41] LI W, CHEN G M, YIN X K, et al. Analysis of the Lift-off Effect of a U-shaped ACFM System[J]. NDT&E International, 2013, 53: 31-35.
[42] LI W, CHEN G M, LI W Y, et al. Analysis of the Inducing Frequency of a U-shaped ACFM System[J]. NDT&E International, 2011, 44: 324-328.
[43] 李伟, 陈国明. 基于双 U 形激励的 ACFM 缺陷可视化技术研究[J]. 机械工程学报, 2009, 45(9): 233-237.
[44] LI W, CHEN G M, ZHANG C R, et al. Simulation Analysis and Experiment Study of Defect Detection Underwater by ACFM Probe[J]. China Ocean Engineering, 2013, 27(2): 277-282.
[45] LI W, YUAN X A, CHEN G M, et al. High Sensitivity Rotating Alternating Current Field Measurement for Arbitrary-angle Underwater Cracks [J]. NDT&E International, 2016, 79: 123-131.
[46] 陈波, 李伟, 张人公, 等. 百米水深导管架水下裂纹检测方法选择及应用[J]. 机械工程师, 2017, 10: 69-71.
[47] 徐国梁, 邱壮扬. 广泛应用于海上石油平台水下无损检测的设备——交流电场探伤仪（ACFM）[C]. 第八届中国国际救捞论坛论文集, 2014.
[48] 裘达夫. 水下无损检测技术的研究现状和发展趋势[J]. 中国修船, 2012, 25(3): 48-50.
[49] 王喆, 张大伟, 黄江中, 等. 水下结构件的 ACFM 检测图谱[J]. 无损检测, 2014, 36(7): 96-99.

第2章

交流电磁场基本原理

所有的电磁检测方法，都是基于电磁感应原理的，而在19世纪初，科学界普遍认为电和磁是独立作用的，尚未观察到或论及电磁感应。但其实早在1731年，一名英国商人发现，雷电现象过后的刀叉有了磁性。而在1751年，富兰克林已经观察到用莱顿瓶放电可使钢针磁化这一现象。这一系列的物理现象对丹麦物理学家汉斯·奥斯特（Hans Christian Oersted，1777—1851）启发很大，他接受了德国哲学家康德和谢林关于自然力统一的哲学思想，坚信电与磁之间存在某种联系。他认识到电磁转化不是可能或不可能的问题，而是如何实现的问题。经过多次的实验与探索，他最终证明了通电导线对磁针的作用，在1820年的一次讲座中，他向科学界宣布了电流的磁效应，标志着电磁学时代的到来。

奥斯特的发现对整个欧洲，特别是对法国学术界产生了很大影响，很多科学家在奥斯特实验的基础上进行了大量探索，安培便是其中之一。安培研究了电流之间的相互作用，阐述了两条平行载流导线之间的相互作用，提出了两个电流元之间的相互作用会沿着它们的连线产生，并在此基础上，总结出两个电流元之间的作用力与距离成平方反比的公式，这就是著名的安培公式。并且为了奥斯特效应，安培提出了著名的分子电流假设：磁性物质中每个分子都有一种微观电流，每个分子的圆电流会形成一个小磁体。在磁性物质中，这些电流沿磁轴方向规律地排列，从而显现出一种绕磁轴旋转的电流，如同螺线管电流一样。安培将电动力学的数学理论牢固地建立在分子电流假设的基础上。

除了安培，另外两名科学家——毕奥与萨伐尔也受到了奥斯特实验的影响。由于在奥斯特实验的表面，长直载流导线对磁极的作用力是横向力，因此毕奥与萨伐尔认为电流元对磁极的作用力也应垂直于电流元与磁极构成的平面，即其也是横向力。他们通过长直和弯折载流导线对磁极作用力的实验，得出了作用力与距离和弯折角的关系，并通过适当的分析，得到电流元对磁极作用力的规律，也是电流元产生磁场的规律。毕奥-萨伐尔定律是认识电流产生磁场及磁场对电流作用的基础，至此，电流磁效应的发现打开了电磁应用的新领域。

在奥斯特发现电流的磁效应后，许多物理学家便试图找到它的逆效应，即磁能否生电，磁能否对电产生作用。1831年8月，法拉第在软铁环两侧分别绕了两个线圈，一个线圈为闭合回路，在导线下端附近平行放置一个磁针，另一个线圈与电池组相连，当接通开关时，会形成有电源的闭合回路。实验发现，合上开关，磁针偏转；切断开关，磁针反向偏转，这表明在无电池组的线圈中出现了感应电流。法拉第意识到，这是一种非恒定的暂态效应。

紧接着他又做了几十个实验，把产生感应电流的现象概括为五类：变化的电流、变化的磁场、运动的恒定电流、运动的磁铁、在磁场中运动的导体，并把这五类现象正式命名为电磁感应。进而，法拉第发现，在相同条件下不同金属导体回路中产生的感应电流与导体的导电能力成正比，他由此认识到，感应电流是由与导体性质无关的感应电动势产生的，即使没有回路没有感应电流，感应电动势依然存在。

后来便出现了描述感应电流方向的楞次定律及描述电磁感应定量规律的法拉第电磁感应定律（其公式并非由法拉第亲自给出），并按产生原因的不同，把感应电动势分为动生电动势和感生电动势两种，前者起源于洛伦兹力，后者起源于变化磁场产生的有旋电场。

电磁感应现象是电磁学中最重大的发现之一，它揭示了电现象与磁现象之间的相互联系，对麦克斯韦电磁场理论的建立具有重大意义。法拉第电磁感应定律的重要意义在于，一方面，依据电磁感应原理，人们制造了发电机，使电能的大规模生产和远距离输送成为可能；另一方面，使电磁感应现象在电工技术、电子技术及电磁测量等方面都有广泛的应用。人类社会从此迈进了电气化时代。

法拉第电磁感应定律及后来的麦克斯韦电磁场理论为电磁检测的应用奠定了物理理论基础。例如，在初级回路中通入不同的电流或停止加载电流会对次级回路产生不同的影响，这种影响会在两根导线相互靠近时增大；或者采用环形线圈或螺旋形线圈，将一根铁棒或一捆铁丝插入线圈中，会进一步增强效果。这一现象证明了在涡流检测中使用磁化线圈的基本原理，需要明确指出一个随时间变化的初级电流，表明紧密耦合是减小提离高度的优点，也说明在涡流探头线圈中采用铁或铁氧体芯的优点。如今的电磁检测系统充分利用了上述由法拉第在•1831 年阐明的每一条原理。

电磁场方程组由描述宏观电磁场现象普遍规律的方程式或方程组构成，包括麦克斯韦方程组、静电场和恒定磁场的基本方程、无源区的波动方程等，揭示了不同条件下电磁场的普遍规律。1819 年，奥斯特发现了电流的磁作用，通过推理又导出了电流的磁化作用与电流之间的机械作用，实验结论是：运动电荷产生磁现象。1820 年安培发现磁铁对载流导体或载流线圈有作用力，从而得出了磁对运动电荷产生作用力的结论。至此，人们总结出磁现象与电荷的运动有密切联系。法拉第经过多年的实验研究，于 1831 年发现了磁电感应产生的条件，这一重大发现在科学技术史上具有划时代的意义。

2.1　电磁感应

电磁感应现象是指电与磁之间相互感应的现象，包括电感生磁和磁感生电两种情况。在通电导线附近产生磁场，是电感生磁现象。另外，当穿过闭合导电回路所包围面积的磁通量发生变化时，回路中就会产生电流，这种现象是磁感生电现象，回路中所产生的电流叫作感应电流，并且当闭合回路中的导线在磁场中运动并切割磁力线时，导线也会产生电流，这也是磁感生电现象。

在任何电磁感应现象中，无论是怎样的闭合路径，只要穿过路径围成的面内的磁通量有了变化，就会有感应电动势产生；任何不闭合的路径，只要切割磁力线，也会有感应电动势产生。感应电流的方向可以用楞次定律来确定。闭合回路内的感应电流所产生的磁场总是阻碍产生感应电流的磁通量的变化，这个电流的方向就是感应电动势的方向。另外，对于导线切割磁力线时的感应电动势的方向还可以用右手定则来确定。

当闭合回路所包围面积的磁通量发生变化时，回路中就会产生感应电动势 E_i，其大小等于所包围面积中的磁通量 φ 随时间 t 变化的负值。

$$E_i = -\frac{\mathrm{d}\varphi}{\mathrm{d}t} \tag{2-1}$$

式中，负号表示闭合回路内感应电流所产生的磁场总是阻碍产生感应电流的磁通量的变化，这个方程称为法拉第电磁感应定律。

如果将式（2-1）用于一个绕有 N 匝的线圈，线圈绕得很紧密，穿过每匝线圈的磁通量 φ 相同，则回路的感应电动势为

$$E_i = -N\frac{\mathrm{d}\varphi}{\mathrm{d}t} = -\frac{\mathrm{d}(N\varphi)}{\mathrm{d}t} \tag{2-2}$$

当长度为 l 的长导线在均匀的磁场中做切割磁力线运动时，在导线中产生的感应电动势 E_i 为

$$E_i = Blv\sin\alpha \tag{2-3}$$

式中，B 为磁感应强度，单位是 T；l 为导线长度，单位是 m；v 为导线运动的速度，单位是 m/s；α 为导线运动的方向与磁场的夹角。

由于电磁感应，当导体处在变化的磁场中或相对于磁场运动时，其内部会感应出电流，这些电流的特点是在导体内部自成闭合回路，并以旋涡状流动，因此称之为涡旋电流，简称涡流。例如，当含有圆柱导体芯的螺管线圈中通有交变电流时，圆柱导体芯中出现的感应电流就是涡流。

涡流检测是涡流效应的一项重要应用，其基本原理可表述为：当载有交变电流的检测线圈靠近导电试件时，由于激励线圈磁场的作用，试件中会产生涡流，而涡流的大小、相位及流动形式受试件导电性能的影响，同时产生的涡流也会形成一个磁场，这个磁场反过来又会使检测线圈的阻抗发生变化，因此通过测定检测线圈阻抗的变化，就可以判断试件的性能及有无缺陷等。

当直流电流通过导线时，横截面上的电流密度是均匀相同的。如果是交变电流通过导线，则导线周围变化的磁场会在导线中产生感应电流，从而使沿导线截面的电流分布不均匀，表面的电流密度越大，电流越往中心处越小，按负指数规律衰减，尤其当频率较高时，电流几乎在导线表面附近的薄层中流动，这种电流主要集中在导体表面附近的现象，称为集肤效应现象。

涡流透入导体的距离称为透入深度。定义涡流密度衰减到其表面值 1/e 时的透入深度称为标准透入深度，也称集肤深度，它能表征涡流在导体中的集肤程度，用符号 δ 表示，单位是 m（米）。由半无限大导体中电磁场的麦克斯韦方程组可以导出距离导体表面 x 深度处的涡流密度，为

$$I_x = I_0\mathrm{e}^{-\sqrt{\pi f\mu\sigma}x} \tag{2-4}$$

式中，I_0为半无限大导体表面的涡流密度，单位是 A；f为交流电流的频率，单位是 Hz；μ为材料的磁导率，单位是 H/m；σ为材料的电导率，单位是 S/m。

则集肤深度为

$$\delta = \frac{1}{\sqrt{\pi f \mu \sigma}} \tag{2-5}$$

从式（2-5）中可以看出，频率越高、导电性能越好或导磁性能越好的材料，集肤效应越显著。

2.2 麦克斯韦方程组

麦克斯韦方程组可以写成微分形式。其微分形式能反映空间观察点上同一时刻有关电磁量的关系。因此，一般来讲该方程组中的有关物理量应是时间 t 和空间 r 的函数，是四元函数。

微分形式的麦克斯韦方程组为

$$\nabla \times \boldsymbol{E} = -\frac{\partial \boldsymbol{B}}{\partial t} \tag{2-6}$$

$$\nabla \times \boldsymbol{H} = \boldsymbol{J} + \frac{\partial \boldsymbol{D}}{\partial t} \tag{2-7}$$

$$\nabla \cdot \boldsymbol{B} = 0 \tag{2-8}$$

$$\nabla \cdot \boldsymbol{D} = \rho \tag{2-9}$$

式中，∇为微分算符；ρ为容积电荷的密度；$\boldsymbol{E}$为电场强度；$\boldsymbol{J}$为电流密度；$\boldsymbol{B}$为磁通密度；$\boldsymbol{H}$为磁场强度；$\boldsymbol{D}$为电通密度。

电荷守恒定律可以表述为

$$\nabla \cdot \boldsymbol{J} + \frac{\partial \rho}{\partial t} = 0 \tag{2-10}$$

以上公式并不完全独立，可以由一个公式推出另一个公式。

电荷守恒定律的物理意义是：空间内任意电流密度矢量的散度等于该点电荷体密度时间增量的负值。从广义四维空间的角度考虑，电荷不是在空间上变化，就是在时间上变化，空间上增加了，时间上就要减小，反之亦然。式（2-10）说明四维电流密度矢量在四维空间上是无源的，散度为零。

麦克斯韦方程组反映了电荷与电流激发的电磁场及它们相互作用的基本规律。它包含丰富的内容，具有深刻的物理意义。它是关于场定律的定量描述，表示场的结构的定理。

值得注意的是，尽管麦克斯韦方程组是电磁理论的基础，也已证明在高速运动的电磁领域该方程组已被成功地应用，但是更进一步的研究表明，仅仅依靠麦克斯韦方程组是不够的。例如，许多形状较简单的散射体、散射场的解析解难以得到，只能依靠数值方法得到其近似解；对于热辐射的能量分布、光电效应、原子的精细结构理论等涉及的物质微观结构，麦克斯韦方程组就不再适用，必须借助量子电动力学的有关理论才能圆满解决。

电场和磁场是电磁场的具体表现形式，离开了变化的电场，就不能产生变化的磁场，反之亦然。这就预示着电场和磁场有同等重要的地位，体现在麦克斯韦方程组中为对称的形式和相加的形式。自然界中至今还没有发现磁荷及磁流的存在，但是为了方便，在处理电磁场的某些问题时引入了磁荷、磁流的概念。那么，当电荷与磁荷同时存在时，麦克斯韦方程组应修改为

$$\nabla \cdot \boldsymbol{D} = \rho \tag{2-11}$$

$$\nabla \cdot \boldsymbol{B} = \rho_{\mathrm{m}} \tag{2-12}$$

$$\nabla \times \boldsymbol{E} = -\boldsymbol{J}_{\mathrm{m}} - \frac{\partial \boldsymbol{B}}{\partial t} \tag{2-13}$$

$$\nabla \times \boldsymbol{H} = \boldsymbol{J} + \frac{\partial \boldsymbol{D}}{\partial t} \tag{2-14}$$

如果将只有磁荷存在时的源称为磁型源，此时的电磁场物理量用下标“m”表示，将只有电荷存在时的源称为电型源，此时的电磁场物理量用下标“e”表示，那么式（2-11）～式（2-14）将变为磁型方程组，即

$$\nabla \cdot \boldsymbol{D}_{\mathrm{m}} = 0 \tag{2-15}$$

$$\nabla \cdot \boldsymbol{B}_{\mathrm{m}} = \rho_{\mathrm{m}} \tag{2-16}$$

$$\nabla \times \boldsymbol{E}_{\mathrm{m}} = -\boldsymbol{J}_{\mathrm{m}} - \frac{\partial \boldsymbol{B}_{\mathrm{m}}}{\partial t} \tag{2-17}$$

$$\nabla \times \boldsymbol{H}_{\mathrm{m}} = \frac{\partial \boldsymbol{D}_{\mathrm{m}}}{\partial t} \tag{2-18}$$

电型方程组为

$$\nabla \cdot \boldsymbol{D}_{\mathrm{e}} = \rho_{\mathrm{e}} \tag{2-19}$$

$$\nabla \cdot \boldsymbol{B}_{\mathrm{e}} = 0 \tag{2-20}$$

$$\nabla \times \boldsymbol{E}_{\mathrm{e}} = -\frac{\partial \boldsymbol{B}_{\mathrm{e}}}{\partial t} \tag{2-21}$$

$$\nabla \times \boldsymbol{H}_{\mathrm{e}} = \boldsymbol{J}_{\mathrm{e}} + \frac{\partial \boldsymbol{D}_{\mathrm{e}}}{\partial t} \tag{2-22}$$

同理，磁流密度矢量与磁荷密度的关系，即磁荷守恒定律，为

$$\nabla \cdot \boldsymbol{J}_{\mathrm{m}} + \frac{\partial \rho_{\mathrm{m}}}{\partial t} = 0 \tag{2-23}$$

式（2-18）中的第二项可称为位移磁流。式（2-19）～式（2-22）与式（2-15）～式（2-18）有如下对应关系，即

$$\boldsymbol{H}_{\mathrm{e}} \to -\boldsymbol{E}_{\mathrm{m}}, \boldsymbol{B}_{\mathrm{e}} \to -\boldsymbol{D}_{\mathrm{m}}, \boldsymbol{E}_{\mathrm{e}} \to \boldsymbol{H}_{\mathrm{m}}, \boldsymbol{D}_{\mathrm{e}} \to \boldsymbol{B}_{\mathrm{m}}$$

$$\rho \to \rho_{\mathrm{m}}, \boldsymbol{J} \to \boldsymbol{J}_{\mathrm{m}}, \varepsilon \to \mu, \mu \to \varepsilon$$

一般情况下，空间任意点的场是电型源单独在时激发的电磁场与磁型源单独存在时激发的电磁场的矢量和。

时谐电磁场在研究电波的传播与散射等问题中占有重要地位。时谐电磁场是指电磁场随空间变化的同时随时间按正弦规律变化的电磁场，这是由于任何随时间变化的场都可以在时域进行傅里叶变换，等效成一系列振幅、频率不同的时谐电磁场。而且在有关的电子系统中，相关参数（如目标散射截面等）都是按时谐场定义的。时谐电磁场在直角坐标系、柱坐标系及球坐标系中有不同的表现形式，其在直角坐标系中的表现形式较简单，如电场强度 $\boldsymbol{E}(r,t)$可以写为

$$\boldsymbol{E}(r,t)=\sqrt{2}\boldsymbol{E}(r)\cos\omega t=\mathrm{Re}\left[\sqrt{2}\boldsymbol{E}(r)\mathrm{e}^{\mathrm{j}\omega t}\right] \tag{2-24}$$

式中，$\boldsymbol{E}(r)$为复振幅的有效值；j 为数学上的一个虚数单位；ω 为角频率；t 为时间。其分量有可能相位不同。

时间因子还有其他形式，即 $\mathrm{e}^{\mathrm{j}\omega t}$ 和 $\mathrm{e}^{-\mathrm{j}\omega t}$ 及 $\mathrm{e}^{\mathrm{i}\omega t}$ 和 $\mathrm{e}^{-\mathrm{i}\omega t}$，它们对应不同的空间因子，$\mathrm{i}=\mathrm{j}=\sqrt{-1}$，为简单起见，本书采用 $\mathrm{e}^{\mathrm{j}\omega t}$。同理，产生电磁场的源也可写成以上形式，那么时谐麦克斯韦方程组变为

$$\nabla\times\boldsymbol{H}=\boldsymbol{J}+\mathrm{j}\omega\boldsymbol{D} \tag{2-25}$$

$$\nabla\times\boldsymbol{E}=-\boldsymbol{J}_{\mathrm{m}}-\mathrm{j}\omega\boldsymbol{B} \tag{2-26}$$

$$\nabla\cdot\boldsymbol{B}=\rho_{\mathrm{m}} \tag{2-27}$$

$$\nabla\cdot\boldsymbol{D}=\rho \tag{2-28}$$

此时，电荷守恒定律与磁荷守恒定律变为

$$\nabla\cdot\boldsymbol{J}=-\mathrm{j}\omega\rho,\qquad \nabla\cdot\boldsymbol{J}_{\mathrm{m}}=-\mathrm{j}\omega\rho_{\mathrm{m}} \tag{2-29}$$

应注意的是，在式（2-29）中，有关的物理量既可理解为复振幅的有效值，又可理解为除去时间因子后的剩余部分。对于如何理解不会影响方程组的表现形式这个问题，在计算电磁场的能量时，不同的理解会有不同的表达式。有关表达式（如能量密度等相差系数为1/2）将在后续内容中进行讨论。显然，由于麦克斯韦方程组缺少时间变量，因此求解时谐麦克斯韦方程组要比求解时变麦克斯韦方程组容易，也可认为时谐麦克斯韦方程组是时变麦克斯韦方程组在频域的表现形式。

2.3 媒质的电磁特性

前面研究了麦克斯韦方程组及其与有磁荷存在时的麦克斯韦方程组的相互关系，这是我们求解电磁问题的基本理论。但是，在实际问题的研究中，仅有麦克斯韦方程组是远不能解决问题的，还必须知道电磁波传输媒质的电磁特性及其有关的边界条件。

本节首先介绍媒质的电磁特性。在电磁场中，描述媒质电磁特性的方程也被称为媒质的本构方程。在自由空间中，描述媒质电磁特性的本构方程为

$$\boldsymbol{D}=\varepsilon_0\boldsymbol{E} \tag{2-30}$$

$$\boldsymbol{B}=\mu_0\boldsymbol{H} \tag{2-31}$$

$$\boldsymbol{J}=0 \tag{2-32}$$

式中，ε_0、μ_0 分别为自由空间的电容率（或介电常数）和磁导率。

就线性各向同性媒质而言，在电磁场的作用下，媒质内部的电荷运动及其电磁相互作用会导致媒质的极化、磁化与宏观上传导电流的产生。这些参量分别用极化强度矢量 $\boldsymbol{P}$、磁化强度矢量 $\boldsymbol{M}$ 及传导电流密度矢量 $\boldsymbol{J}$ 来描述。从物理上讲，极化强度矢量 $\boldsymbol{P}$ 是媒质中单位体积内电偶极矩的统计平均值，表明了媒质中电荷运动所形成的杂乱无章的电偶极矩在电场力的作用下趋于电场方向的程度。磁化强度矢量 $\boldsymbol{M}$ 是媒质中单位体积中磁偶极矩的统计平均值，表明了媒质中电荷运动所形成的杂乱无章的磁偶极矩在磁场力的作用下趋于磁场方向的程度。由于媒质与电磁场的相互作用，电位移矢量、磁感应强度与电场和磁场的关系变为

$$\boldsymbol{D}=\varepsilon_0\boldsymbol{E}+\boldsymbol{P} \tag{2-33}$$

$$\boldsymbol{B}=\mu_0\boldsymbol{H}+\boldsymbol{M} \tag{2-34}$$

式（2-33）、式（2-34）是从麦克斯韦方程组得到的，是对任何介质都适用的定义式。对线性各向同性媒质而言，式（2-33）、式（2-34）可简化为

$$\boldsymbol{D}=\varepsilon_0\varepsilon_r\boldsymbol{E} \tag{2-35}$$

$$\boldsymbol{B}=\mu_0\mu_r\boldsymbol{H} \tag{2-36}$$

在式（2-35）、式（2-36）中，ε_r、μ_r 分别为媒质的相对介电常数与相对磁导率。

在导电媒质中，有少量的自由电子存在，这些电子在电场的作用下会发生定向移动，形成宏观电流。可以证明这一电流与媒质中的电场成正比，即

$$\boldsymbol{J}=\sigma\boldsymbol{E} \tag{2-37}$$

式中，σ表示材料的电导率。式（2-37）也被称为欧姆定律的微分形式。以上各式是各向同性媒质中的本构关系。

2.4 边界条件

在实际中，常常要研究电磁波在几种媒质构成的交界面上的行为，这就是电磁场的边界问题。在边界面上，由于媒质的电磁参数发生了突变，电磁场量也要发生突变。那么微分形式的麦克斯韦方程组将失去意义，必须从积分形式的麦克斯韦方程组出发，建立电磁场量之间的关系——边界条件。这实质上是麦克斯韦方程组在介质分界面上的表现形式，对研究电磁波的目标散射、辐射等是十分重要的。

$\boldsymbol{n}$ 为由介质 2 指向介质 1 的单位矢量，$\boldsymbol{D}$、$\boldsymbol{B}$、$\boldsymbol{E}$、$\boldsymbol{H}$ 为两种介质中的电磁场、介质参数。那么

$$\boldsymbol{n}\cdot(\boldsymbol{D}_1-\boldsymbol{D}_2)=\sigma_s \tag{2-38}$$

$$\boldsymbol{n}\cdot(\boldsymbol{B}_1-\boldsymbol{B}_2)=0 \tag{2-39}$$

$$\boldsymbol{n}\times(\boldsymbol{E}_1-\boldsymbol{E}_2)=0 \tag{2-40}$$

$$\boldsymbol{n}\times(\boldsymbol{H}_1-\boldsymbol{H}_2)=\boldsymbol{J}_s \tag{2-41}$$

只有磁荷存在时的边界条件很容易由对偶关系获得

$$\boldsymbol{n}\cdot(\boldsymbol{D}_1-\boldsymbol{D}_2)=0 \tag{2-42}$$

$$\boldsymbol{n}\cdot(\boldsymbol{B}_1-\boldsymbol{B}_2)=\sigma_{ms} \tag{2-43}$$

$$\boldsymbol{n}\times(\boldsymbol{E}_1-\boldsymbol{E}_2)=-\boldsymbol{J}_{ms} \tag{2-44}$$

$$\boldsymbol{n}\times(\boldsymbol{H}_1-\boldsymbol{H}_2)=0 \tag{2-45}$$

式（2-42）～式（2-45）为一般介质分界面上的边界条件，对于其他形式的具体边界此处不再赘述。以上边界条件由于是从麦克斯韦方程组得到的，没有涉及介质的本构关系，所以这些边界条件不仅适用于各向同性介质，还适用于各向异性介质及双各向异性介质。

2.5 电磁场的波动方程

由麦克斯韦方程组可以看出，激发电磁波的源是电荷密度 $\boldsymbol{p}$ 和电流密度矢量 $\boldsymbol{J}$。但在该方程组中，电场和磁场相互耦合，这给求解电磁波带来很大的不便。如果只将电场或磁场用源来表示成一个方程，会带来方便，这个方程实际上就是电磁场的波动方程。下面我们由麦克斯韦方程组导出电磁场的波动方程。

对于时谐电磁场，电磁场的波动方程为

$$(\nabla^2+k^2)\boldsymbol{H}=-\nabla\times\boldsymbol{J} \tag{2-46}$$

$$(\nabla^2+k^2)\boldsymbol{E}=\mathrm{j}\omega\mu\boldsymbol{J}-\frac{1}{\mathrm{j}\epsilon\omega}\nabla(\nabla\cdot\boldsymbol{J}) \tag{2-47}$$

式中，k 为一个常数，通常称为波数，与波长和频率之间的关系有关。

在推导过程中，我们利用了时谐电荷守恒定律的表达式。对于只有磁荷存在时的波动方程可利用对偶关系获得，本节不再详述。

在无源区，$\boldsymbol{J}=0$，$\rho=0$，电磁场的波动方程变为

$$\nabla\times\nabla\times\boldsymbol{H}+\varepsilon\mu\frac{\partial^2\boldsymbol{H}}{\partial t^2}=0 \tag{2-48}$$

$$\nabla\times\nabla\times\boldsymbol{E}+\varepsilon\mu\frac{\partial^2\boldsymbol{E}}{\partial t^2}=0 \tag{2-49}$$

由以上的讨论可以看出，直接由场源的分布求解电磁场是十分复杂的，这是由于电流密度、电荷密度以相当复杂的形式出现在方程的右边，给直接求解电磁场带来了不便。为了简化电磁场的计算，通常会引入电磁位函数。电磁位函数有矢量位、标量位、赫兹矢量、德拜矢量等函数，较常用的电磁位函数为 $\boldsymbol{A}$、φ。

2.6 用矢量位的分量表示的电磁场

为了简单，我们可研究用矢量位的分量表示的时谐电磁场。假设电荷与磁荷同时存在，那么在求出矢量磁位 $\boldsymbol{A}$ 与矢量电位 $\boldsymbol{A}_{\mathrm{m}}$ 后，当电流密度 $\boldsymbol{J}$ 与磁流密度 $\boldsymbol{J}_{\mathrm{m}}$ 为零时，总的电磁场变为

$$\boldsymbol{H}=\frac{1}{\mu}\nabla\times\boldsymbol{A}-\frac{\mathrm{j}\omega}{k^2}\nabla\times\nabla\times\boldsymbol{A}_{\mathrm{m}} \tag{2-50}$$

$$\boldsymbol{E}=-\frac{\mathrm{j}\omega}{k^2}\nabla\times\nabla\times\boldsymbol{A}-\frac{1}{\varepsilon}\nabla\times\boldsymbol{A}_{\mathrm{m}} \tag{2-51}$$

在无源区，对于时谐电磁场来说：

$$\nabla^2\varphi-k^2\varphi=0 \tag{2-52}$$

规范函数满足的波动方程变为

$$\nabla^2 u-k^2 u=0 \tag{2-53}$$

式中，u 表示电磁场的标量场（或电磁势），它是一个关于空间坐标的函数；k 为一个常数，通常称为波数，与波长和频率之间的关系有关。

规范变换为

$$\boldsymbol{A}'=\boldsymbol{A}+\nabla u \tag{2-54}$$

$$\varphi'=\varphi-\mathrm{j}\omega u$$

显然，如果选取 $u=\dfrac{\varphi}{\mathrm{j}\omega}$，则规范变换变为

$$\boldsymbol{A}'=\boldsymbol{A}+\nabla u \tag{2-55}$$

$$\varphi'=0 \tag{2-56}$$

电磁场可以表示为

$$\boldsymbol{B}=\nabla\times\boldsymbol{A}' \tag{2-57}$$

$$\boldsymbol{E}=-\mathrm{j}\omega A' \tag{2-58}$$

$$\nabla\cdot\boldsymbol{A}'=0 \tag{2-59}$$

在式（2-57）和式（2-58）中，矢量磁位只有两个独立的分量，因此在无源区中，电磁场可用两个独立的势分量来表示。对于磁荷产生的电磁场，式（2-57）～式（2-59）变为（由对偶关系可得）

$$\boldsymbol{D}=-\nabla\times\boldsymbol{A}_m' \tag{2-60}$$

$$\boldsymbol{H}=-\mathrm{j}\omega\boldsymbol{A}_m' \tag{2-61}$$

$$\nabla\cdot\boldsymbol{A}_m'=0 \tag{2-62}$$

因此，在无源区中，无论电磁场是由哪种源产生的，都可以用两个独立的势分量来表示。

以上在理论上证明，在无源区中，可用两个标量表示电磁场，下面具体说明。

在直角坐标系中，我们取 $\boldsymbol{A}=\boldsymbol{e}_z A_z, \boldsymbol{A}_{\mathrm{m}}=0$，可得

$$\boldsymbol{H}_x = \frac{1}{\mu}\frac{\partial \boldsymbol{A}_z}{\partial y}, \boldsymbol{E}_x = -\frac{\mathrm{j}\omega}{k^2}\frac{\partial^2 \boldsymbol{A}_z}{\partial x \partial z} \tag{2-63}$$

$$\boldsymbol{H}_y = -\frac{1}{\mu}\frac{\partial \boldsymbol{A}_z}{\partial x}, \boldsymbol{E}_y = -\frac{\mathrm{j}\omega}{k^2}\frac{\partial^2 \boldsymbol{A}_z}{\partial y \partial z} \tag{2-64}$$

$$\boldsymbol{H}_z = 0, \boldsymbol{E}_z = -\frac{\mathrm{j}\omega}{k^2}\left(\frac{\partial^2}{\partial z^2} + k^2\right)\boldsymbol{A}_z \tag{2-65}$$

这是关于 z 方向传播的 TM 波。其中的 $\boldsymbol{A}_z$ 满足齐次标量亥姆霍兹方程，即

$$\nabla^2 \boldsymbol{A}_z + k^2 \boldsymbol{A}_z = 0 \tag{2-66}$$

如果我们取 $\boldsymbol{A} = 0, \boldsymbol{A}_\mathrm{m} = \boldsymbol{e}_z \boldsymbol{A}_{\mathrm{m}z}$，可得

$$\boldsymbol{E}_x = -\frac{1}{\varepsilon}\frac{\partial \boldsymbol{A}_{\mathrm{m}z}}{\partial y}, \boldsymbol{H}_x = -\frac{\mathrm{j}\omega}{k^2}\frac{\partial^2 \boldsymbol{A}_{\mathrm{m}z}}{\partial x \partial z} \tag{2-67}$$

$$\boldsymbol{E}_y = \frac{1}{\varepsilon}\frac{\partial \boldsymbol{A}_{\mathrm{m}z}}{\partial x}, \boldsymbol{H}_y = -\frac{\mathrm{j}\omega}{k^2}\frac{\partial^2 \boldsymbol{A}_{\mathrm{m}z}}{\partial y \partial z} \tag{2-68}$$

$$\boldsymbol{E}_z = 0, \boldsymbol{H}_z = -\frac{\mathrm{j}\omega}{k^2}\left(\frac{\partial^2}{\partial z^2} + k^2\right)\boldsymbol{A}_{\mathrm{m}x} \tag{2-69}$$

这是关于 z 方向传播的 TE 波。其中的 $\boldsymbol{A}_\mathrm{m}$ 满足齐次标量亥姆霍兹方程，即

$$\nabla^2 \boldsymbol{A}_{\mathrm{m}z} + k^2 \boldsymbol{A}_{\mathrm{m}z} = 0 \tag{2-70}$$

由此可见，如果电磁波是沿 z 轴传播的 TEM 波，则可用磁矢量位的 z 分量 $\boldsymbol{A}_z$ 与电矢量位的 z 分量 $\boldsymbol{A}_{\mathrm{m}z}$ 来表示。

由于在直角坐标系中，三个坐标轴的地位完全相等，因此可以推知：如果电磁波是沿 x 轴传播的 TEM 波，则可用磁矢量位的 y 分量 $\boldsymbol{A}_{\mathrm{m}x}$ 与电矢量位的 x 分量 $\boldsymbol{A}_{\mathrm{m}x}$ 来表示。如果电磁波是沿 y 轴传播的 TEM 波，则可用磁矢量位的 y 分量 $\boldsymbol{A}_y$ 与电矢量位的 y 分量 $\boldsymbol{A}_{\mathrm{m}y}$ 来表示。在柱坐标系中，当研究如何用两个标量函数表示电磁场时，其方法与直角坐标系中的方法相同，本节在此不再讨论。

在圆球坐标系中，我们取 $\boldsymbol{A} = \boldsymbol{e}_r A_r, \boldsymbol{A}_\mathrm{m} = 0$，可得

$$\boldsymbol{H}_r = 0, \boldsymbol{E}_r = -\frac{\mathrm{j}\omega}{k^2}\left(\frac{\partial^2 \boldsymbol{A}_r}{\partial r^2} + k^2 \boldsymbol{A}_r\right) \tag{2-71}$$

$$\boldsymbol{H}_\theta = \frac{1}{\mu}\frac{1}{r\sin\theta}\frac{\partial \boldsymbol{A}_r}{\partial \varphi}, \boldsymbol{E}_\theta = -\frac{\mathrm{j}\omega}{k^2}\frac{1}{r}\frac{\partial^2 \boldsymbol{A}_r}{\partial r \partial \theta} \tag{2-72}$$

$$\boldsymbol{H}_\varphi = -\frac{1}{\mu}\frac{1}{r}\frac{\partial \boldsymbol{A}_r}{\partial \theta}, \boldsymbol{E}_\varphi = -\frac{\mathrm{j}\omega}{k^2}\frac{1}{r\sin\theta}\frac{\partial^2 \boldsymbol{A}_r}{\partial r \partial \varphi} \tag{2-73}$$

这是关于 r 方向传播的 TM 波。

同理，在圆球坐标系中，我们取 $\boldsymbol{A} = 0, \boldsymbol{A}_\mathrm{m} = \boldsymbol{e}_r \boldsymbol{A}_{\mathrm{m}r}$，可得

$$\boldsymbol{E}_r = 0, \boldsymbol{H}_r = -\frac{\mathrm{j}\omega}{k^2}\left(\frac{\partial^2 \boldsymbol{A}_{\mathrm{m}r}}{\partial r^2} + k^2 \boldsymbol{A}_{\mathrm{m}r}\right) \tag{2-74}$$

$$E_\theta = -\frac{1}{\varepsilon}\frac{1}{r\sin\theta}\frac{\partial A_{wr}}{\partial\varphi}, H_\theta = -\frac{j\omega}{k^2}\frac{1}{r}\frac{\partial^2 A_{mr}}{\partial r\partial\theta} \tag{2-75}$$

$$E_\varphi = \frac{1}{\varepsilon}\frac{1}{r}\frac{\partial A_{wr}}{\partial\theta},\ H_\varphi = -\frac{j\omega}{k^2}\frac{1}{r\sin\theta}\frac{\partial^2 A_{wr}}{\partial r\partial\varphi} \tag{2-76}$$

这是关于 r 方向传播的 TE 波。

值得注意的是，目标的散射场一般是远区场，是关于散射方向的 TEM 波。因此，在计算目标的散射场时，不仅要用到矢量磁位，还要用到矢量电位，否则难以得到散射场的解析表达式。

2.7 电磁场的能量和能流

当带电体系处在电磁场中时，会受到电场力与磁场力的作用，使带电粒子获得能量和动量，这说明电磁场具有能量和动量。关于电磁场动量的研究可参阅有关文献，下面从麦克斯韦方程组出发，研究电磁场-带电体系构成系统的能量关系。我们知道

$$\begin{aligned}\nabla\cdot(\boldsymbol{E}\times\boldsymbol{H}) &= -\boldsymbol{E}\cdot\left(\boldsymbol{J}+\frac{\partial\boldsymbol{D}}{\partial t}\right)+\boldsymbol{H}\cdot\left(-\frac{\partial\boldsymbol{B}}{\partial t}\right)\\ &= -\boldsymbol{J}\cdot\boldsymbol{E}-\left(\boldsymbol{E}\cdot\frac{\partial\boldsymbol{D}}{\partial t}+\boldsymbol{H}\cdot\frac{\partial\boldsymbol{B}}{\partial t}\right)\end{aligned} \tag{2-77}$$

对于非色散媒质而言，则有

$$\boldsymbol{E}\cdot\frac{\partial\boldsymbol{D}}{\partial t}+\boldsymbol{H}\cdot\frac{\partial\boldsymbol{B}}{\partial t} = \frac{\partial}{\partial t}\left(\frac{1}{2}\boldsymbol{E}\cdot\boldsymbol{D}+\frac{1}{2}\boldsymbol{H}\cdot\boldsymbol{B}\right) \tag{2-78}$$

将式（2-78）代入式（2-77）可得

$$\nabla\cdot(\boldsymbol{E}\times\boldsymbol{H}) = -\boldsymbol{J}\cdot\boldsymbol{E}-\frac{\partial}{\partial t}\left(\frac{1}{2}\boldsymbol{E}\cdot\boldsymbol{D}+\frac{1}{2}\boldsymbol{H}\cdot\boldsymbol{B}\right) \tag{2-79}$$

设

$$\boldsymbol{S} = \boldsymbol{E}\times\boldsymbol{H} \tag{2-80}$$

$$w_\mathrm{f} = \frac{1}{2}\boldsymbol{E}\cdot\boldsymbol{D}+\frac{1}{2}\boldsymbol{H}\cdot\boldsymbol{B} \tag{2-81}$$

则式（2-80）变为

$$-\nabla\cdot\boldsymbol{S} = \boldsymbol{J}\cdot\boldsymbol{E}+\frac{\partial}{\partial t}w_\mathrm{f} \tag{2-82}$$

对式（2-82）两端进行体积分并利用高斯定理将左端的体积分划为闭合曲面上的积分，可得

$$-\oint_S \boldsymbol{S}\cdot \mathrm{d}\boldsymbol{S} = \frac{\partial}{\partial t}\int_V w_\mathrm{f}\,\mathrm{d}V+\int_V \boldsymbol{J}\cdot\boldsymbol{E}\,\mathrm{d}V \tag{2-83}$$

式（2-83）中左端为单位时间内从闭合曲面外部流进的能量。其中，$\boldsymbol{S}=\boldsymbol{E}\times\boldsymbol{H}$ 称为电磁

场的能流密度矢量。那么式（2-83）中右边的第一项为电磁场的功率，右边的第二项为电磁场对电荷体系做功的功率。由此可知，式（2-83）表示电磁场的能量密度，$\boldsymbol{J}\cdot\boldsymbol{E}$ 表示电磁场对带电体系做功的功率密度。

对于时谐电磁场，可以证明：平均能流密度矢量（$\boldsymbol{S}'$）、平均能量密度（w_f）及电磁场对带电体系做功的功率密度（w_p）分别为

$$\boldsymbol{S}' = \boldsymbol{E}\times\boldsymbol{H}^* \tag{2-84}$$

$$w_\text{f} = \frac{1}{2}\boldsymbol{E}\cdot\boldsymbol{D}^* + \frac{1}{2}\boldsymbol{H}\cdot\boldsymbol{B}^* \tag{2-85}$$

$$w_\text{p} = \boldsymbol{J}\cdot\boldsymbol{E}^* \tag{2-86}$$

值得注意的是，式（2-85）中的各物理量均为对应频率时该物理量的有效值，这是由于推导式（2-85）是根据任意时变电磁场来进行的，那么所得结果对时谐电磁场必然成立，详细的推导过程可参阅有关文献。

2.8 ACFM 解析模型

2.8.1 空气介质下的 ACFM 数学模型

ACFM 技术在空气介质中的传播规律符合麦克斯韦方程组。为了能够准确地描述检测过程中缺陷附近的电磁场变化规律，根据麦克斯韦方程组建立了空气中的 ACFM 理论模型，如图 2-1 所示。麦克斯韦方程组在理论上统一了电和磁，准确描述了空间中同一时刻任意一点的电磁之间的联系，其在空气中的传播规律如式（2-87）～式（2-90）所示。

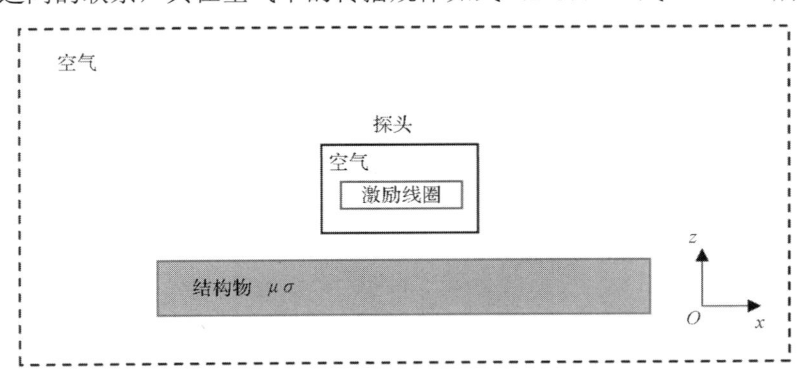

图 2-1　空气中的 ACFM 理论模型

$$\nabla\cdot\boldsymbol{D} = \rho \tag{2-87}$$

$$\nabla\cdot\boldsymbol{B} = 0 \tag{2-88}$$

$$\nabla\times\boldsymbol{E} = -\frac{\partial\boldsymbol{B}}{\partial t} \tag{2-89}$$

$$\nabla\times\boldsymbol{H} = \boldsymbol{J} + \frac{\partial\boldsymbol{D}}{\partial t} \tag{2-90}$$

式中，$\nabla\cdot$为散度；$\nabla\times$为旋度；$\boldsymbol{D}$ 为电位移向量（C/m^2）；ρ为电荷密度（C/m^3）；$\boldsymbol{B}$ 为磁感应强度（T）；$\boldsymbol{E}$ 为电场强度（V/m）；$\boldsymbol{J}$ 为电流密度（A/m^2）；$\boldsymbol{H}$ 为磁场强度（A/m）。

由于电磁场的传播与导体介质有关，因此本节补充了介质特性方程，如式（2-91）～式（2-93）所示。

$$\boldsymbol{D}=\varepsilon\boldsymbol{E} \tag{2-91}$$

$$\boldsymbol{B}=\mu\boldsymbol{H} \tag{2-92}$$

$$\boldsymbol{J}=\sigma\boldsymbol{E} \tag{2-93}$$

在式（2-91）～式（2-93）中，导体介质的介电常数ε是真空介电常数ε_0和相对介电常数ε_r的乘积，导体介质的磁导率μ是真空磁导率μ_0和导体相对磁导率μ_r的乘积，ε_0为$\dfrac{1}{36\pi}\times 10^{-9}$ F/m，μ_0为$4\pi\times10^{-7}$ H/m，σ为材料的电导率。

由于 ACFM 的激励源是正弦交流信号，而正弦交流信号会跟随时间做简谐变化，因此空间内的电磁场信号也会做简谐变化，所以为了求解更加精确，利用复矢量在正弦时变的电磁场重新表示了麦克斯韦方程组，空间中的每个矢量都有三个分量，且每个分量都是复数，而且都只是空间位置(x,y,z)的函数，在求解时可以忽略它们与时间的关系，如式（2-94）～式（2-97）所示。

$$\nabla\cdot\boldsymbol{D}(x,y,z)=\rho(x,y,z) \tag{2-94}$$

$$\nabla\cdot\boldsymbol{B}(x,y,z)=0 \tag{2-95}$$

$$\nabla\times\boldsymbol{E}(x,y,z)=-\mathrm{j}\omega\boldsymbol{B}(x,y,z) \tag{2-96}$$

$$\nabla\times\boldsymbol{H}(x,y,z)=\boldsymbol{J}(x,y,z)+\mathrm{j}\omega\boldsymbol{D}(x,y,z) \tag{2-97}$$

式中，ω为正弦激励信号的角频率。

根据 ACFM 原理，缺陷的存在使空气中的磁场强度信号发生了变化，而且在实际检测过程中传感器采集的也是靠近试件上表面空气中的磁场强度信号，因此 ACFM 理论模型最终求解的参数是试件缺陷附近上方空气中的磁场强度 $\boldsymbol{H}$。为了求解磁场强度 $\boldsymbol{H}$，我们引入了矢量磁位 $\boldsymbol{A}$ 和标量势φ，在磁场中的定义如式（2-98）和式（2-99）所示。

$$\boldsymbol{B}=\nabla\times\boldsymbol{A} \tag{2-98}$$

$$\boldsymbol{E}+\frac{\partial\boldsymbol{A}}{\partial t}=-\nabla\varphi \tag{2-99}$$

定义的公式符合麦克斯韦方程组，通过式（2-98）和式（2-99），我们建立了矢量磁位 $\boldsymbol{A}$ 和标量势φ与磁感应强度 $\boldsymbol{B}$ 和电场强度 $\boldsymbol{E}$ 之间的关系，因此可以通过计算 $\boldsymbol{A}$ 和φ的值并将其代入麦克斯韦方程组求出磁场强度 $\boldsymbol{H}$ 的值。

由于磁场强度是因为缺陷存在而产生扰动的，因此可以用结构物表面均匀的感应电流产生的磁感应强度和缺陷引起的扰动感应电流产生的磁感应强度的和来表示空间中的矢量磁位 $\boldsymbol{A}$，如式（2-100）所示。

$$\boldsymbol{A}(X,Y,Z)=\boldsymbol{A}_{\mathrm{O}}(X,Y,Z)+\boldsymbol{A}_{\mathrm{P}}(X,Y,Z) \tag{2-100}$$

又因为空间矢量都满足拉普拉斯方程：

$$\frac{\partial^2 \boldsymbol{A}}{\partial X^2}+\frac{\partial^2 \boldsymbol{A}}{\partial Y^2}+\frac{\partial^2 \boldsymbol{A}}{\partial Z^2}=0 \tag{2-101}$$

给 $\boldsymbol{A}_{\mathrm{O}}$ 添加 $Z=0_+$的边界条件：

$$\frac{\partial^2 \boldsymbol{A}_{\mathrm{O}}}{\partial X^2}+\frac{\partial^2 \boldsymbol{A}_{\mathrm{O}}}{\partial Y^2}+\frac{k}{\mu_r}\frac{\partial^2 \boldsymbol{A}_{\mathrm{O}}}{\partial Z^2}=0 \quad \left|Z=0_+\right. \tag{2-102}$$

同理给 $\boldsymbol{A}_{\mathrm{P}}$ 添加 $Z=0_+$的边界条件：

$$\frac{\partial^2 \boldsymbol{A}_{\mathrm{P}}}{\partial X^2}+\frac{\partial^2 \boldsymbol{A}_{\mathrm{P}}}{\partial Y^2}+\frac{k}{\mu_r}\frac{\partial^2 \boldsymbol{A}_{\mathrm{P}}}{\partial Z^2}=\left(2+\frac{ck}{\mu_r}\right)\frac{\partial \boldsymbol{A}_{\mathrm{P}}}{\partial Z}\delta(Y) \quad \left|Z=0_+\right. \tag{2-103}$$

式中，c 表示缺陷宽度；μ_r 表示材料的相对磁导率；$k=2\mathrm{i}/\delta$（i 是虚数单位）；δ为电流的集肤深度，可以由式（2-104）求出。

$$\delta=\frac{1}{\sqrt{\mu_r\mu_0\pi\sigma f}}=\sqrt{\frac{2}{\mu\sigma\omega}} \tag{2-104}$$

式中，μ表示材料的磁导率；f 表示激励电流的频率；ω表示激励电流的角频率；σ表示材料的电导率。

根据以上公式，建立了 ACFM 理论数学模型，可以通过求解式（2-102）和式（2-103），得到 $\boldsymbol{A}_{\mathrm{O}}$ 和 $\boldsymbol{A}_{\mathrm{P}}$ 的表达式，进而求出磁场强度 $\boldsymbol{H}$ 的值。根据空间磁场强度的变化可以反演裂纹的形貌。

2.8.2　水下环境的 ACFM 数学模型

以海洋环境为例，水下环境的 ACFM 模型可简化为如图 2-2 所示的海水环境的 ACFM 理论模型，探头内的激励线圈处于密闭的空气环境中，激励线圈加载正弦激励信号 $y=\sin(\omega t)$ 后会激发交变磁场，交变磁场穿过探头底部的海水区域后抵达金属结构物表面，交变磁场能在金属结构物表面感应出均匀的涡流场。交流电磁场在空气介质中的传播规律满足麦克斯韦方程组。

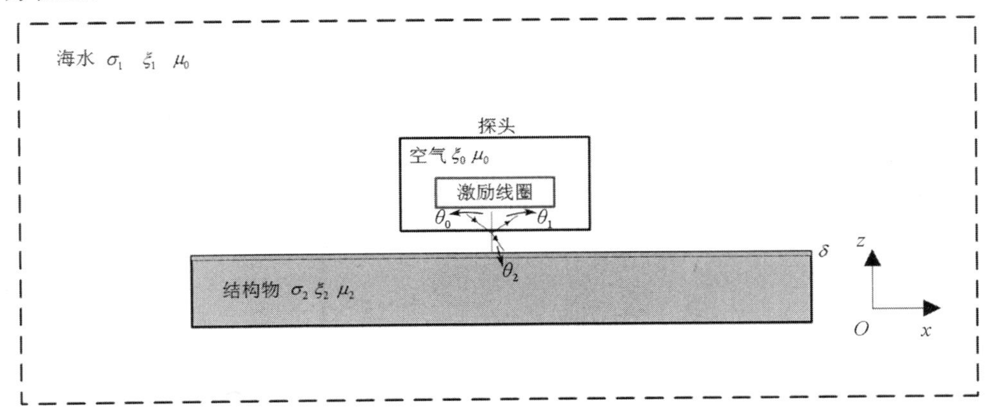

图 2-2　海水环境的 ACFM 理论模型

根据斯涅耳的光折射定律，电磁波在两种介质交界处会发生反射和折射现象，其入射线、反射线与折射线位于同一平面上，入射角、反射角与折射角要满足如下公式：

$$\theta_0 = \theta_1 \tag{2-105}$$

$$k_0 \sin\theta_0 = k_2 \sin\theta_2 \tag{2-106}$$

式中，k_0和k_2分别为电磁波在入射介质和折射介质中的折射率。

由斯涅耳公式可得折射角$\theta_2 = \arcsin\left(\frac{k_0}{k_2}\sin\theta_0\right)$，由于海水介质为优良导体，则其为一个虚部和实部都趋近于0的复数，因此折射角趋近于0°，表示电磁波由空气进入海水中时，无论入射角多大，电磁波几乎都会沿着分界面的法线方向垂直入射海水中。

交流电磁场属于局部激发磁场，可认为局部海水为均匀导电介质，不存在电荷的累积，也可认为电荷体的密度为0，即$\rho = 0$。水下ACFM为低频电磁场信号（一般低于10kHz），导电介质中的位移电流要远远小于传导电流，因此在水下ACFM理论中不考虑导体中的位移电流，即$\frac{\partial \boldsymbol{D}}{\partial t} = 0$。

电磁波在海水介质中的传播还需要满足介质性质方程，即

$$\boldsymbol{D} = \xi_1 \boldsymbol{E} \tag{2-107}$$

$$\boldsymbol{B} = \mu_0 \mu_r \boldsymbol{H} \tag{2-108}$$

$$\boldsymbol{J} = \sigma_1 \boldsymbol{E} \tag{2-109}$$

式中，由于ξ_0为真空介电常数，数值为$1/36\pi\times10^{-9}$F/m，海水的相对介电常数ξ_r约为81，因此海水的介电常数$\xi_1=\xi_r\xi_0$；μ_0为真空磁导率，数值为$4\pi\times10^{-7}$H/m；海水为非铁磁性物质，相对磁导率μ_r为1。海水的电导率σ_1受温度和海水盐度的影响，根据半经验公式可以推算。

$$\sigma_1 = \left(A + B\frac{T^{1+k}}{1+T^k}\right)\frac{S}{1+S^h}\mathrm{e}^{-\varepsilon s}\mathrm{e} - \varsigma(s - s_0)(T - T_0) \tag{2-110}$$

式中，T为温度；s为海水盐度；A=0.2193；B=0.012842；k=0.032；h=0.1243；$\varepsilon = 0.00978$；T_0=20℃；$\varsigma = 0.0000165$；S为被k填充的孔隙比，对于典型海水，S=0.03；s_0=0.035。根据我国周边海域的观测结果，海水的电导率为3～5 S/m。若介质以相对速度v运动，则$\boldsymbol{J} = \sigma_1\boldsymbol{E}$可改写为$\boldsymbol{J} = \sigma_1(\boldsymbol{E} + v\boldsymbol{B})$。在水下ACFM过程中，无论是探头的移动速度，还是海水的波动速度均较小，可不考虑介质之间的相对速度。

水下交流电磁场的激励信号为谐波场，引起的空间电磁波也为简谐波，电磁波对时间的依从关系可用指数函数表示为$\mathrm{e}^{\mathrm{j}\omega t}$，将介质方程代入简化后的麦克斯韦方程组，可得到海水中麦克斯韦方程组的复数形式，即

$$\nabla \times \boldsymbol{E} = -\mathrm{j}\omega \boldsymbol{B} \tag{2-111}$$

$$\nabla \times \boldsymbol{H} = \sigma_1 \boldsymbol{E} \tag{2-112}$$

$$\nabla \cdot \boldsymbol{B} = 0 \tag{2-113}$$

$$\nabla \cdot \boldsymbol{D} = \rho \tag{2-114}$$

电磁波在几种介质构成交界面上的传播规律满足电磁场量传播的边界条件，即

$$\boldsymbol{n}\cdot(\boldsymbol{D}_2-\boldsymbol{D}_1)=\sigma_1 \tag{2-115}$$

$$\boldsymbol{n}\cdot(\boldsymbol{B}_2-\boldsymbol{B}_1)=0 \tag{2-116}$$

$$\boldsymbol{n}\times(\boldsymbol{E}_2-\boldsymbol{E}_1)=0 \tag{2-117}$$

$$\boldsymbol{n}\times(\boldsymbol{H}_2-\boldsymbol{H}_1)=\boldsymbol{J} \tag{2-118}$$

式中，$\boldsymbol{n}$ 为由介质 1 指向介质 2 的单位矢量。

由麦克斯韦方程组可知，$\boldsymbol{H}$ 和 $\boldsymbol{E}$ 满足齐次标量亥姆霍兹方程，即

$$\nabla^2\boldsymbol{E}(\boldsymbol{H})+\gamma^2\boldsymbol{E}(\boldsymbol{H})=0 \tag{2-119}$$

其中海水中电磁波的传播常数 $\gamma^2=\mu\omega^2{}_1-\mathrm{j}\mu\omega\sigma_1$。

假定海水中产生的均匀平面波的电场为 $\boldsymbol{E}_x$，磁场为 $\boldsymbol{H}_y$，波的传播方向为垂直于空气和海水介质交界面向下（Z 方向），该电磁波是关于空间 Z 方向和时间 t 的函数，求解式（2-111）～式（2-119）可得到海水中电磁场的表达式如下：

$$\boldsymbol{E}_x=\boldsymbol{E}_0\mathrm{e}^{\mathrm{j}\omega t-\gamma z} \tag{2-120}$$

$$\boldsymbol{H}_y=\frac{\gamma}{\mathrm{j}\omega\mu_0}\boldsymbol{E}_x=\eta^{\mathrm{e}}\boldsymbol{E}_0\mathrm{e}^{\mathrm{j}\omega t-\gamma z}=\boldsymbol{H}_0\mathrm{e}^{\mathrm{j}\omega t-\gamma z} \tag{2-121}$$

式中，角频率 $\omega=2\pi f$；海水的复数波阻抗 $\eta^{\mathrm{e}}=\sqrt{\dfrac{\mu_0}{1}}$，表征电场与磁场之间的相位关系。

海水中电磁波的传播常数 γ 可用虚部 β 和实部 α 表示。β 表示电磁波由空气进入海水中的相位偏移量，单位为 Rad/m；α 表示电磁波在海水中的衰减常数，即在电磁波传播方向单位长度上波的幅度衰减量，单位为 Np/m。

$$\alpha=\omega\sqrt{\frac{\mu_0\xi_1}{2}\left(\sqrt{1+\frac{\sigma_1{}^2}{\omega^2\xi_1{}^2}}-1\right)} \tag{2-122}$$

$$\beta=\omega\sqrt{\frac{\mu_0\xi_1}{2}\left(\sqrt{1+\frac{\sigma_1{}^2}{\omega^2\xi_1{}^2}}+1\right)} \tag{2-123}$$

由衰减常数 α 可以看出，电磁波在海水中的衰减幅度与电磁波的频率有关，频率越高，电磁波在海水中衰减越严重，因此水下 ACFM 与涡流检测不同，一般选用低频正弦信号作为激励源。由于 $\dfrac{\sigma_1}{\omega\xi_1}\geqslant 1$，衰减常数 α 可简化为 $\sqrt{\pi f\mu_0\sigma_1}$，取 σ_1 为 4 S/m，若水下 ACFM 采用 10 kHz 的激励频率（最大频率），则电磁波衰减常数约为 0.4 Np/m。但由于水下交流电磁场探头与结构物之间的距离（探头提离）的最大数量级为 0.01m，因此电磁波在探头与试件微小提离之间海水介质的传播衰减幅度很小，可以忽略海水对电磁场传播的影响。

在海洋结构物缺陷检测过程中，大部分关键结构的承重部件（如导管架管节点、桩腿等）为高强度船舶及海洋工程用结构钢（参考 GB/T712—2022）。例如，牌号为 DH36、X60、X80 的高强度结构钢等。这些材料具有良好的导电性能（电导率 σ_2 为 0.5×10^7～1.0×10^7 S/m）和磁导率（相对磁导率 μ_r 为 1000 左右）。

由于探头与海水之间的允许提离高度约为 5mm，低频电磁场可视为完全穿透海水抵达结构物表面，且结构物的电导率远远大于海水的电导率，因此电磁波在海水中的衰减幅值及影响可忽略不计。水下 ACFM 缺陷解析模型如图 2-3 所示。为了更方便地计算海水中和试件内部的电磁场分布规律，假定材料内部的电导率和磁导率均为恒定数值，在结构物无缺陷的情况下引入标量磁位 ψ_0，在海水中（$z>0$）$\boldsymbol{H}=\nabla\psi_0$。

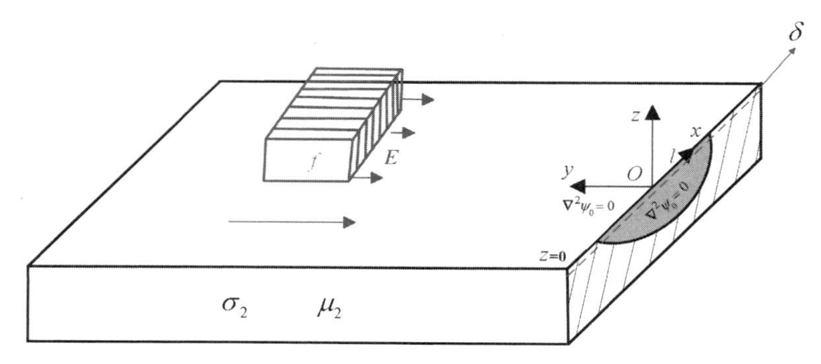

图 2-3　水下 ACFM 缺陷解析模型

在结构物表面上方的海水位置（$z>0$），标量磁位满足拉普拉斯方程 $\nabla^2\psi_0=0$，即

$$\frac{\partial^2\psi_0}{\partial x^2}+\frac{\partial^2\psi_0}{\partial y^2}+\frac{\partial^2\psi_0}{\partial z^2}=0 \tag{2-124}$$

在结构物内部的集肤层内（$z<0$），根据麦克斯韦方程组：

$$\nabla\times\boldsymbol{E}=-\mathrm{i}\omega\mu_2\boldsymbol{H} \tag{2-125}$$

$$\nabla\cdot\boldsymbol{E}=0 \tag{2-126}$$

$$\nabla\times\boldsymbol{H}=\sigma_2\boldsymbol{E} \tag{2-127}$$

$$\nabla\cdot\boldsymbol{H}=0 \tag{2-128}$$

结构物表面及裂纹表面的电场和磁场分布均满足拉普拉斯方程，由式（2-129）可得到试件内部磁场和电场的关系。

$$\boldsymbol{E}=\sqrt{\frac{\mathrm{i}\omega\mu_2}{\sigma_2}}\boldsymbol{nH} \tag{2-129}$$

$$\boldsymbol{E}=\nabla\psi_0 \tag{2-130}$$

由式（2-125）和式（2-128）可得

$$\frac{\partial^2\boldsymbol{E}}{\partial x^2}+\frac{\partial^2\boldsymbol{E}}{\partial y^2}+\frac{\partial^2\boldsymbol{E}}{\partial z^2}=k^2\boldsymbol{E} \tag{2-131}$$

$$\frac{\partial^2\boldsymbol{H}}{\partial x^2}+\frac{\partial^2\boldsymbol{H}}{\partial y^2}+\frac{\partial^2\boldsymbol{H}}{\partial z^2}=k^2\boldsymbol{H} \tag{2-132}$$

式中，$k=\mathrm{i}\omega\sigma_2\mu_2$，$\sigma_2$ 为结构物的电导率，μ_2 为结构物的磁导率。

由于集肤效应的存在，感应电场在结构钢表面的集肤深度可用 δ 表示。

$$\delta = 1/\left(\pi\mu_2\sigma_2 f\right)^{1/2} \tag{2-133}$$

$$\omega = 2\pi f \tag{2-134}$$

在结构物和海水的交界面（z=0）位置，电场强度 $\boldsymbol{E}$ 和磁场强度 $\boldsymbol{H}$ 的 x 方向和 y 方向的偏导数远远小于 z 方向的偏导数。假定水下 ACFM 采用低于 10 kHz 的激励频率，感应电流在结构钢表面的集肤深度为 0.05～0.5 mm，远小于裂纹的长度和深度尺寸，集肤深度可视为以指数方式衰减。

根据结构物内 $\boldsymbol{B} = \mu_2 \boldsymbol{H}$，结构物集肤层内的磁场强度可以表示为

$$\boldsymbol{H}_x \sim \left(\frac{\partial\psi_0}{\partial x}\right)_0 \mathrm{e}^{kz} \tag{2-135}$$

$$\boldsymbol{H}_y \sim \left(\frac{\partial\psi_0}{\partial y}\right)_0 \mathrm{e}^{kz} \tag{2-136}$$

$$\boldsymbol{H}_z \sim \frac{\mu_0}{\mu_2}\left(\frac{\partial\psi_0}{\partial z}\right)_0 \mathrm{e}^{kz} \tag{2-137}$$

根据式（2-128）可得

$$\left[\left(\frac{\partial^2\psi_0}{\partial x^2}\right)_0 + \left(\frac{\partial^2\psi_0}{\partial y^2}\right)_0 + \frac{k\mu_0}{\mu_2}\left(\frac{\partial\psi_0}{\partial z}\right)_0\right]\mathrm{e}^{kz} = 0 \tag{2-138}$$

由此，可得在海水和试件交界面位置（z=0）处的电磁场边界条件。

$$\frac{\partial^2\psi_0}{\partial x^2} + \frac{\partial^2\psi_0}{\partial y^2} + \frac{k\mu_0}{\mu_2}\frac{\partial\psi_0}{\partial z} = 0 \tag{2-139}$$

又根据式（2-127）、式（2-136）、式（2-137）和式（2-138），可得集肤层内的电场强度表达式：

$$\boldsymbol{E}_x \sim \frac{-k}{\sigma_2}\left(\frac{\partial\psi_0}{\partial y}\right)_0 \mathrm{e}^{kz} \tag{2-140}$$

$$\boldsymbol{E}_y \sim \frac{k}{\sigma_2}\left(\frac{\partial\psi_0}{\partial x}\right)_0 \mathrm{e}^{kz} \tag{2-141}$$

$$\boldsymbol{E}_z \sim 0 \tag{2-142}$$

引入无量纲常数 m=$l/ur\delta$，l 为裂纹长度。当结构物为铁磁性材料时，结构物的相对磁导率 ur>>1，$m \to 0$，则海水和结构物表面交界处（z=0）的电磁场边界条件满足二维拉普拉斯状态方程。

$$\frac{\partial^2\psi_0}{\partial x^2} + \frac{\partial^2\psi_0}{\partial y^2} = 0 \tag{2-143}$$

当结构物为非铁磁性材料时，相对磁导率 ur=1，$m \to \infty$，则海水和结构物表面交界处（z=0）的电磁场边界条件满足 $\frac{\partial\psi_0}{\partial z} = 0$，称为伯恩近似边界条件。这样在交流电磁场领域，铁磁性导体和非铁磁性导体的电磁边界条件在引入无量纲常数 m 后便得到了统一。

当试件表面存在宽度为 g 的缺陷时，标量磁位 ψ_1 满足的边界条件可变为

$$\frac{\partial^2\psi_1}{\partial x^2}+\frac{\partial^2\psi_1}{\partial y^2}+\frac{k\mu_0}{\mu_2}\frac{\partial\psi_1}{\partial z}=-\left(2+\frac{\mu_0 gk}{\mu_2}\right)H_{z_0}(x)\delta(y) \tag{2-144}$$

式（2-144）在铁磁性材料结构缺陷检测过程中，标量磁位的边界条件可简化为

$$\frac{\partial^2\psi_1}{\partial x^2}+\frac{\partial^2\psi_1}{\partial y^2}=-\left(2+\frac{\mu_0 gk}{\mu_2}\right)H_{z_0}(x)\delta(y) \tag{2-145}$$

在非铁磁性材料结构缺陷检测过程中，标量磁位的边界条件可简化为

$$\frac{k\mu_0}{\mu_2}\frac{\partial\psi_1}{\partial z}=-\left(2+\frac{\mu_0 gk}{\mu_2}\right)H_{z_0}(x)\delta(y) \tag{2-146}$$

若式（2-139）和式（2-144）分别为无缺陷时和有缺陷时的标量磁位满足的边界条件，则结构物缺陷周围的标量磁位满足 $\psi=\psi_0+\psi_1$，由此可求出感应电磁场在裂纹周围的解析解，得到裂纹周围电磁场的畸变数值。根据空间磁场强度的变化可以反演裂纹的形貌。

参考文献

[1] 郭辉萍, 刘学观. 电磁场与电磁波[M]. 4 版. 西安: 西安电子科技大学出版社, 2015.

[2] 任兰亭. 大学物理教程[M]. 下册-2 版. 青岛: 中国石油大学出版社, 1998.

[3] 邵方殷. 交流线路对平行接近的直流线路的工频电磁感应[J]. 电网技术, 1998, 22(12): 59-63.

[4] 山灵芳. 简明大学物理[M]. 郑州: 河南科学技术出版社, 2012.

[5] TADMOR E, LIU J G, TZAVARAS A E. Hyperbolic Problems: Theory, Numerics and Applications[C]. Proceedings of Symposia in Applied Mathematics, 2009.

[6] 姜礼尚. 数学物理方程讲义[M]. 3 版. 北京: 高等教育出版社, 2007.

[7] 刘洋, 崔翔, 赵志斌, 等. 基于电磁感应原理的变电站接地网腐蚀诊断方法[J]. 中国电机工程学报, 2009, (4): 7.

[8] 韩素平, 淦五二, 张王兵, 等. 电磁感应加热与原子荧光光谱联用测定海产品中的无机汞和有机汞[J]. 分析化学, 2007, 35(9): 4.

[9] 陈新, 张桂香. 电磁感应无线充电的联合仿真研究[J]. 电子测量与仪器学报, 2014, (4): 7.

[10] RAINE G A, SMITH N. NDT of on and Off-shore Oil and Gas Installations Using the ACFM Technique[J]. Materials Evaluation, 1996, 54 (4): 461-465.

[11] DOVER W D, CHARLESWORTH F D W, TAYLOR K A, et al. The use of AC Field Measurements to Determine the Size and Shape of a Crack in a Metal[J]. ASTM STP 722, 1980, 401-427.

[12] LAENEN C. The use of the ACFM Non-Destructive Testing Technique for the Inspection of Dockside Lifting Equipment[J]. BINDT Seminar, 1999.

[13] DOVER W D, MONAHAN C C. the Measurement of Surface Breaking Cracks by the Electrical Systems ACPD/ACFM. Fatigue fract. Engng Mater[J]. Struct, 1994, 17 (12): 1485-1492.

[14] CHEN K, BRENNAN F P, DOVER W D. Thin-skin AC Field in Anisotropic Tectangular Bar and ACPD Stress Measurement[J]. NDT&E International, 2000, 33 (5): 317-323.

[15] ZHOU J, DOVER W D. Electromagnetic Induction in Anisotropic Half-space and Electro-magnetic Stress Model[J]. Journal of applied physics, 1998, 83(3): 1694-1701.

[16] LEWIS A M, MICHAEL D H, LUGG M C, et al. Thin - skin Electromagnetic Fields Around Surface Breaking Cracks in Metals[J]. Journal of Applied Physics, 1988, 64(8): 3777-3784.

[17] NOROOZI A, HASANZADEH, REZA P R, et al. A Fuzzy Learning Approach for Identifification of Arbitrary Crack Profifiles Using ACFM Technique[J]. IEEE Transactions on Magnetics, 2013, 49(9): 5016-5027.

[18] RAVAN M, SADEGHI S H H, MOINI R. Field Distributions Around Arbitrary Shape Surface Cracks in Metals, Induced by High-frequency Alternating-current-carrying Wires of Arbitrary Shape[J]. IEEE Transactions on Magnetics, 2006, 42(9): 2208-2214.

[19] SAGUY H, RITTEL D. Bridging Thin and Thick Skin Solutions for Alternating Currents in Cracked Conductors[J]. Applied Physics Letters, 2005, 87(8): 084103.

[20] SAGUY H, RITTEL D. Alternating Current Fow in Internally Fawed Conductors: A Tomographic Analysis[J]. Applied Physics Letters, 2006, 89(9): 094102.

[21] NICHOLSON G L, KOSTRYZHEV A G, HAO X J, et al. Modelling and Experimental Measurements of Idealised and Light-moderate RCF Cracks in Rails Using an ACFM Sensor[J]. NDT&E International, 2011, 44(5): 427-437.

[22] NICHOLSON G L, DAVIS C L. Modelling of the Response of an ACFM Sensor to Rail and Rail Wheel RCF Cracks[J]. NDT&E International, 2012, 46(1): 107-114.

[23] AKBARI-KHEZRI A, SADEGHI S H H, MOINI R, et al. An Efficient Modeling Technique for Analysis of AC Field Measurement Probe Output Signals to Improve Crack Detection and Sizing in Cylindrical Metallic Structures[J]. Journal of Nondestructive Evaluation, 2016, 35(1): 9.

[24] PAPAELIAS M P, LUGG M C, ROBERTS C, et al. High-speed Inspection of Rails Using ACFM Techniques[J]. NDT & E International, 2009, 42(4): 328-335.

[25] PAPAELIAS M PH, ROBERTS C, DAVIS C L, et. al. Detection and Quantification of Rail Contact Fatigue Cracks in Rails Using ACFM Technology[J]. Insight, 2009, 50(7): 364-368.

[26] SMITH M, LAENEN C. Inspection of Nuclear Storage Tanks Using Remotely Deployed ACFMT[J]. Insight, 2007, 49(1): 17-20.

[27] SALEMI A H, SADEGHI S H H, MOINI R. Thin-skin Analysis Technique for Interaction of Arbitrary-shape Inducer Field with Long Cracks in Ferromagnetic Metals[J]. NDT&E International, 2004 , (39): 471-479.

[28] 胡媛媛, 罗飞路, 曹雄横, 等. 交变磁场测量系数数值仿真分析[J]. 仪表技术与传感器, 2003, (6): 48-50.

[29] 康中尉, 罗飞路, 陈棣湘. 交变磁场测量的缺陷识别模型[J]. 无损检测, 2005, 27 (3): 123-126.

[30] 孙瑜, 罗飞路, 赵东明. 利用交变磁场测量法的金属表面缺陷检测[J]. 兵工自动化, 2004, 23 (2): 44-45.

[31] JIANWEI ZHOU, MARTIN C LUGG, ROY COLLINS. A Non-uniform Model for Alternating Current Field Measurement of Fatigue Cracks in Metals[J]. Int. J. of Applied Electromagnetics and Mechanics, 1999, (10): 221-235.

第3章

交流电磁场建模仿真

有限元仿真分析方法是目前被广泛应用的计算机数值分析方法。该方法首先在连续体力学领域——飞机结构静、动态特性的数值分析方法中应用，并逐渐发展到对热传导、电磁场、流体力学及复杂耦合场等领域连续性问题的求解。有限元仿真分析方法在电磁场中的仿真可以大大减少电磁场计算的工作量，使对电磁场数学模型的建立和快速求解成为可能。

在电磁场分析计算中，经常要对麦克斯韦方程组这些偏微分方程进行简化计算，以便求得电磁场的解析解，但是在实际工程中，对于复杂电磁场问题要精确得到解析解，工作量大，计算非常困难，所以只能根据电磁场的边界条件和初始条件，利用数值解析法求数值解，有限元仿真分析方法是求解精度高、效率快的一种数值计算方法。随着计算机网络技术的不断进步和一系列的大型有限元仿真软件功能的逐步完善，对于电磁场有限元仿真分析，可采用的软件包括 ANSYS、COMSOL、Ansoft Maxwell 等。

本章介绍 ACFM 电磁无损检测的两款建模软件、仿真及对特殊探头的仿真研究。3.1 节介绍利用 ANSYS 建模软件进行 ACFM 的建模仿真；3.2 节介绍利用 COMSOL 建模软件进行 ACFM 的建模仿真；3.3 节介绍不同的参数对实验结果的影响，并对参数进行优化；3.4 节介绍典型缺陷的特征信号仿真；3.5 节介绍特殊探头的电磁场仿真。

3.1 ANSYS 仿真分析

ANSYS 是由美国 ANSYS 公司开发的融结构学、力学、热学、流体学、电磁学、声学于一体的大型综合性有限元仿真软件。ANSYS 以麦克斯韦方程组为电磁场的出发点，可以有效解决 2D 稳态或 3D 稳态、谐波和瞬态磁场的仿真分析。

ANSYS 有限元方法计算的电磁场自由度主要为磁位和电位，以及由自由度导出的磁通量密度、电流密度、能量、力、损耗、电感和电容等。ANSYS 需要根据仿真分析电磁场的结构和磁场类型并选择合适的分析方法。ANSYS 常用的磁场分析方法有磁标量位（MSP）方法、磁矢量位（MVP）方法和棱边单元方法。磁标量位方法是 3D 模型静态分析的首选方法。磁矢量位方法支持三维静态、谐波和瞬态分析。磁标量位方法和磁矢量位方法均是基于节点的分析方法。棱边单元方法的自由度与单元边有关系，与单元节点没有关系。棱边单元方法主要用于低频电磁场分析中的三维静态分析和动态分析。棱边单元方法不能用于 2D 模型分析。在相同磁场模型的仿真分析中，棱边单元方法比基于节点的磁矢量位方法更精确。

3.1.1 ANSYS 几何模型的建立

ANSYS 中 ACFM 的几何模型同样由试件、表面或埋深裂纹、U 形磁芯、激励线圈、空气五部分组成，如图 3-1 所示。

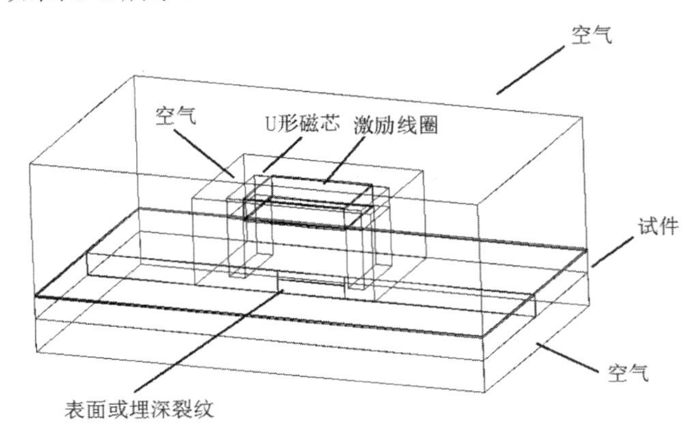

图 3-1 ACFM 的几何模型

激励线圈缠绕在 U 形磁芯的横梁上，缺陷位于试件正中央，为窄开口裂纹，通过给模型各个部分赋予不同的材料属性，实现对缺陷的三维模型仿真分析。其中模型中各部分参数的尺寸要根据需求去设定。

3.1.2 属性定义、网格划分及边界条件的设定与求解

1. 定义单元属性

选取 ANSYS 计算单元为 SOLID117 单元，同时需要定义实常数，如给定相应线圈的截面积、匝数、电流方向等几何特性，需要对三维模型的各个模块进行相应的材料属性赋予，对于电磁场分析的材料单元属性主要有材料的相对磁导率和电阻率。

2. 网格划分

ANSYS 网格划分是建立有限元模型的一个重要环节，网格控制参数的设定和网格划分形式的选择将直接决定网格的大小和形状，这对分析结果的计算精度和计算效率会产生影响。常用的网格划分形式包括自由网格划分、映射网格划分和扫略网格划分等。自由网格划分没有单元形状限制，属于全自动网格划分，方便快捷，针对复杂形状的面和体所划分的网格不遵循任何模式，形状、尺寸不规则，数量较多，从而导致计算准确性较差。映射网格划分是一种具有明显规则形状的网格划分形式，对面进行网格划分，只能是四边形面，形成的单元为四面体；对体进行网格划分，只能是六面体，形成的单元为六面体。该网格划分形式适合规则的面和体，计算精度较高。扫略网格划分是一种对体进行的网格划分形

式，要求体在扫略方向上必须具有拓扑一致性，该网格划分形式主要用于拉伸体、壳体等三维实体模型的网格划分，最终扫略网格划分将形成规则的六面体，在计算精度和计算效率上优于映射网格划分。

由于试件表面集肤效应的影响和仿真结果主要取决于缺陷附近的电磁场分析，所以对试件上表面和缺陷附近的单元网格划分要求较高。针对带缺陷的试件，首先要对试件体上的面，面上的线进行非等距划分；然后对整个试件体进行扫略网格划分，以保证试件表面和缺陷附近单元体的计算精度；最后磁芯、线圈、裂纹同样采取扫略网格划分形式进行划分，单元网格规则且细密，壳体内部空气和整个外围空气的划分则通过控制单元尺寸的大小进行自由网格划分，能节省大量的计算时间，而且能保证一定的计算精度。网格划分结果如图 3-2 所示。

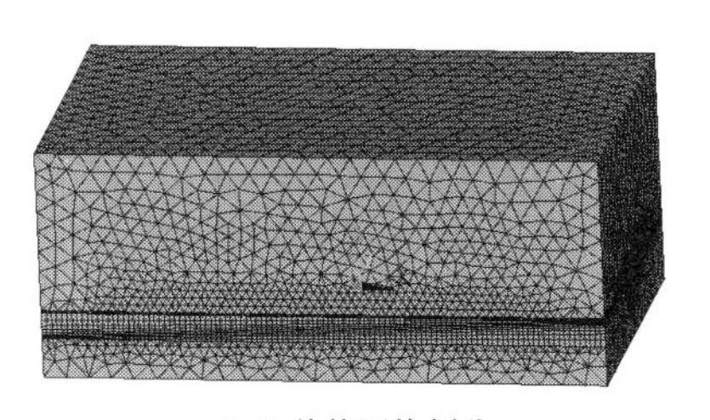

（a）总体网格划分

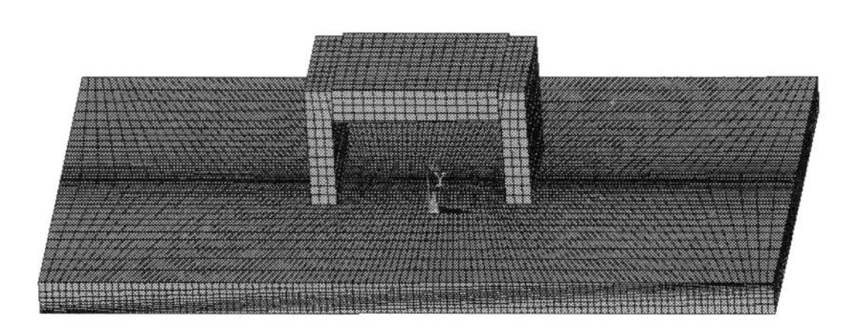

（b）内部网格划分

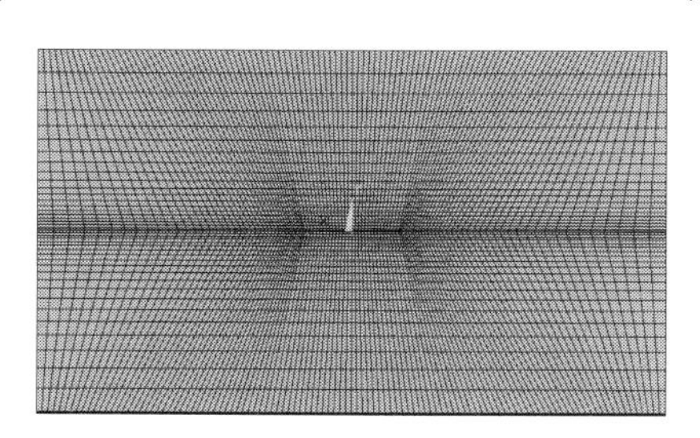

（c）试件表面网格划分

图 3-2　网格划分结果

3. 设定边界条件及载荷施加

在电磁场仿真分析求解之前，需要给模型设定边界条件，常用的边界条件包括 3 种类型：狄利克雷边界条件、诺依曼边界条件和它们的组合。

狄利克雷边界条件可以表示为

$$\phi\big|_{\Gamma}=g(\Gamma) \tag{3-1}$$

式中，Γ 为狄利克雷边界；$g(\Gamma)$ 为位置函数，一般设为常量或者零，当 $g(\Gamma)=0$ 时称狄利克雷边界条件为奇次边界条件。

诺依曼边界条件可表示为

$$\frac{\delta\phi}{\delta\boldsymbol{n}}\Big|_{\Gamma}+f(\Gamma)\phi\big|_{\Gamma}=h(\Gamma) \tag{3-2}$$

式中，Γ 为诺依曼边界；$\boldsymbol{n}$ 为边界 Γ 的外法线矢量；$f(\Gamma)$ 和 $h(\Gamma)$ 为一般函数，常设为常数或者零，当 Γ 设为零时，式（3-2）为奇次诺依曼边界条件。

在电磁场问题的实际求解中，需要给模型边界设定磁力线平行边界条件和磁力线垂直边界条件，其中磁力线垂直边界条件是自然生成的，而磁力线平行边界条件首先要通过选取整个模型外表面的边界，设定 AZ=0 用于模拟。除此之外，在加载电流之前需要试件表面一侧耦合节点 VOLT 的自由度为零，即 VOLT=0。然后通过选取线圈模型，按照一定方向进行电流密度的加载。模型的设定边界条件效果如图 3-3 所示；模型的加载电流密度效果如图 3-4 所示。

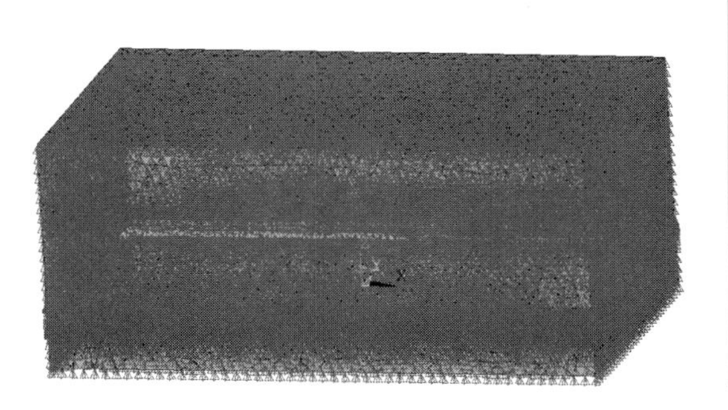

图 3-3　模型的设定边界条件效果

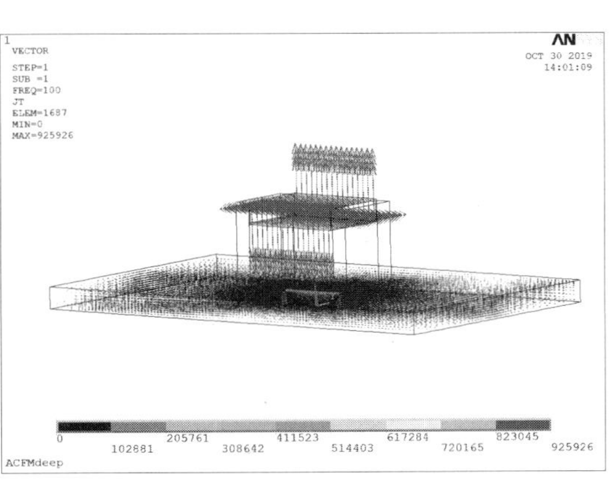

图 3-4　模型的加载电流密度效果

4．求解与后处理

在完成定义单元属性、网格划分、设定边界条件及载荷施加之后需要对仿真模型进行求解与后处理，上述仿真模型的电流激励频率为 1000 Hz，属于低频电磁场，因此选择谐波电磁场分析方法。为保证计算精度和效率选用稀松矩阵求解器（Sparse）、斜坡（Ramped）加载模式进行求解。仿真模型的求解结果以实部、虚部形式输出。绘制二维线图以获得 B_x、B_z 两个方向的磁场信号规律，绘制三维曲面图以获得缺陷附近电流的分布规律，可将数据提出后导入 MATLAB 中进行图形绘制和优化处理。

3.2　COMSOL 仿真分析

COMSOL 有限元仿真软件因其具有集结构、流体、力和电磁于一体的综合性强大的功能，且具有较好的建模和计算等简易化的操作界面，已经逐步从市场上各种各样的有限元仿真软件中脱颖而出。COMSOL 是一个基于高级数值方法的、用于建模和模拟物理场问题的通用软件，尤其在耦合现象或多物理场分析中，该软件的技术优势非常明显。“AC/DC 模块”能为电磁领域提供内置的用户界面，以及用于特定建模目的的变体。这些界面都可以定义域方程、边界条件、初始条件、预定义的网格，带有稳态和瞬态分析求解器设置的预定义研究，以及预定义的绘图和派生值。除此之外，还有一些特征可以连接不同的接口，以便用户轻松地进行组合建模，这对于电感器和线圈来说非常方便。内置的专用特征可用于轻松地模拟线圈，并将电流和电压等集总物理量转换成电流密度和电场等分布物理量。单导线和均匀多匝线圈可以在全三维模型、二维模型或二维轴对称模型中被定义。

3.2.1 COMSOL 几何模型的建立

本书以 COMSOL 为例，对 ACFM 的建模与仿真进行重点介绍。在 ACFM 无损检测的仿真中，几何模型包括试件、缺陷、U 形磁芯、激励线圈和空气五大部分，其中模型中各部分的尺寸依据各自的需求来设置。

创建几何模型是进行仿真的第一步。COMSOL 中有丰富的几何操作、功能和快捷工具帮助我们创建几何模型，其中包括生成几何体素，布尔、分割和变换操作，工作平面操作及其他 CAD 工具。我们可以通过四种主要方法创建用于仿真的几何模型。

（1）在 COMSOL 中绘制几何。

（2）导入外部的 CAD 文件。

（3）使用一种 LiveLink™产品。

（4）从外部文件导入网格数据。

每一种几何图形的创建方法都有其各自的优势。使用第一种方法，可以在 COMSOL 仿真环境中完成全部几何建模工作。创建几何模型的一般步骤包括：建立与模型的空间维度相对应的几何体素；使用几何操作（如布尔、分割和变换操作，工作平面操作等）将现有的几何转换为新的几何；处理重叠对象，使之形成联合体或装配。

在工作平面中创建低维度的几何体素，并将其扩展到最初未考虑的维度可能会更加高效。工作平面还可用于定义从高维实体到低维工作区的横截面。

3.2.2 属性定义、物理场设置、网格划分及加载载荷、求解和后处理

1．属性定义

将已经完成缺陷检测的模型中的各组成部分分别赋予相应的材料属性、物理场属性及常实数属性等。

2．物理场设置

设置完模型的属性后，需要对物理场进行设置，即通过对激励线圈的激励加载来控制整个模型的物理场，因此激励线圈的激励方式、激励大小及绝缘情况的设置对整个缺陷检测模型的有限元分析具有重要意义。

3．网格划分

在有限元仿真分析过程中网格划分是必不可少的一个重要环节，网格划分的精细程度决定了仿真计算的精确度和计算周期的时长，网格划分得越细，计算越精确，同时计算周期越长，这就需要用户根据自身需要和仿真研究的重点来合理地细化网格，往往在一个复杂的三维模型中，需要将重点关注的区域尽可能地进行网格细化，不太重要的区域尽可能地进行网格粗化，这样既能保证计算结果的精确性又大大缩短了计算周期，效果较好。

在 COMSOL 中，网格划分形式分为自由划分、映射划分和扫略划分三种。扫略划分主要针对的是 3D 实体模型的网格划分，但是划分限制较多，如子域中不能出现孔，一个子域只能有一个目标面等，划分难度较高。映射划分应用于较规则的结构划分且划分结果一般都是规则的网格分布，最终得到的结果也更加接近实际，但该网格划分形式对于面的

划分只适用于四边形面，形成的单元全部为四面体；对于体的划分只适用于六面体，形成的单元全部为六面体。自由划分常用于模型结构和形状复杂的情况，自动化程度高，可以通过局部细化及智能化尺寸等方式来优化网格的划分结果，以达到最佳效果。

在仿真建模时，由于试件相对激励场来说可以看作无限大，因此为了方便建模和数据提取，模型中选取的计算区域的长度方向要与缺陷的长度方向一致，宽度方向与缺陷的宽度方向一致，高度方向与缺陷的深度方向一致。仿真时，为了消除空气等外部环境参数对磁场的作用，用磁感应强度 x 方向的分量 B_x 和 z 方向的分量 B_z 来表征磁场的变化规律。

4. 加载载荷、求解和后处理

在完成模型建立、属性定义、物理场设置、网格划分后对模型施加载荷，定义阻抗边界条件的边界；使用“多匝线圈”命令向线圈中注入激励信号，设置信号幅值及激励频率。对以上模型进行求解，求解完成后进行数据提取与后处理，绘制二维线图以获得 B_x、B_z 两个方向的磁场信号规律，绘制三维曲面图以获得缺陷附近电流的分布规律，可将数据提出后导入 MATLAB 中进行图形绘制和优化处理。

3.3 参数优化

在 ACFM 模型中，不同磁芯尺寸、阵列传感器提离高度、激励频率等因素对检测磁场信号及检测系统都有重要影响。为了提高检测磁场信号的灵敏度，保证缺陷附近磁场信号的成像效果，以利于缺陷的三维可视化研究，本书对不同磁芯尺寸、阵列传感器提离高度和激励频率等进行仿真，最终根据仿真结果选择最优参数，为以后的复杂缺陷仿真和检测系统的开发提供理论和技术支持。

3.3.1 激励频率优化

由于激励频率对试件表面的电流集肤深度有很大影响，电流扰动又与畸变磁场直接相关，因此激励频率对 B_x、B_y 和 B_z 的磁场信号都有较大影响。本书以低碳钢带有腐蚀坑的平板为仿真试件，通过对不同的激励频率（200Hz、500Hz、1kHz、2kHz、3kHz、4kHz、5kHz、6kHz、7kHz、8kHz、9kHz、10kHz）进行仿真，采集并绘制矩形槽缺陷附近空间的三轴磁场强度图，研究在不同激励频率下 B_x、B_y 和 B_z 信号的变化规律，从而确定最优的激励频率。

$$\delta=\frac{1}{|k|}=\frac{1}{\sqrt{\mathrm{j}\omega\sigma\mu_0\mu_\mathrm{r}}} \tag{3-3}$$

式中，μ_0 为真空磁导率；μ_r 为导体的相对磁导率；σ 为材料的电导率；k 为常数；ω 为角频率。

腐蚀坑缺陷空间的三轴磁场强度图如图 3-5 所示。没有缺陷时的磁场信号为背景磁场。B_x 信号的背景磁场 B_{x_0} 不为 0，而 B_y 和 B_z 信号的背景磁场 B_{y_0} 和 B_{z_0} 为 0。为了定义磁场信号对缺陷的识别能力，我们引入了 B_x 灵敏度（S_x）、B_y 畸变量（ΔB_y）和 B_z 畸变量（ΔB_z），其值越大越能反映缺陷，即磁场信号越好，激励频率越优。其中，B_x 灵敏度、B_y 畸变量和 B_z

畸变量的定义如下：

$$S_x = \frac{\Delta B_x}{B_{x_0}} = \frac{\max(B_x) - \min(B_x)}{B_{x_0}} \times 100\% \tag{3-4}$$

$$\Delta B_y = \max(B_y) - \min(B_y) \tag{3-5}$$

$$\Delta B_z = \max(B_z) - \min(B_z) \tag{3-6}$$

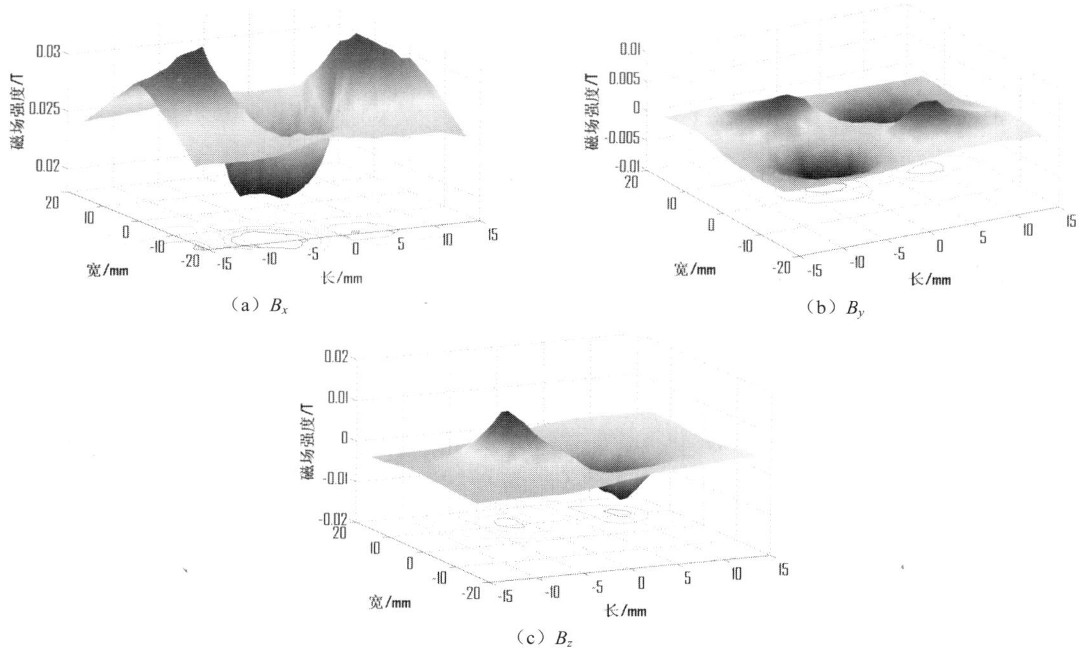

图 3-5 腐蚀坑缺陷空间的三轴磁场强度图

对不同的激励频率，B_x 灵敏度、B_y 畸变量和 B_z 畸变量如表 3-1 所示。

表 3-1 对不同的激励频率，B_x灵敏度、B_y畸变量和B_z畸变量

激励频率/Hz	B_x灵敏度S_x/%	B_y畸变量ΔB_y/(10^{-3}T)	B_z畸变量ΔB_z/(10^{-3}T)
200	18.41	2.850	9.51
500	25.71	4.894	15.34
1000	27.47	6.555	22.46
2000	27.32	7.286	24.72
3000	26.96	7.342	24.32
4000	25.56	7.266	23.90
5000	25.24	7.130	23.09
6000	23.73	6.970	22.01
7000	23.51	6.780	21.75
8000	22.04	6.590	20.34
9000	21.52	6.390	19.68
10000	19.54	6.200	18.20

根据表 3-1 中的数据，在 MATLAB 中做拟合，绘制的磁场信号特征量与激励频率的关系曲线如图 3-6 所示。通过表 3-1 和图 3-6 可以发现：在 0～1000Hz 频率范围内，B_x 灵敏度、B_y 畸变量和 B_z 畸变量随着频率的增加而迅速增大；B_x 灵敏度、B_y 畸变量和 B_z 畸变量的峰值在 1000～3000Hz 频率范围内；当频率大于 3000Hz 时，B_x 灵敏度、B_y 畸变量和 B_z 畸变量随着频率的增加而减小，其中 B_x 灵敏度减小的趋势最明显，而 B_y 畸变量和 B_z 畸变量在频率大于 3000Hz 后减小幅度变小，趋于平稳。因此，将激励频率设置为 2000Hz，能够保证 B_x 信号有较高的灵敏度，同时保证 B_y 和 B_z 信号有较大的畸变量。

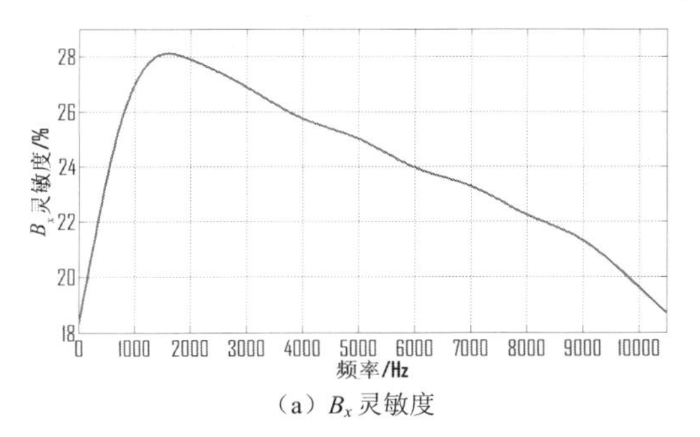

（a）B_x 灵敏度

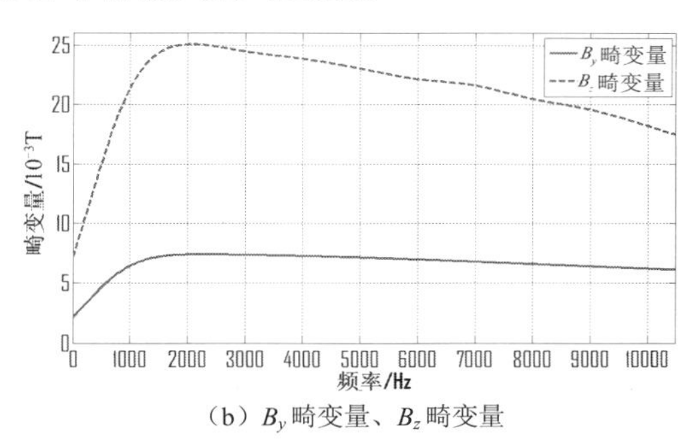

（b）B_y 畸变量、B_z 畸变量

图 3-6 磁场信号特征量与激励频率的关系曲线

3.3.2 提离扰动分析

传感器的提离高度是指传感器到试件表面的距离，提离高度同样会影响所采集的磁场信号的灵敏度或畸变量，从而影响缺陷的空间磁场成像效果。通常，我们认为检测传感器应尽量靠近被测对象，从而提高检测灵敏度。然而在实际检测中，因为要考虑探头的结构及传感器的保护问题，所以希望传感器和试件表面留有一定的距离，即检测时要一直处于保持微小提离值的非接触状态。本书通过对不同传感器的提离高度（0.1mm、0.5mm、1mm、2mm、3mm、4mm、6mm、8mm、10mm）进行仿真，研究在不同提离高度下 B_x、B_y 和 B_z 信号的变化情况，确定传感器的极限提离高度。同时充分考虑探头结构和实际检测中的探头保护与试件不均匀的问题，确定最优提离高度。不同提离高度下的 B_x 灵敏度、B_y 畸变量和 B_z 畸变量如表 3-2 所示。

表 3-2 不同提离高度下的 B_x灵敏度、B_y畸变量和 B_z畸变量

提离高度/mm	B_x灵敏度 S_x/%	B_y畸变量 ΔB_y/(10^{-3}T)	B_z畸变量 ΔB_z/(10^{-3}T)
0.1	9.39	18.550	48.72
0.5	70.93	11.820	37.17
1.0	26.32	7.286	22.72
2.0	21.52	6.320	19.36
3.0	17.25	4.520	12.52
4.0	11.86	2.710	10.24
6.0	8.88	1.680	5.95
8.0	6.03	1.170	3.93
10.0	4.00	0.770	2.59

根据表 3-2 中的数据在 MATLAB 中做拟合，绘制的磁场信号特征量与提离高度的关系曲线如图 3-7 所示。通过表 3-2 和图 3-7 可以发现，B_x 灵敏度在 0～0.5mm 提离高度范围内，会随提离高度的增加而增大，在大于 0.5mm 提离高度时，会随提离高度的增加而减小。同时为了保证 10%的最小灵敏度，提离高度应小于 5mm。因此，对于 B_x 灵敏度而言，传感器的提离高度应在 0.5～5mm 之间。B_y 和 B_z 畸变量随提离高度的增加而减小，同时本书将 0.002T 设定为能识别缺陷的最小畸变量，则对于 B_y 和 B_z 信号而言，提离高度应小于 5mm。通过以上分析，结合实际检测，应将传感器的提离高度设为 1mm。

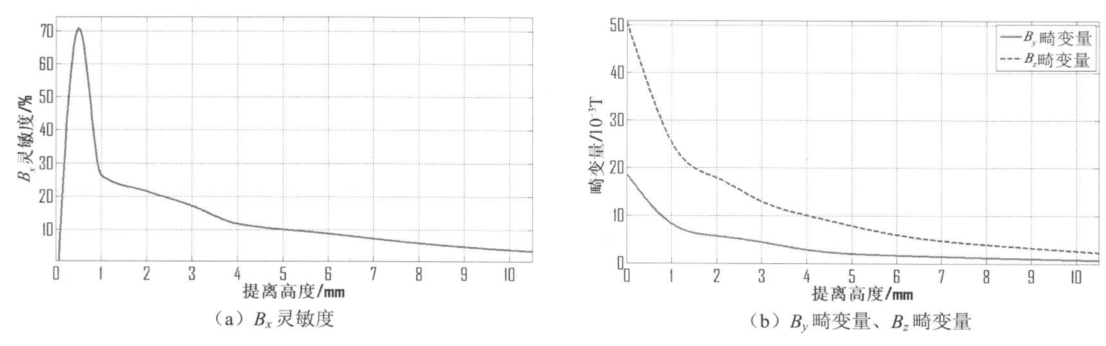

（a）B_x 灵敏度　　（b）B_y 畸变量、B_z 畸变量

图 3-7　磁场信号特征量与提离高度的关系曲线

3.3.3　磁芯尺寸

探头的激励部分由线圈缠绕在 U 形锰锌铁氧体磁芯上组成。磁芯尺寸直接影响平板试件表面匀强电场区域的大小，也限定了阵列传感器的分布方式和范围。仿真模型采用 Y 方向上的阵列传感器，传感器覆盖范围为 36mm，需要较大范围的匀强电场，同时考虑到边缘效应和实际情况，我们设计了一种宽 U 形磁芯，其尺寸示意图如图 3-8 所示。该宽 U 形磁芯和普通 U 形磁芯的尺寸如表 3-3 所示。

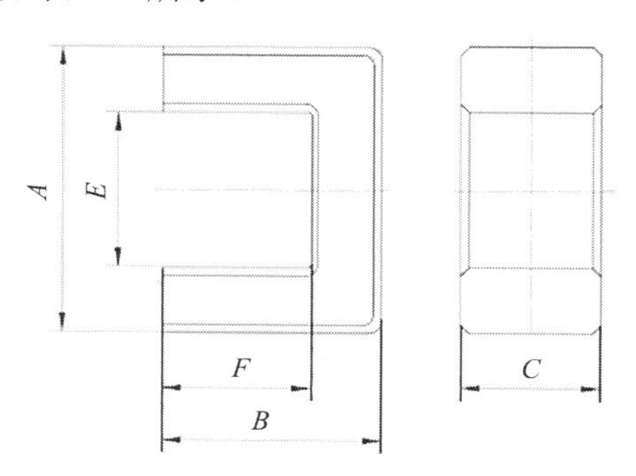

图 3-8　宽 U 形磁芯尺寸示意图

表 3-3　宽U形磁芯和普通U形磁芯的尺寸　　单位：mm

磁芯	*A*	*B*	*C*	*E*	*F*
普通 U 形磁芯	60.5	36.0	16.5	45.5	28.0
宽 U 形磁芯	60.5	30.0	48.0	45.5	22.0

对两种磁芯进行仿真，仿真完成后提取试件表面的电流图，普通U形激励和宽U形激励在试件表面产生的电场如图3-9所示。通过对比发现，宽U形激励在试件表面激励的电场范围更大且更加均匀，采用这种设计的磁芯激励有利于探头的布置和磁场采集，探头通过单次扫查就能完成对缺陷表面的三维磁场信号的提取。

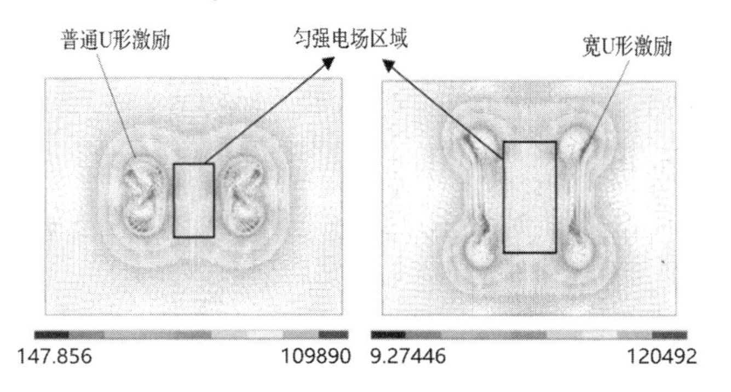

图3-9 普通U形激励和宽U形激励在试件表面产生的电场

3.3.4 阵列检测探头设计

为保证阵列检测探头的稳定可靠，需要进行激励阵列分析并对关键模块进行选型，以设计阵列检测探头的内部结构，实现阵列检测探头的整体封装。

高分辨率磁传感器应工作在匀强电场区域中，由于激励部分是用U形磁芯缠绕线圈的，因此U形磁芯的尺寸会直接影响匀强电场的区域范围。选定的高分辨率磁传感器为64个，且磁传感器的间距为1mm，所以激励阵列中的U形磁芯所覆盖的均匀区域至少应为63.45mm。

激励阵列中采用的单个U形磁芯的材料为锰锌铁氧体。U形磁芯的三视图如图3-10所示，图中B代表单个磁芯的宽度，A代表单个磁芯的腿部高度，H代表单个磁芯的高度，D代表单个磁芯中间部分的长度，L代表单个磁芯的长度。其中B=16.1mm，A=28mm，H=36mm，D=46.4mm，L=60.4mm。

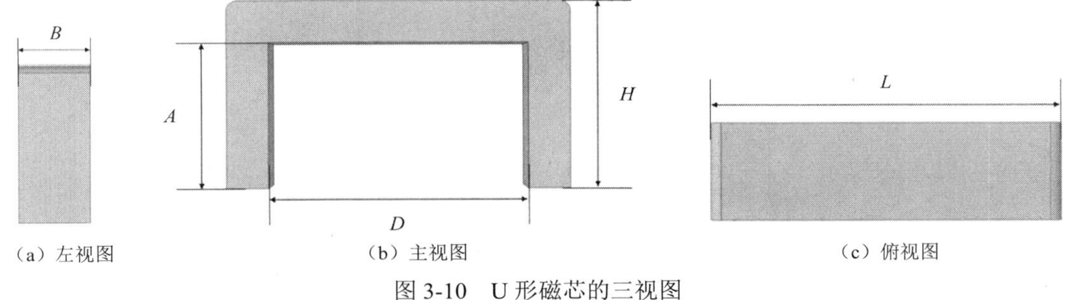

（a）左视图　（b）主视图　（c）俯视图

图3-10 U形磁芯的三视图

将多个U形磁芯并排放置，以增加U形磁芯的宽度，从而实现对激励阵列的设置。为确定U形磁芯的最优个数，采用控制变量的方法，在固定激励电流为150mA、线圈匝数为500匝、激励频率为1000Hz不变的条件下，仅通过增加U形磁芯的个数，也即增加U形磁芯的宽度来进行仿真分析。U形磁芯的宽度仿真参数设置如表3-4所示。

表 3-4　U形磁芯的宽度仿真参数设置

磁芯个数/个	磁芯宽/mm	磁芯长/mm	磁芯高/mm	激励电流/mA	线圈匝数	激励频率/Hz
1	16.1	60.4	36	150	500	1000
2	32.2	60.4	36	150	500	1000
3	48.3	60.4	36	150	500	1000
4	64.4	60.4	36	150	500	1000
5	80.5	60.4	36	150	500	1000

U 形磁芯分别为 1～5 个，通过建立仿真模型进行求解计算，分别提取不同个数 U 形磁芯下的被检测试件表面电流密度的 Y 分量，绘制表面电流密度 Y 分量的云图，并用表面上的箭头代表表面电流密度 Y 分量的分布。不同个数 U 形磁芯的仿真分析如图 3-11 所示。

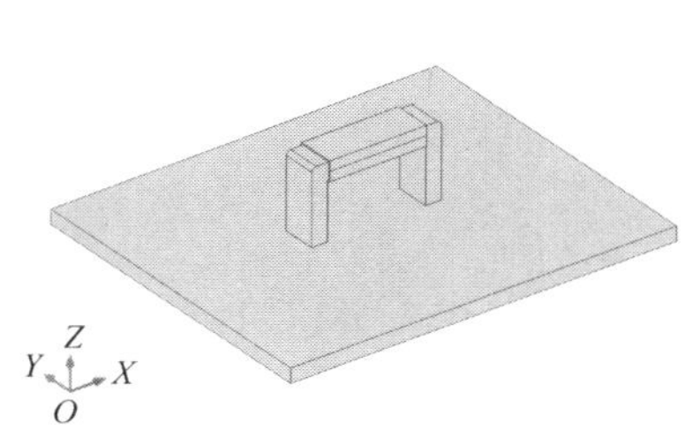

（a）1 个 U 形磁芯的仿真模型

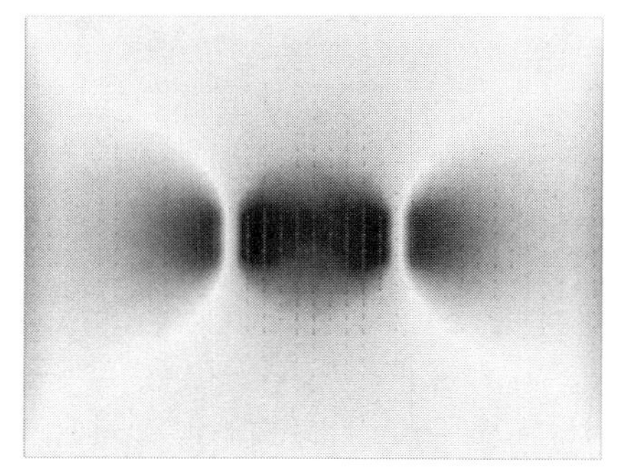

（b）表面电流密度 Y 分量 1

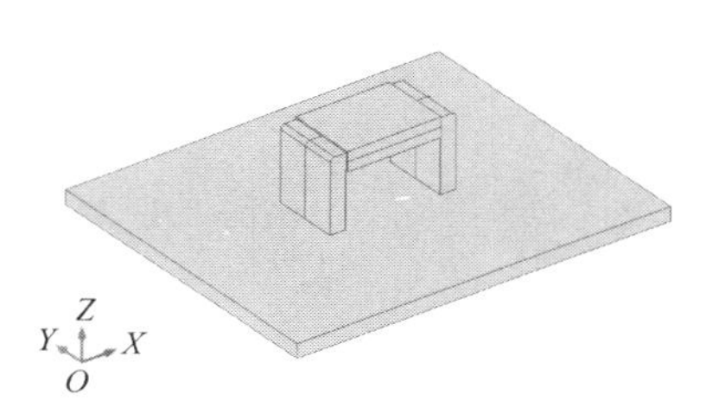

（c）2 个 U 形磁芯的仿真模型

（d）表面电流密度 Y 分量 2

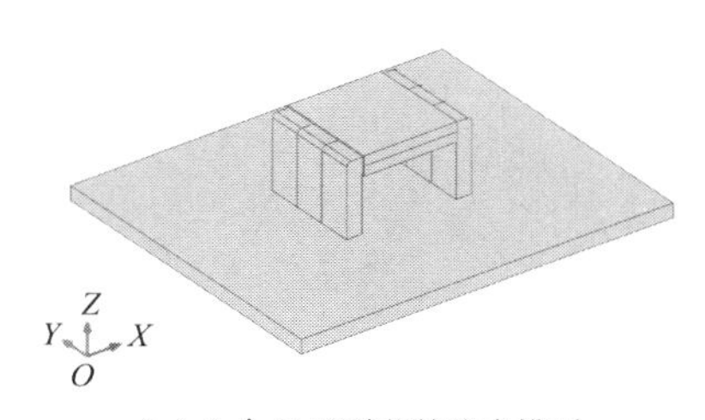

（e）3 个 U 形磁芯的仿真模型

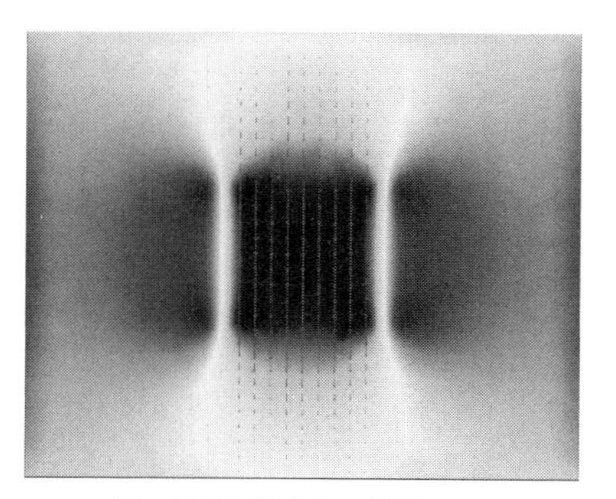

（f）表面电流密度 Y 分量 3

图 3-11　不同个数 U 形磁芯的仿真分析

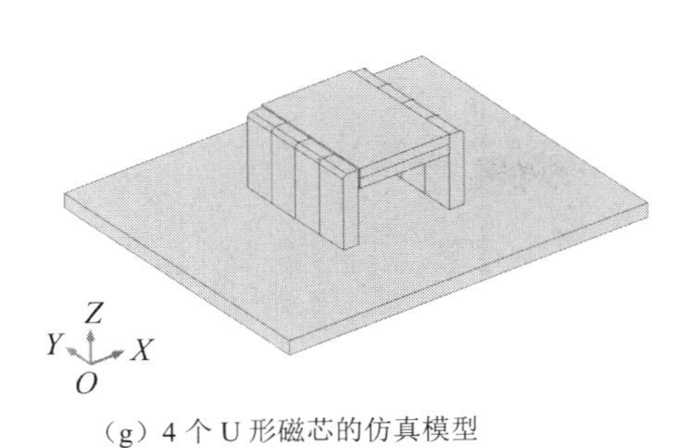

（g）4 个 U 形磁芯的仿真模型

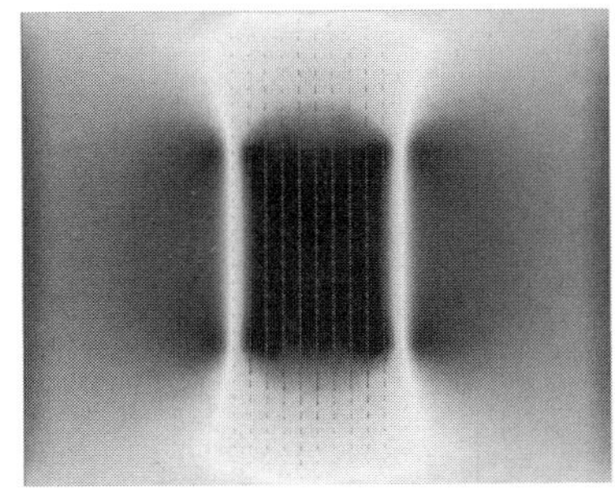

（h）表面电流密度 Y 分量 4

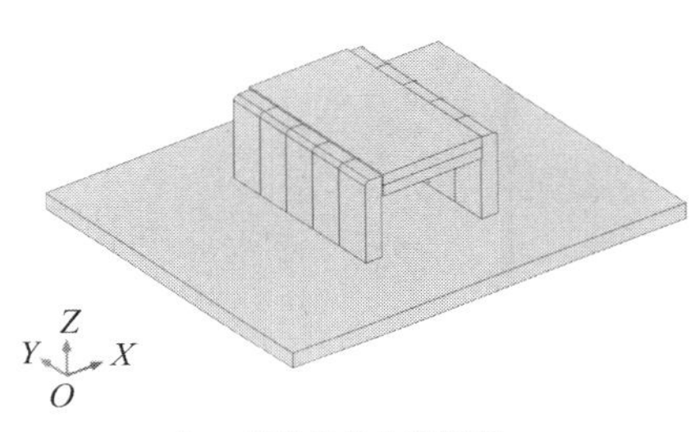

（i）5 个 U 形磁芯的仿真模型

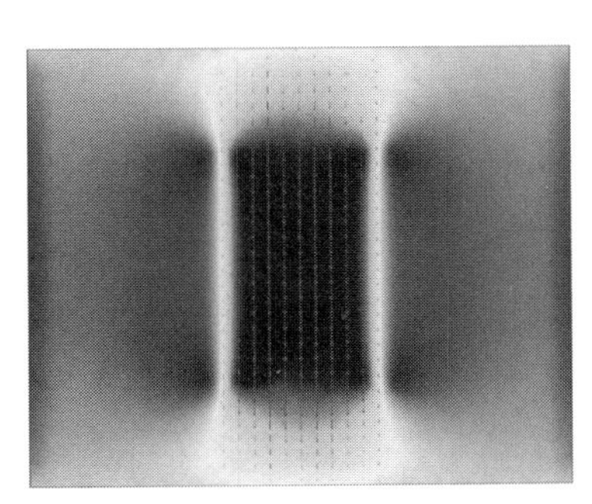

（j）表面电流密度 Y 分量 5

图 3-11　不同个数 U 形磁芯的仿真分析（续）

由图 3-11 可以看出，U 形磁芯的中间区域代表匀强电场的范围，其与代表表面电流密度 Y 分量的箭头是相互平行的，且呈均匀分布。随着 U 形磁芯个数的增加，匀强电场在 X 方向的宽度基本不变，在 Y 方向的长度逐渐变大。为确定匀强电场在 Y 方向的长度，我们提取了磁芯正下方 X=0mm 时，被检测试件的表面电流密度 Y（Y 的范围为−65～65mm）分量的电流密度 J_Y，绘制得到的图像如图 3-12 所示。

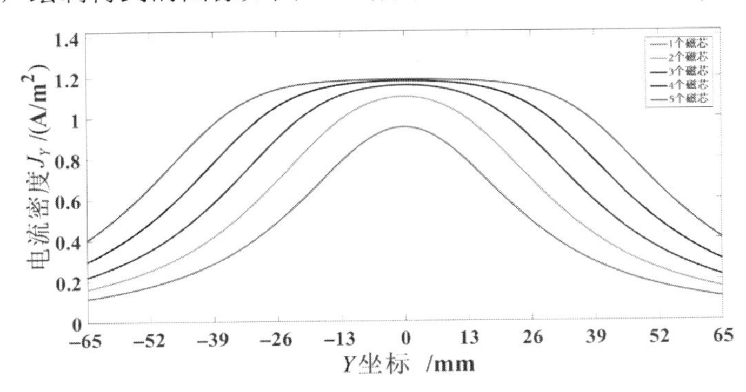

图 3-12　不同个数磁芯的 Y 分量的电流密度 J_Y 绘制得到的图像

由图 3-12 可以看出，当 Y=0mm 时，Y 分量的电流密度 J_Y 最大，随着与中心的距离变大，Y 分量的电流密度 J_Y 逐渐变小，因此要将传感器放在磁芯正中间的下方，以保证传感器在匀强电场的正中间。随着磁芯数量变多，Y 分量的电流密度 J_Y 的峰值逐渐变大，同时中间平坦区域变大。为准确计算平坦区域的宽度，对每条曲线进行拟合得到的表达式，如表 3-5 所示。

表 3-5　曲线拟合表达式

对象	拟合表达式
1 个磁芯的 J_Y	$-4.6359\times10^{-18}\times x^{10}+3.0135\times10^{-15}\times x^{9}-8.2214\times10^{-13}\times x^{8}+1.2194\times10^{-10}\times x^{7}-1.0658\times10^{-8}\times x^{6}+5.59\times10^{-7}\times x^{5}-1.7363\times10^{-5}\times x^{4}+0.00030789\times x^{3}-0.0027055\times x^{2}+0.013855\times x+0.10694$
2 个磁芯的 J_Y	$9.1481\times10^{-19}\times x^{10}-5.9419\times10^{-16}\times x^{9}+1.6815\times10^{-13}\times x^{8}-2.7211\times10^{-11}\times x^{7}+2.7474\times10^{-9}\times x^{6}-1.741\times10^{-7}\times x^{5}+6.5353\times10^{-6}\times x^{4}-0.00013185\times x^{3}+0.0014699\times x^{2}-0.00037399\times x+0.1683$
3 个磁芯的 J_Y	$4.1085\times10^{-18}\times x^{10}-2.6693\times10^{-15}\times x^{9}+7.3235\times10^{-13}\times x^{8}-1.1023\times10^{-10}\times x^{7}+9.8879\times10^{-9}\times x^{6}-5.3674\times10^{-7}\times x^{5}+1.7084\times10^{-6}\times x^{4}-0.00029925\times x^{3}+0.0028612\times x^{2}-0.0022671\times x+0.22902$
4 个磁芯的 J_Y	$1.3503\times10^{-18}\times x^{10}-8.7788\times10^{-16}\times x^{9}+2.347\times10^{-13}\times x^{8}-3.3016\times10^{-11}\times x^{7}+2.5775\times10^{-9}\times x^{6}-1.0565\times10^{-7}\times x^{5}+1.7216\times10^{-6}\times x^{4}+3.879\times10^{-6}\times x^{3}-3.1277\times10^{-5}\times x^{2}+0.012891\times x+0.295$
5 个磁芯的 J_Y	$-1.8405\times10^{-18}\times x^{10}+1.1962\times10^{-15}\times x^{9}-3.3358\times10^{-13}\times x^{8}+5.2183\times10^{-11}\times x^{7}-5.0025\times10^{-9}\times x^{6}+2.9907\times10^{-7}\times x^{5}-1.0697\times10^{-5}\times x^{4}+0.00020054\times x^{3}-0.0014955\times x^{2}+0.022538\times x+0.39637$

定义峰值的 90%为平坦区域，即电流均匀区域，同时根据表 3-5 所得到的曲线拟合表达式，可知电流密度 J_y 的峰值，因此可求出峰值的 90%的数值，同时相对应的 $Y_{\min}$ 和 $Y_{\max}$ 可通过计算得出，定义平坦区域的宽度为 ΔY，计算公式如下：

$$\Delta Y = Y_{\max} - Y_{\min} \tag{3-7}$$

代入曲线拟合表达式，计算得到平坦区域的相关数据，如表 3-6 所示。

表 3-6　平坦区域的相关数据

对象	峰值/（A/m2）	90%峰值/（A/m2）	Y_{min}/mm	Y_{max}/mm	ΔY/mm
1 个磁芯的 J_Y	0.95	0.86	55.30	76.09	20.79
2 个磁芯的 J_Y	1.10	0.99	52.31	78.84	26.53
3 个磁芯的 J_Y	1.16	1.04	46.86	77.59	30.73
4 个磁芯的 J_Y	1.18	1.06	39.61	89.48	49.87
5 个磁芯的 J_Y	1.19	1.07	31.92	101.33	69.41

以磁芯个数为 X 轴，平坦区域的宽度 ΔY 为 Y 轴，通过 MATLAB 绘制如图 3-13 所示的不同个数磁芯平坦区域的宽度曲线。可以看出，随着磁芯个数的增加，平坦区域的宽度也会增加。由于激励阵列中的 U 形磁芯所覆盖的高分辨率磁传感器的均匀区域至少为 63.45mm，因此选定 5 个磁芯作为激励阵列，磁芯的总体宽度为 80.5mm。

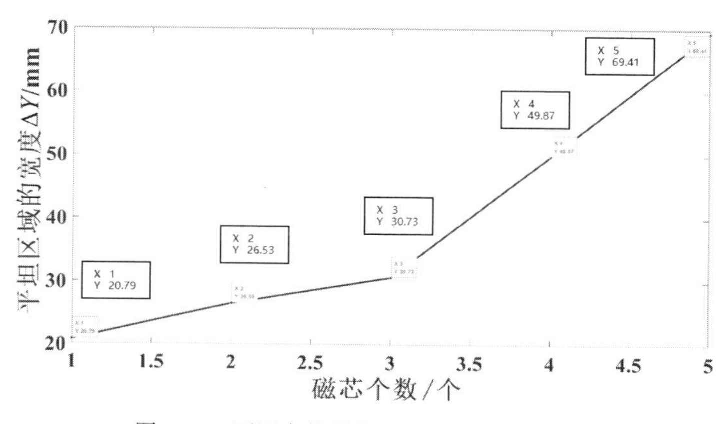

图 3-13　不同个数磁芯平坦区域的宽度曲线

3.4 典型缺陷的特征信号仿真

3.4.1 不规则裂纹的仿真分析与可视化重构

单条裂纹的宽度较小，单U形激励线圈便可覆盖整个裂纹区域。对于向不同方向延伸的不规则裂纹，单U形激励线圈难以覆盖缺陷区域，需要建立阵列探头交流电磁场仿真模型，如图3-14（a）所示。在此仿真模型中，采用宽度为50 mm的U形磁芯，激励线圈缠绕在U形磁芯的横梁上，其他参数与单探头仿真模型一致，激励线圈在U形磁芯下方的碳钢试件上能形成较大范围的感应电场。

碳钢试件表面不规则裂纹的交流电磁场仿真模型的网格划分如图3-14（b）所示。不规则裂纹由4条长30mm、深6mm、宽0.8mm的裂纹组成，裂纹与水平方向的夹角分别为0°、30°、60°和90°。为了使匀强电场覆盖裂纹区域，采用宽U形磁芯和激励线圈，激励线圈的宽度为50 mm。

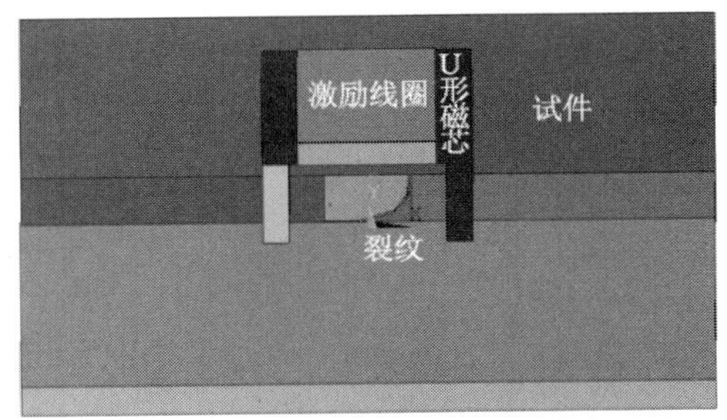

（a）阵列探头交流电磁场仿真模型

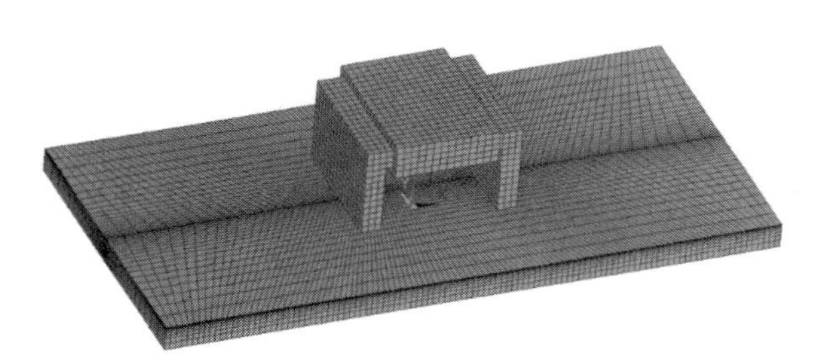
（b）网格划分

图3-14 阵列探头仿真模型

提取试件表面不规则裂纹周围的电流矢量图和电流密度图，如图3-15（a）和（b）所示。虽然裂纹为不规则形状，电流扰动规律较混乱，但电流仍在裂纹的端点位置聚集，在裂纹深度方向电流密度变得稀疏，电流在端点位置会绕过裂纹。

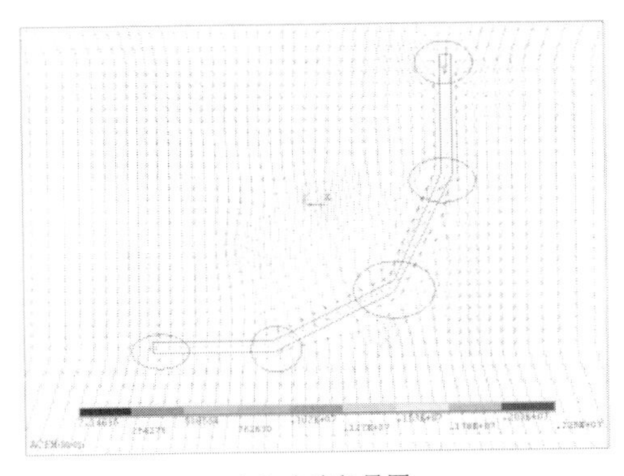
（a）电流矢量图

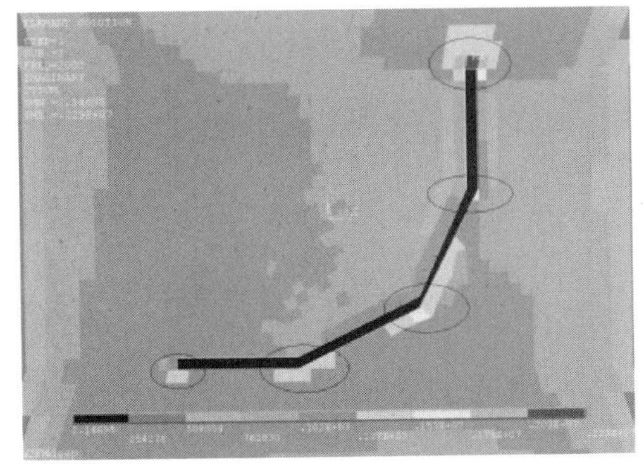
（b）电流密度图

图3-15 不规则裂纹表面电流

提取不规则裂纹表面上方2 mm位置处的空间三维畸变磁场，如图3-16所示。当探头沿x方向移动扫查试件时，感应电流沿y方向流动。对于90°裂纹，感应电流与裂纹平行，电流扰动不明显，激励线圈产生的背景磁场会垂直穿过 90°裂纹并形成漏磁场。由于漏磁场的效应远大于电流扰动引起的二次磁场畸变的效应，使空间特征信号 B_x 和 B_z 在 60°裂纹和 90°裂纹位置产生强烈的漏磁场信号，60°裂纹和 90°裂纹位置的电场扰动引起的二次场较弱，被漏磁场信号掩盖。对于 0°裂纹，感应电流与裂纹垂直，电场扰动明显，电磁场畸变规律符合 ACFM 基本原理。由于电场扰动的方向不同，空间特征信号 B_y 在 0°裂纹和 30°裂纹位置会产生明显的波峰和波谷，空间特征信号 B_x 和 B_z 在 60°裂纹和 90°裂纹位置会产生明显的波峰和波谷。空间特征信号 B_z 反映了裂纹周围的电流聚集效应，最能体现裂纹的端点和轮廓。

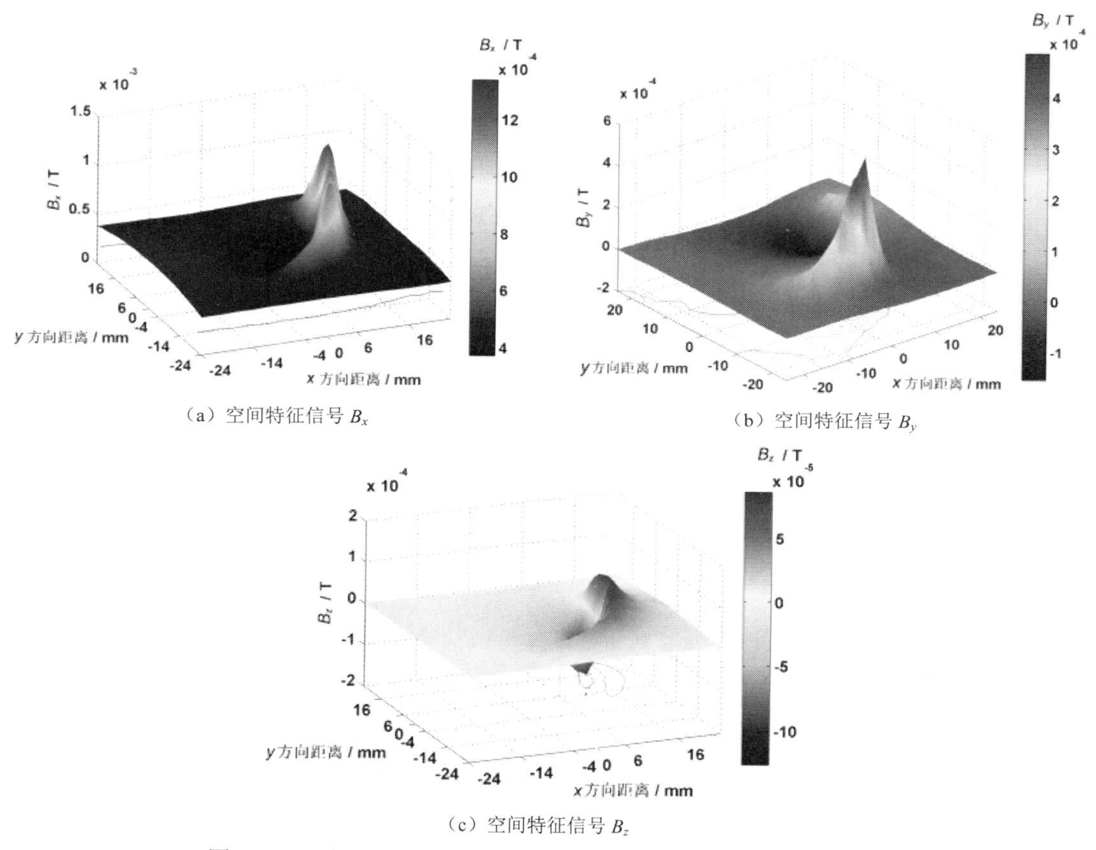

（a）空间特征信号 B_x

（b）空间特征信号 B_y

（c）空间特征信号 B_z

图 3-16 不规则裂纹表面上方 2mm 位置处的空间三维畸变磁场

3.4.2 簇状裂纹的仿真研究

1. 簇状裂纹数量对裂纹磁场信号的影响

簇状裂纹数量增加示意图如图 3-17 所示。在保持裂纹间距不变的情况下增加簇状裂纹的数量，提取图 3-17 所示位置的磁场信号。簇状裂纹数量对裂纹磁场信号的影响如图 3-18 所示。通过结果可知，随着簇状裂纹数量的增加，B_x 和 B_z 信号的变化量变大后基本保持不变。由此可知，簇状裂纹数量的增加将增大单个信号的扰动磁场信号，但随着增加的簇状裂纹越来越远，这种叠加效应会逐渐减小。

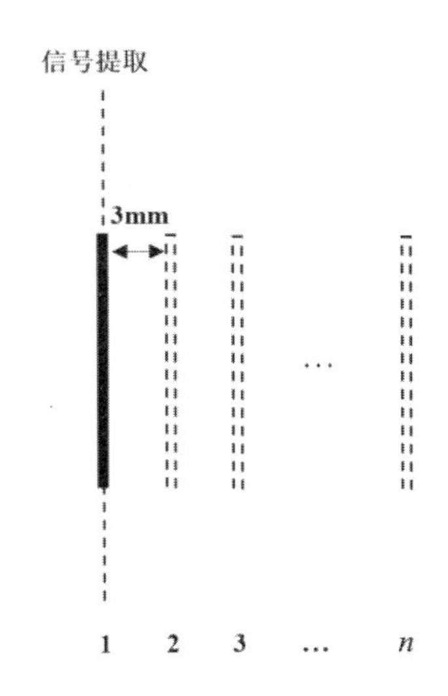

图 3-17　簇状裂纹数量增加示意图

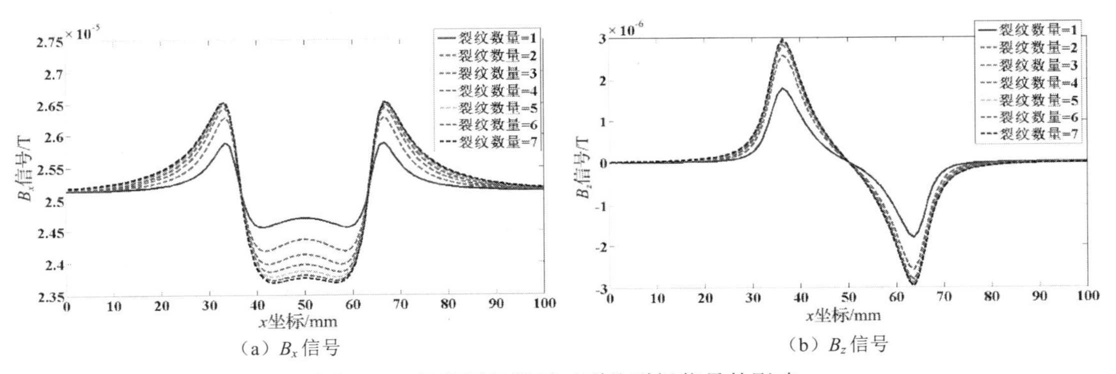

（a）B_x 信号　（b）B_z 信号

图 3-18　簇状裂纹数量对裂纹磁场信号的影响

2. 簇状裂纹水平间距对裂纹磁场信号的影响

簇状裂纹水平间距变化示意图如图 3-19 所示。在模型中改变两条平行裂纹的水平间距，分析裂纹上方 B_x 和 B_z 信号与裂纹水平间距的关系。两条平行裂纹的尺寸相同，长为 30mm、宽为 0.5mm、深为 5mm，簇状裂纹水平间距对裂纹磁场信号的影响如图 3-20 所示。由结果可知，两条平行簇状裂纹导致的裂纹信号的变化量大于单个裂纹导致的裂纹信号的变化量。当簇状裂纹的水平间距变大时，B_x 和 B_z 信号的变化量会逐渐减小，B_z 信号波峰和波谷的间距基本不变。

图 3-19　簇状裂纹水平间距变化示意图

3. 簇状裂纹纵向间距对裂纹磁场信号的影响

簇状裂纹纵向间距变化示意图如图 3-21 所示。逐渐改变两个裂纹的纵向间距，提取裂纹上方的 B_x 和 B_z 信号。簇状裂纹纵向间距对裂纹 B_x 信号的影响和簇状裂纹纵向间距对裂

纹 B_z 信号的影响分别如图 3-22 和图 3-23 所示。由结果可知，当两个裂纹为纵向分布时，B_x 信号的变化量会变小，其中与其他裂纹相邻一侧的信号变化最明显。B_z 信号只有与其他裂纹相邻一侧的变化量变小。随着间距变大，B_x 和 B_z 信号的变化量会逐渐变大。

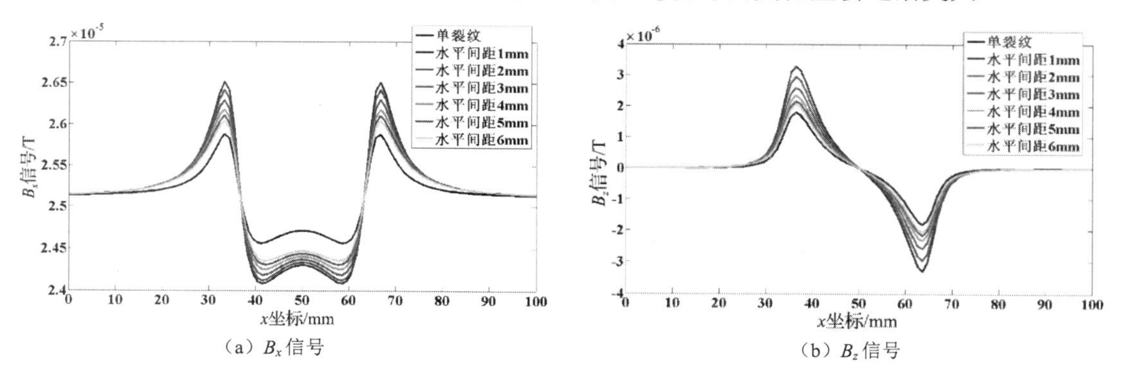

（a）B_x 信号　　（b）B_z 信号

图 3-20　簇状裂纹水平间距对裂纹磁场信号的影响

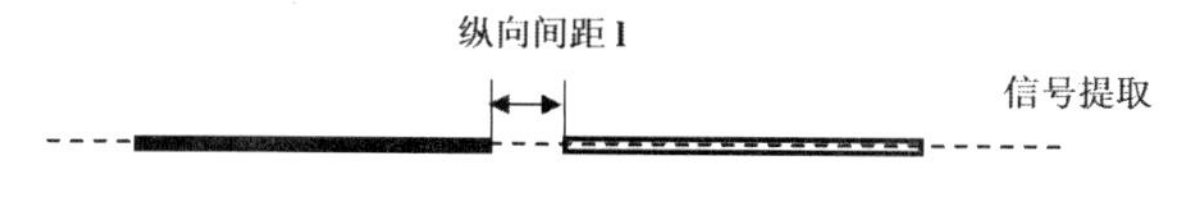

图 3-21　簇状裂纹纵向间距变化示意图

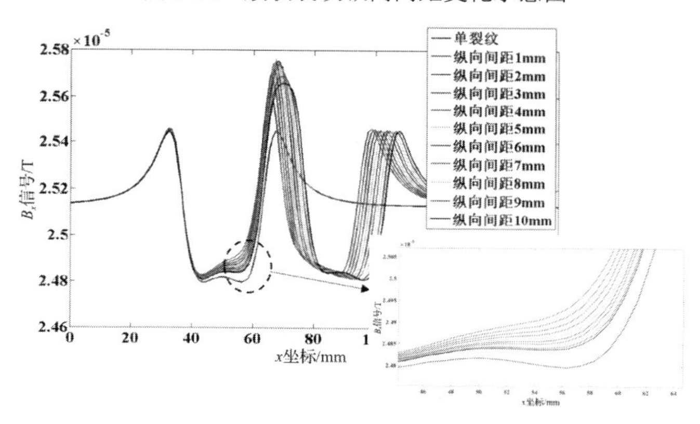

图 3-22　簇状裂纹纵向间距对裂纹 B_x 信号的影响

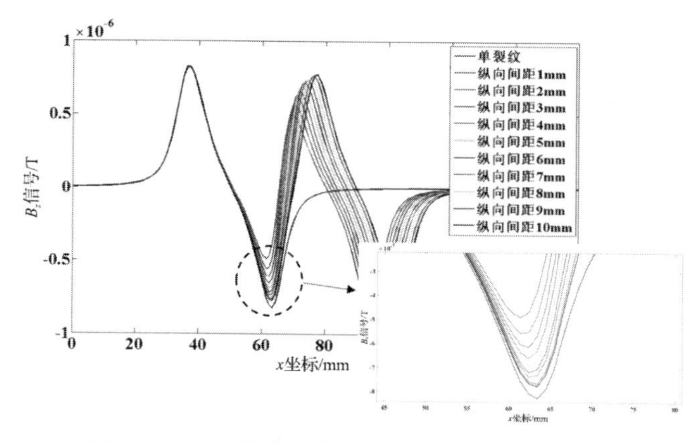

图 3-23　簇状裂纹纵向间距对裂纹 B_z 信号的影响

4．簇状裂纹相对位置对裂纹磁场信号的影响

在模型中保持裂纹水平间距和尺寸不变，改变两个裂纹的中心距，分析裂纹上方 B_x 和 B_z 信号与裂纹相对位置的关系。裂纹示意表如表 3-7 所示。A 裂纹 B_x 和 B_z 信号的变化规律如图 3-24 所示。由结果可知，当两个裂纹的中心距为 0mm 时，A 裂纹上方 B_x 和 B_z 信号的变化量大于单裂纹 B_x 和 B_z 信号的变化量。

表 3-7　裂纹示意表

序号	裂纹的中心距/mm	裂纹示意图
1	0	B A
2	10	B A
3	20	B A
4	30	B A
5	40	B A
6	50	B A

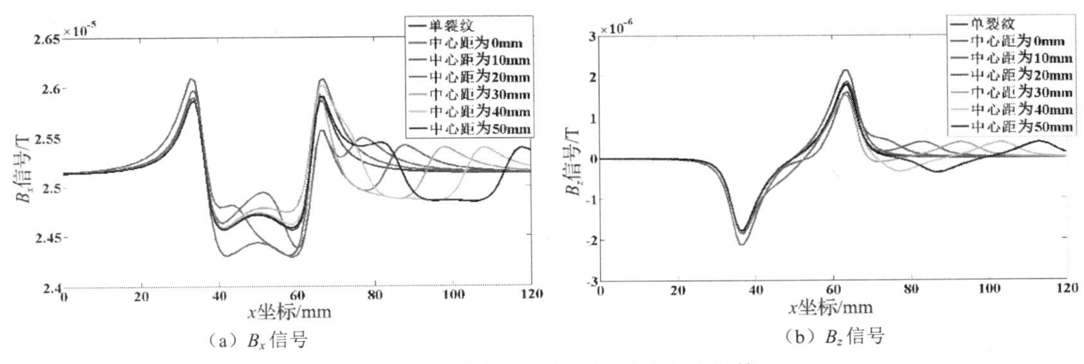

图 3-24　A 裂纹 B_x 和 B_z 信号的变化规律

对于 B_x 信号，当中心距在 0～30mm 之间变化时，A 裂纹 B_x 信号左侧的变化量小于单裂纹 B_x 信号的变化量，A 裂纹 B_x 信号右侧的变化量大于单裂纹 B_x 信号的变化量。当中心距为 30mm 时，A 裂纹 B_x 信号左侧的变化量与单裂纹 B_x 信号的变化量基本相同，A 裂纹 B_x 信号右侧的变化量小于单裂纹 B_x 信号的变化量。随着中心距的增大，A 裂纹 B_x 信号左侧的变化量保持不变，A 裂纹 B_x 信号右侧的变化量逐渐变大，最终与单裂纹 B_x 信号的变化量相同。

对于 B_z 信号，当中心距在 0～30mm 之间变化时，A 裂纹 B_z 信号左侧的变化量与单裂纹 B_z 信号的变化量相同，右侧的变化量大于单裂纹 B_z 信号的变化量。当中心距为 30mm 时，A 裂纹 B_z 信号左侧的变化量与单裂纹 B_z 信号的变化量相同，右侧的变化量小于单裂纹 B_z 信号的变化量。随着中心距的继续增大，A 裂纹 B_z 信号右侧的变化量逐渐变大，最终与

单裂纹 B_z 信号的变化量相同。此外，随着中心距的变化，B_z 信号的波峰和波谷的间距基本不会发生变化。

因此，根据以上规律，簇状裂纹模式示意表如表 3-8 所示。根据簇状裂纹端点的相对位置和相接关系，当两个簇状裂纹端点均对齐时，将簇状裂纹的模式定义为“对齐模式”；当一个簇状裂纹端点在另一个簇状裂纹端点之间，簇状裂纹存在相接部分时，将簇状裂纹的模式定义为“交错模式”；当两个簇状裂纹无相接部分时，将簇状裂纹的模式定义为“远离模式”。

表 3-8 簇状裂纹模式示意表

序号	模式	示意图
A	对齐	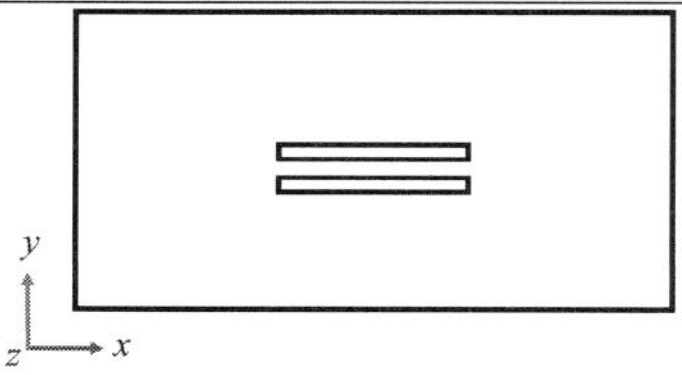 y z x
B	交错	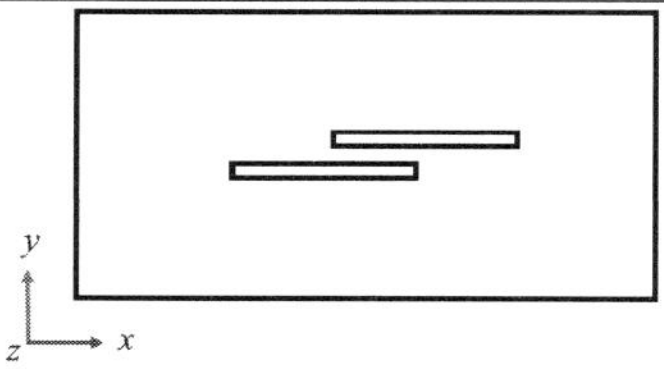 y z x
C	远离	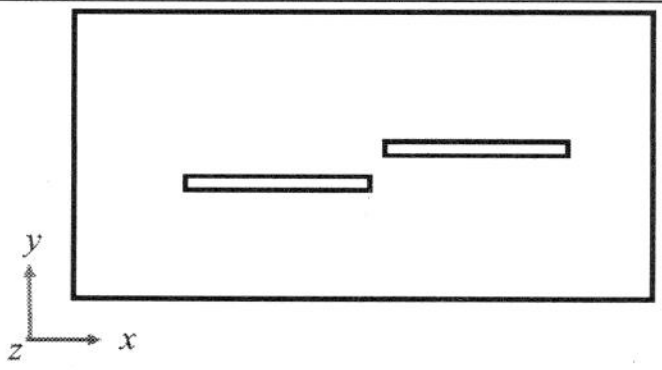 y z x

传统 ACFM 技术通过无缺陷位置 B_x 信号的值 B_0、B_x 信号的变化量 $\Delta B_x = B_0 - B_{\min}$ 和 B_z 信号波峰和波谷的间距 LB_z 三个量进行裂纹的深度和长度量化。由分析结果可知，当裂纹以簇状形式出现时，B_z 信号的波峰和波谷的间距基本保持不变，但其 B_x 和 B_z 信号的变化量会发生改变。因此簇状裂纹的不同模式可导致不同的信号变化规律，进而导致簇状裂纹的量化深度偏离真实的裂纹深度。当簇状裂纹以“对齐模式”出现时，簇状裂纹的变化量会变大。因此，簇状裂纹的量化深度将大于真实的裂纹深度。当簇状裂纹以“交错模式”出现时，簇状裂纹叠加一侧 B_x 信号的变化量会变大，而簇状裂纹另一侧 B_x 信号的变化量会变小。所以簇状裂纹的量化深度可能大于真实的裂纹深度。当簇状裂纹以“远离模式”出现时，两个簇状裂纹叠加一侧 B_x 信号的变化量会变小，而簇状裂纹另一侧 B_x 信号的变化量基本保持不变。因此簇状裂纹的量化深度可能等于真实的裂纹深度。以上讨论的簇状裂纹数目为 2，簇状裂纹仅有一处叠加区域，当簇状裂纹的数量为 3，叠加区域为 2 时，簇状裂纹将出现“对齐+对齐”、“交错+交错”和“远离+远离”等 6 种模式。多种类型簇状裂纹的组合形式将导致簇状裂纹的量化深度产生更复杂的偏差（大于、等于或小于）。

3.5 特殊探头的电磁场仿真

3.5.1 半环式交流电磁场仿真

利用 COMSOL 提供的绘图环境，绘制半环式交流电磁场仿真模型。半环式交流电磁场仿真模型为两部分完全对称的半圆环结构，连续油管管体也为对称的圆柱体，因此可简化模型，建立一半结构进行仿真，以提高计算速度。半环式交流电磁场仿真模型如图 3-25 所示。该仿真模型包括连续油管、缺陷（以轴向裂纹为例）、半环形激励线圈及外围空气层。

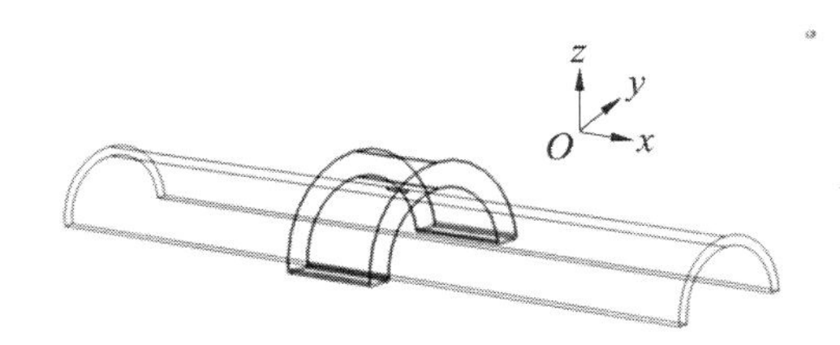

图 3-25 半环式交流电磁场仿真模型

1．仿真分析

半环形激励线圈可在连续油管表面感应出均匀的周向电流，当遇到裂纹缺陷时，表面的电流会从裂纹开口两端和底部绕过，在裂纹开口两端形成电流堆积，电流密度突增，在裂纹中心区域电流从裂纹底部绕过，电流密度减小，形成电场畸变。在仿真模型的求解结果中，分别提取连续油管的裂纹缺陷和无缺陷处的表面电流密度，绘制表面电流密度云图，如图 3-26 所示。图 3-26（a）所示为半环形激励线圈在无缺陷的连续油管管体产生的表面电流密度。半环形激励线圈下方中间出现了一段均匀电流区域（矩形框内）；图 3-26（b）所示为半环形激励线圈在缺陷上方时连续油管管体产生的表面电流密度。不难发现，在裂纹缺陷的开口两端出现了表面电流密度畸变，颜色变深，数值增加，而在缺陷内部区域，表面电流密度则减小。该仿真结果与上述理论一致，验证了仿真模型的准确性。

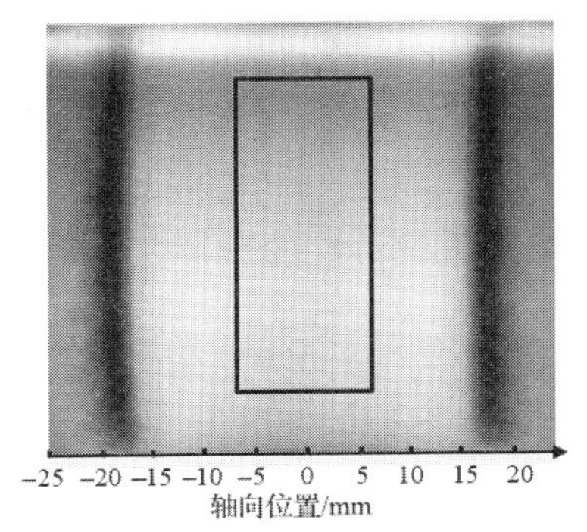

（a）半环形激励线圈在无缺陷的连续油管管体产生的表面电流密度

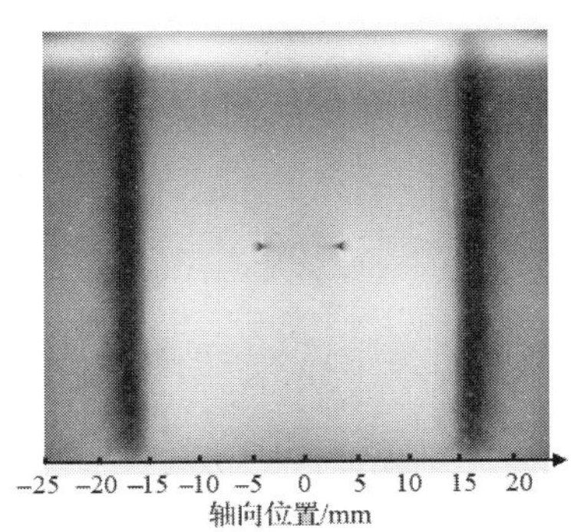

（b）半环形激励线圈在缺陷上方时连续油管管体产生的的表面电流密度

图 3-26 表面电流密度云图

分别提取图 3-26（a）和（b）中轴向位置-10～10mm 油管中线所在轴线路径上的表面电流密度值，绘制如图 3-27（a）所示的半环式线圈感应电流密度曲线，得到半环式交流电磁场仿真模型中同一位置在有裂纹和无裂纹情况下的两条电流密度曲线，带点标的曲线为无裂纹时的电流密度曲线，在轴向位置-10～10mm之间变化平稳，在中间位置出现了均匀电流密度区域；另一条曲线为裂纹所在位置的电流密度，在裂纹的两端电流集聚，电流密度出现了迅速增加，在裂纹的中间位置电流变得稀疏，电流密度快速降低形成波谷。

为了对比半环式交流电磁场仿真模型和全包式周向电磁场仿真模型的激励电流分布，将上述模型中的半环式激励线圈更换为全包式圆形线圈，提取裂纹所在轴线路径的电流密度，绘制得到如图3-27（b）所示的全包式线圈感应电流密度曲线。在无裂纹时，激励线圈区域内的电流密度变化平缓；在有裂纹时，电流密度会在裂纹两端开口处突增，在裂纹中间区域减小。由上述对比可知，半环式交流电磁场仿真模型相比全包式周向电磁场仿真模型，整体表面的电流密度较小，但电流密度变化趋势一致，符合交流电磁场均匀电流场的扰动规律。

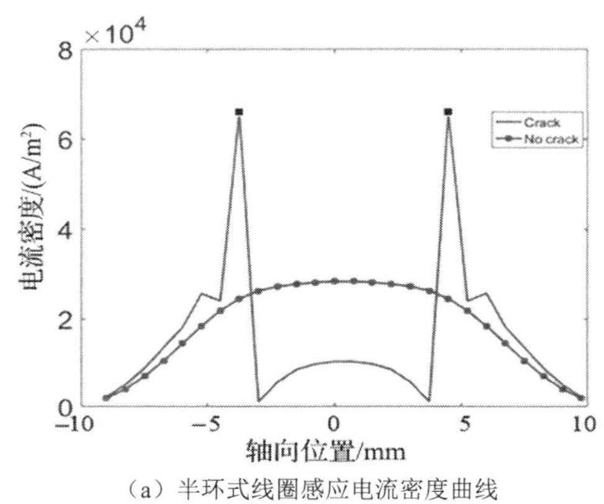

（a）半环式线圈感应电流密度曲线

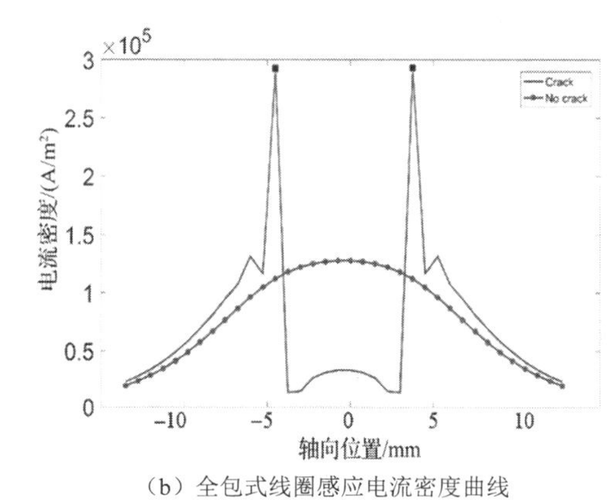

（b）全包式线圈感应电流密度曲线

图3-27　裂纹所在轴线感应电流密度曲线

由麦克斯韦电磁场理论和毕奥-萨伐尔定律可知，连续油管管体的感应电流发生扰动会引起空间磁场的畸变。由于半环式激励线圈正下方中间部位的均匀电流区域面积最大且电场稳定，因此该处上方空间磁场的畸变较有利于缺陷的检测。为了探究半环式激励线圈通过缺陷时空间磁场的变化情况，在缺陷上方的空间区域设置信号提取点，进行参数化扫描。

本书将缺陷上方感应磁场的信号作为测定空间磁场变化量的依据。在参数化扫描过程中，在管体表面的轴向裂纹上方1mm处高度每隔2°设置一个检测点，以提取各检测点扫描过程中每一步的B_x和B_z信号（磁通密度在x方向和z方向的分量），其分布如图3-28所示，得到由于缺陷引起的空间磁场的畸变情况。

B_x信号在-5～5mm区间内出现了明显的波谷，在波谷的前后边缘呈现突增；B_z信号在裂纹的两端-5mm和5mm处分别出现了一个波谷和一个波峰。结合图3-26所示的表面电流密度云图不难看出，由于电流从裂纹两端和底部绕过，导致裂纹中间位置的电流密度较小，裂纹周围的电流密度增加，使本来均匀恒定的背景磁场的B_x信号发生了波动，在裂纹区域内的数值降低，形成波谷，在裂纹边缘区域的数值突增，形成隆起；同样垂直于裂纹缺陷的电流绕过裂纹时会在裂纹开口位置进行顺时针和逆时针旋转，根据安培右手定则，电流的旋转会生成垂直于管体表面的法向磁场，因此B_z信号由原来的零变为两个方向相反的峰值。由此可知，本书提出的半环式交流电磁场仿真模型理论上符合 ACFM 原理，可以实现对连续油管表面缺陷的检测和评估。

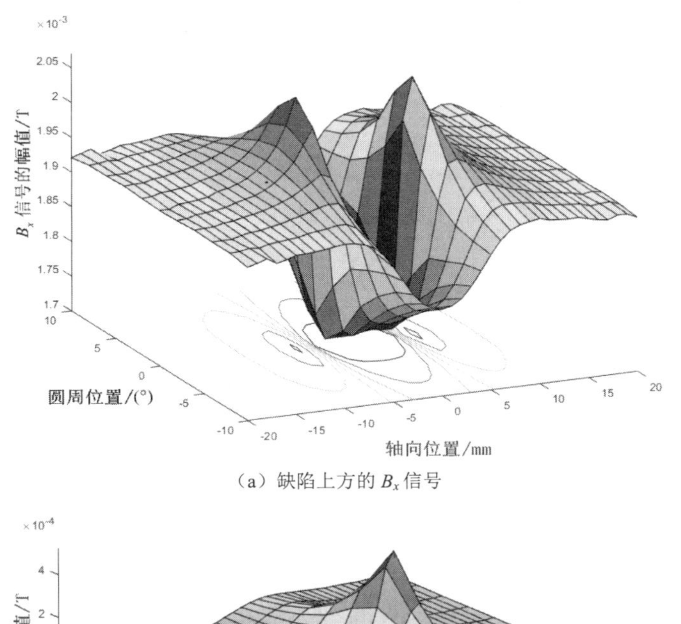

(a) 缺陷上方的 B_x 信号

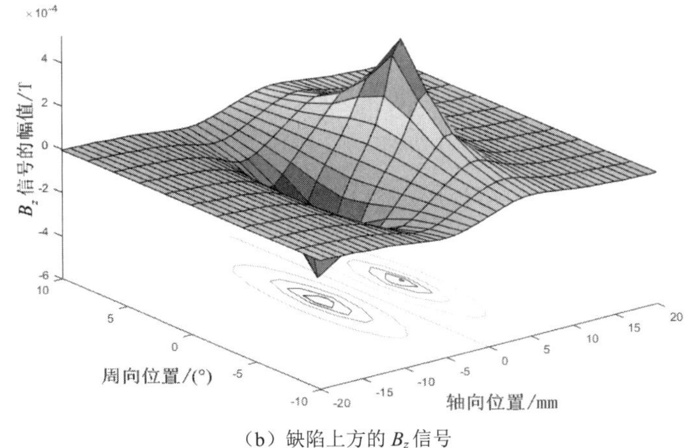

(b) 缺陷上方的 B_z 信号

图 3-28 缺陷上方的信号分布

2. 特征信号提取

在 ACFM 中，通常使用两个垂直方向的 B_x 和 B_z 信号作为主要分析和研究的信号，通过两个方向的磁场信号中出现的特征对被测对象的缺陷进行识别。半环形激励线圈会在连续油管表面产生沿着圆周方向的均匀电流，使沿轴线 x 方向存在背景磁场，B_x 信号在无缺陷时为一个定值，记为背景磁场 B_{x_0}，当出现缺陷时 B_x 信号会在 B_{x_0} 的基础上发生畸变。在连续油管工作环境恶劣时，振动噪声时有发生，容易引起探头与连续油管之间的距离发生变化，即提离高度变化。为探究半环式交流电磁场仿真模型中 B_x 和 B_z 信号在不同提离高度下的变化情况，将半环式交流电磁场仿真模型中激励线圈和检测点的位置整体沿着高度方向向上平移，以模拟不同提离高度的情况。原模型中的提离高度为 1mm，在此基础上整体向上分别提高 1mm、2mm，得到提离高度为 1mm、2mm、3mm 三种情况，通过仿真求解，提取裂纹缺陷正上方检测点的 B_x 和 B_z 信号。不同提离高度下的磁场信号如图 3-29 所示。在

图 3-29（a）中，裂纹缺陷上方的 B_x 信号会出现波谷特征，在无缺陷位置保持背景磁场 B_{x_0} 为恒定值，随着提离高度的增加，背景磁场 B_{x_0} 的值会增加，同时波谷的深度会减小，信号特征趋向平缓。在图 3-29（b）中，缺陷上方的 B_z 信号出现了一组对称的波峰和波谷特征，在无缺陷位置 B_z 信号的幅值为零，随着提离高度的增加畸变量会减小。

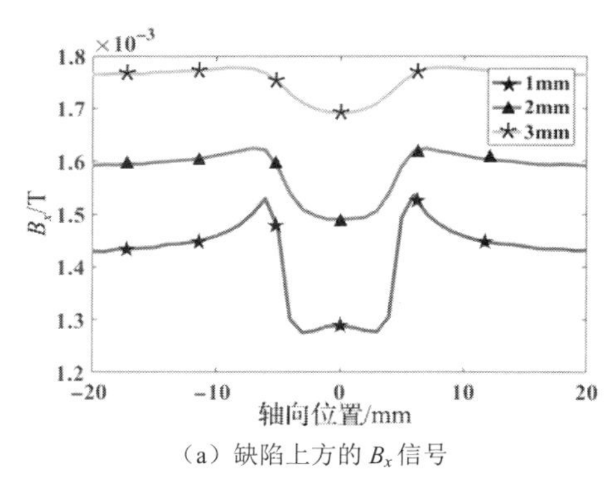

（a）缺陷上方的 B_x 信号

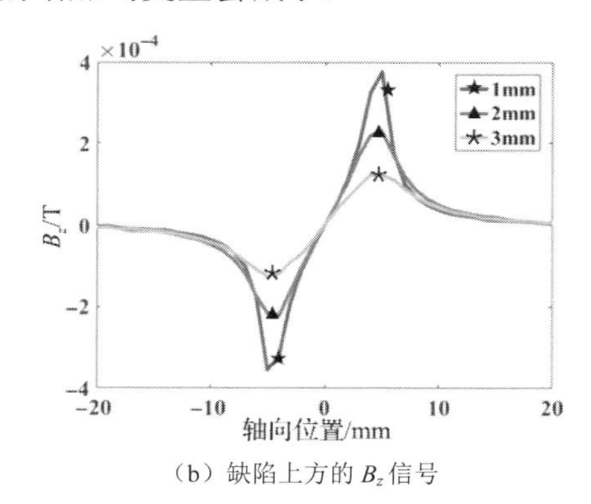

（b）缺陷上方的 B_z 信号

图 3-29　不同提离高度下的磁场信号

由此可知，在现场检测中，连续油管存在机械振动导致的提离变化，会导致 B_x 信号因为本身存在的背景磁场 B_{x_0} 的改变而发生波动，当扫描速度快、缺陷尺寸小时，缺陷对均匀电流场造成的感应磁场畸变量较小，缺陷特征容易被背景磁场所掩盖，使 B_x 信号的灵敏度降低，难以进行信号处理。虽然 B_z 信号的缺陷特征也会随着提离高度的增加而减小，但其背景磁场为零，当出现缺陷时背景磁场会从零变为峰值和谷值，特征明显且更有利于数据处理。在传统 ACFM 系统中，B_x 信号多作为缺陷深度尺寸反演的依据，在本书缺陷检出功能的实现中作用不大，因此常选择能反应缺陷开口尺寸的 B_z 信号作为缺陷检测和评估的主要依据。

3. 不同缺陷的特征信号分析

连续油管上裂缝、腐蚀、穿孔等缺陷的存在加速了连续油管的失效，微小缺陷的发展进而会造成油管泄漏、皱褶乃至断裂等事故。在无损检测中，通常以特征信号来描述被测对象出现的缺陷，本节将针对连续油管管体上的轴向裂纹、周向裂纹、腐蚀坑、小孔，通过仿真模型计算，提取检测信号进行分析，以确定连续油管上不同类型缺陷的特征信号，为连续油管缺陷的 ACFM 提供理论依据。

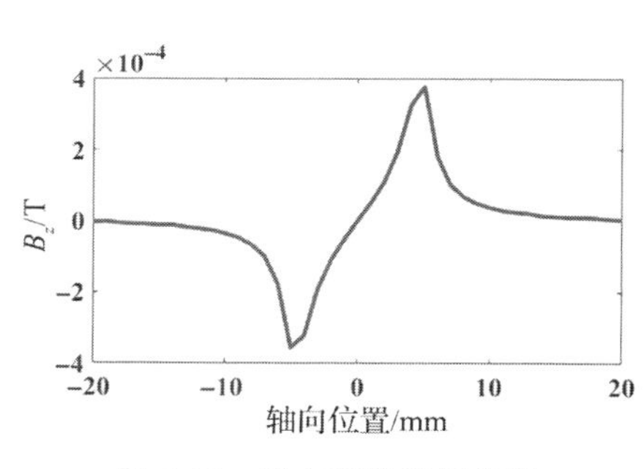

图 3-30　轴向裂纹特征信号

在连续油管工作中常进行压裂等作业，在高压、酸性腐蚀环境下，极易产生沿着轴线方向的疲劳裂纹，裂纹不断扩展会导致管体开裂、压力泄漏等问题。半环式交流电磁场仿真模型是以长为 10mm 轴向裂纹为例，利用参数化扫描的路径，直接提取缺陷上方一条路径的 B_z 信号，并以轴向位置为横坐标绘制特征信号的，如图 3-30 所示。B_z 信号的幅值在无缺陷处为 0，当遇到轴向裂纹时，会在轴向裂纹两端出现一正一负的峰谷值。由此可知，将 B_z 信号作为轴向裂纹的特征信号，为缺陷的检出和分类提供了理论依据。

周向裂纹多为机械损伤导致。由于连续油管具有盘绕在滚筒上、由注入头挤压入井的工作特点，因此连续油管经常发生弯曲变形和表面损伤。同时作业时可能存在野蛮施工，最终导致连续油管产生严重的周向裂纹。这些周向裂纹会在腐蚀、挤压及反复的弯曲形变下不断扩展，最终导致连续油管丧失承压能力，甚至引发断裂事故。

本节建立了缺陷为周向裂纹的半环式交流电磁场仿真模型。其他参数不变，在管体表面设置周向裂纹，参数如表 3-9 所示。求解并提取扫描路径上的磁通密度，绘制缺陷特征信号图。

表 3-9 周向裂纹参数

缺陷类型	长/mm	宽/mm	深/mm	激励频率/Hz
周向裂纹	10	0.5	1	2000

周向裂纹特征信号如图 3-31 所示。B_z 信号在无缺陷时为 0，当遇到周向裂纹时，均匀电流会从裂纹两侧绕过，电流的偏转形成 z 方向的感应磁场，聚集在裂纹两侧的偏转电流会使 B_z 信号出现一正一负的峰谷值。

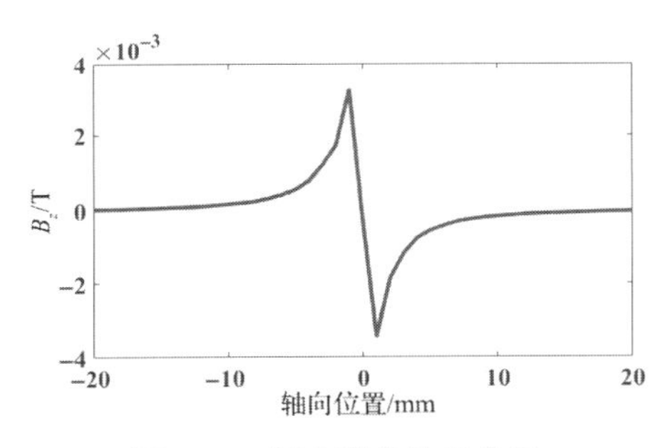

图 3-31 周向裂纹特征信号

当连续油管作业时，由于挤压、碰撞及长时间处在酸性环境下，因此其极易发生腐蚀、锈蚀、凹坑等材料缺失情况，腐蚀坑和孔缺陷会使连续油管的失效加速，造成泄漏、断裂等事故。针对腐蚀坑和孔缺陷，本节建立了半环式交流电磁场仿真模型，其缺陷参数如表 3-10 所示。采用深度为 1mm，直径为 4mm 的圆形凹槽作为腐蚀坑，以直径为 2mm 的通孔作为孔缺陷，求解并提取扫描路径上的 B_z 信号，绘制特征信号。

表 3-10 半环式交流电磁场仿真模型的缺陷参数

缺陷类型	直径/mm	深度/mm	激励频率/Hz
腐蚀坑	4	1	2000
孔缺陷	2	3	2000

腐蚀坑特征信号如图 3-32 所示。腐蚀坑位于−2～2mm 区域内，扫描长度为腐蚀坑前后 10mm 距离，B_z 信号在腐蚀坑两边出现了一正一负两个峰值。

孔缺陷特征信号如图 3-33 所示。直径为 2mm 的孔位于−1～1mm 区域内，提取孔前后 5mm 区域内的扫描结果绘制磁通密度图，B_z 信号会在遇到圆孔时出现一正一负两个峰值。

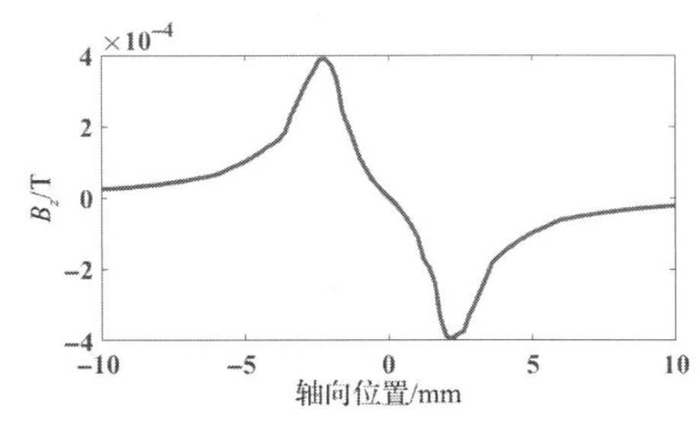

图 3-32　腐蚀坑特征信号

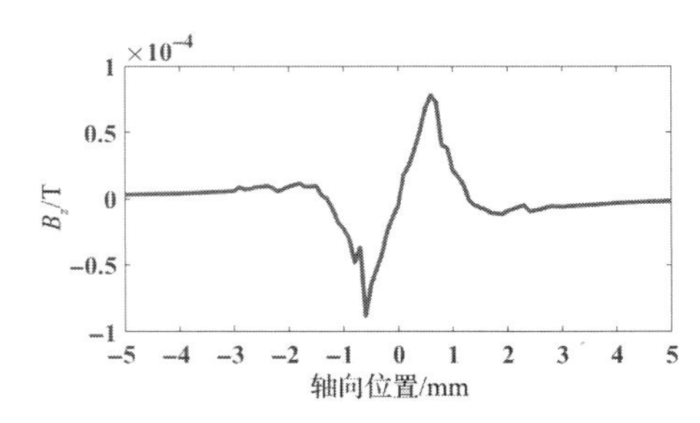

图 3-33　孔缺陷特征信号

由上述缺陷引起的磁场信号可知，在半环式交流电磁场仿真模型中，常见的连续油管缺陷会对均匀电流场造成扰动，使电流发生偏转形成均垂直于连续油管表面方向（z 方向）的感应磁场，可通过测量扰动引起的感应磁场的 B_z 信号进行缺陷的检出和识别。

3.5.2　外穿式和内穿式亥姆霍兹线圈阵列探头的仿真分析

1. 外穿式亥姆霍兹线圈阵列探头

亥姆霍兹线圈是一对通以同方向直流电的载流线圈，其彼此平行、共轴且间距等于亥姆霍兹线圈的半径。由于亥姆霍兹线圈的轴中点附近较大范围内的磁场是均匀的，因此在科研和生产中常用其来生成标准磁场。当亥姆霍兹线圈通以交流电时，会在空间中感应出均匀的交变磁场。基于交流激励亥姆霍兹线圈的特性，本节将开展对外穿式和内穿式亥姆霍兹线圈阵列探头的设计与研究。

采用有限元软件 COMSOL 建立如图 3-34 所示的外穿式亥姆霍兹线圈阵列探头有限元模型，模型的尺寸参数和特征参数分别如表 3-11 和表 3-12 所示。

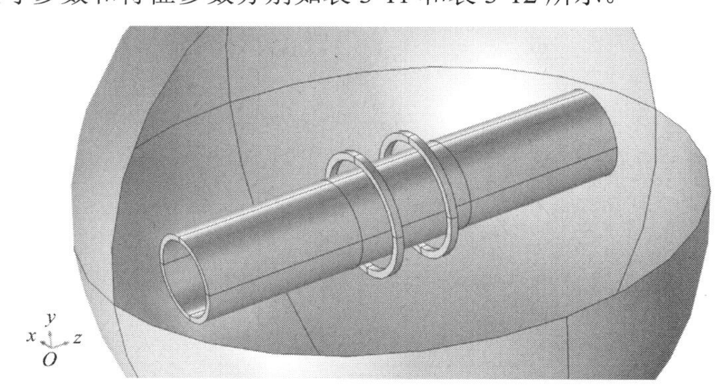

图 3-34　外穿式亥姆霍兹线圈阵列探头有限元模型

表 3-11　外穿式亥姆霍兹线圈阵列探头有限元模型的尺寸参数

组成	直径/mm	长度/mm	激励线圈间距/mm
管柱（外径/内径）	65/47	300	—
激励线圈（直径）	80	—	40
空气	—	—	—

表 3-12 外穿式亥姆霍兹线圈阵列探头有限元模型的特征参数

导线直径/mm	匝数	管道材料	电流大小/A	磁导率	电导率/(S/m)	激励频率/Hz
0.15	1000	铝合金	0.5	1	1.2×10^7	1000

当外穿式亥姆霍兹线圈通以正弦激励时，会在管道外表面感应出如图 3-35 所示的磁场和电流。由结果可知，外穿式亥姆霍兹线圈阵列探头可在管道外表面感应出均匀的电流和磁场。对管道表面轴向长为 30mm、宽为 1mm、深为 6mm 的裂纹进行检测。考虑探头结构和磁场传感器的安装尺寸，提取裂纹上方 1mm 提离高度处沿裂纹方向（轴向）的磁场信号 B_{z_z} 和垂直管道表面方向（径向）的磁场信号 B_{z_r}，如图 3-36 所示。由结果可知，B_{z_z} 信号和 B_{z_r} 信号的规律与 ACFM 信号的规律相同。当裂纹出现时，B_{z_z} 信号会出现凹谷，B_{z_r} 信号会出现波峰和波谷，B_{z_r} 信号波峰和波谷的间距等于裂纹长度。

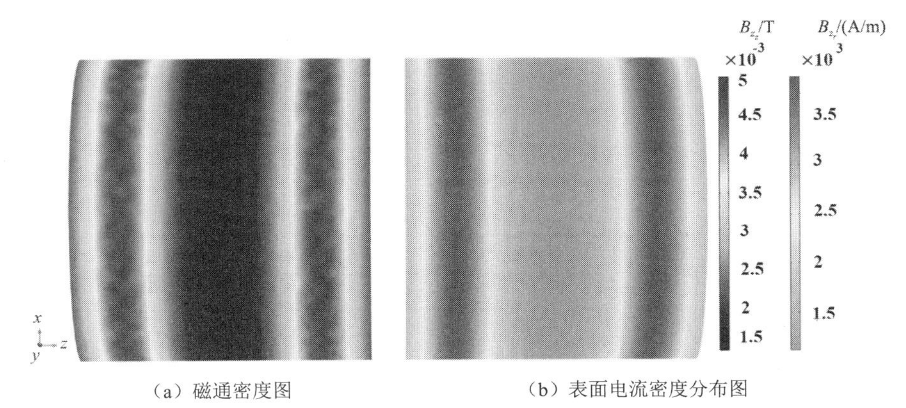

（a）磁通密度图　　（b）表面电流密度分布图

图 3-35 管道外表面感应出的磁场和电流

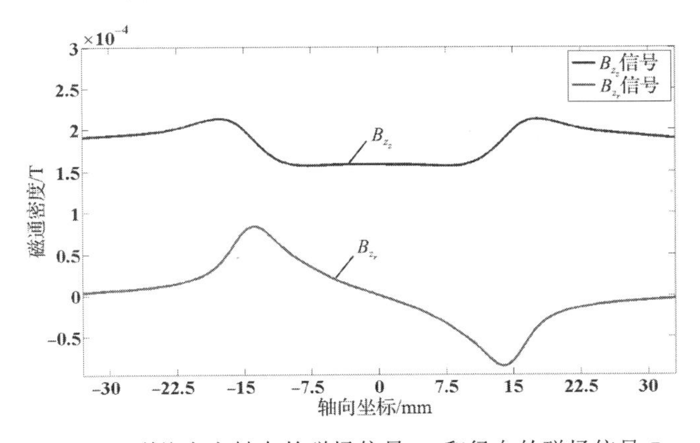

图 3-36 裂纹上方轴向的磁场信号 B_{z_z} 和径向的磁场信号 B_{z_r}

2. 内穿式亥姆霍兹线圈阵列探头

当管道埋入土壤、外部存在支撑结构或检测内表面裂纹时，无法采用外穿式亥姆霍兹线圈阵列探头进行扫查。因此基于亥姆霍兹线圈原理，本节构建了内穿式亥姆霍兹线圈阵列探头，其有限元模型如图 3-37 所示。模型的尺寸参数和特征参数分别如表 3-13 和表 3-14 所示。

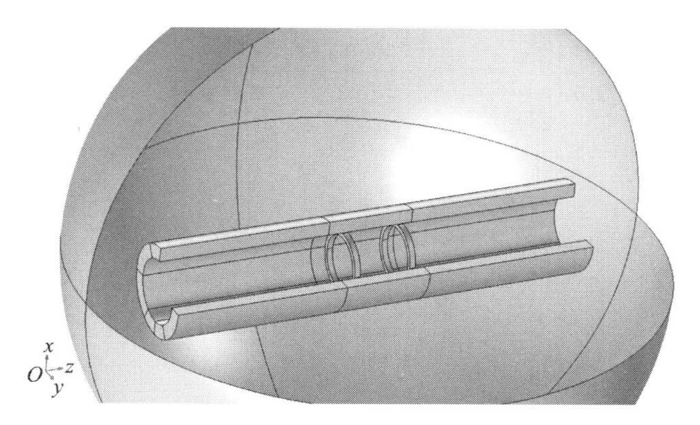

图 3-37　内穿式亥姆霍兹线圈阵列探头有限元模型

表 3-13　内穿式亥姆霍兹线圈阵列探头有限元模型的尺寸参数

组成	直径/mm	长度/mm	激励线圈间距/mm
管柱（外径/内径）	65/45	300	—
激励线圈（直径）	40	—	20
空气	—	—	—

表 3-14　内穿式亥姆霍兹线圈阵列探头有限元模型的特征参数

导线直径/mm	匝数	管道材料	电流大小/A	磁导率/(N/m²)	电导率/(S/m)	激励频率/Hz
0.15	1000	铝合金	0.5	1	1.2×10^{7}	1000

图 3-38 所示为内穿式亥姆霍兹线圈阵列探头在管道内表面感应出的磁场和电流。由结果可知，内穿式亥姆霍兹线圈阵列探头可在管道内表面感应出均匀的电流和磁场。对管道内表面轴向长为 30mm、宽为 1mm、深为 5mm 的裂纹进行检测，考虑探头结构和磁场传感器的安装尺寸，提取裂纹上方 5mm 提离高度处沿裂纹方向（轴向）的磁场信号 B_{z_z} 和垂直管道内表面方向（径向）的磁场信号 B_{z_r}，如图 3-39 所示。由结果可知，当裂纹出现时，B_{z_z} 信号的规律与 ACFM 信号的规律相反，在裂纹位置出现了峰值，B_{z_r} 信号出现了波峰和波谷，B_{z_r} 信号波峰和波谷的间距等于裂纹长度。

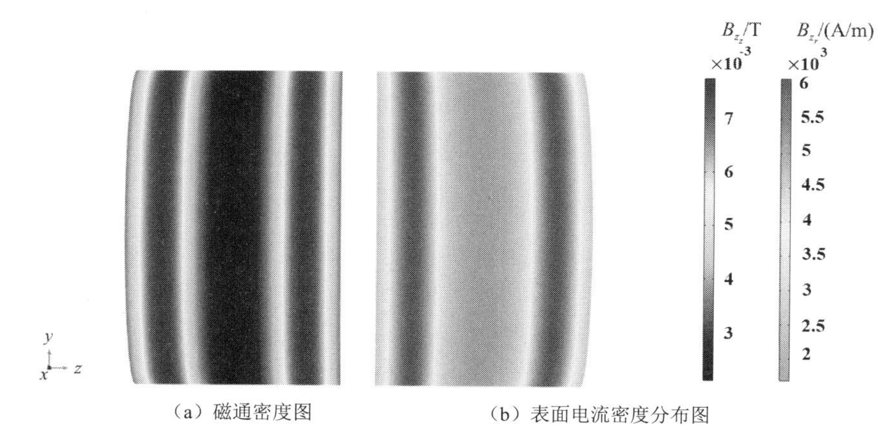

（a）磁通密度图　　（b）表面电流密度分布图

图 3-38　内穿式亥姆霍兹线圈阵列探头在管道内表面感应出的磁场和电流

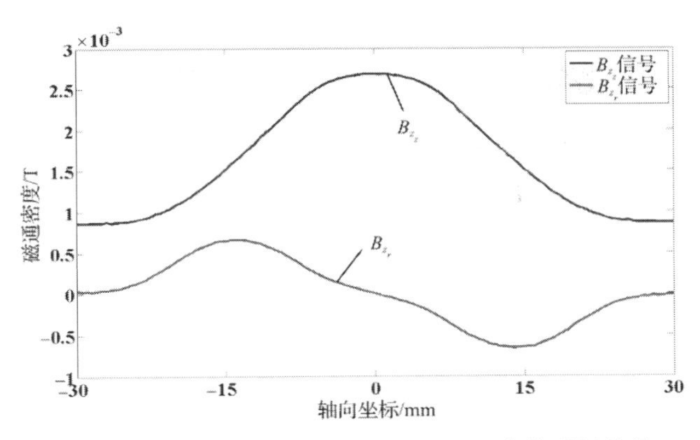

图 3-39 裂纹上方轴向的磁场信号 B_{z_z} 和径向的磁场信号 B_{z_r}

为探究内穿式亥姆霍兹线圈阵列探头轴向的磁场信号 B_{z_z} 与 ACFM 沿裂纹方向 B_x 信号的规律相反的原因，本节提取了无裂纹位置和裂纹正上方位置亥姆霍兹线圈周围的磁场分布，结果如图 3-40 所示。由图 3-40（a）可知，当探头位于无裂纹位置时，内穿式亥姆霍兹线圈内大部分区域的磁场分布均匀，但存在一个磁场极小区域，信号提取点位于磁场极小区域内。由图 3-40（b）可知，当探头移动至裂纹正上方时，由于裂纹引起磁场扰动，磁场极小区域位置发生了径向移动，使信号提取点离开了该区域，因此提取的磁场值变大。

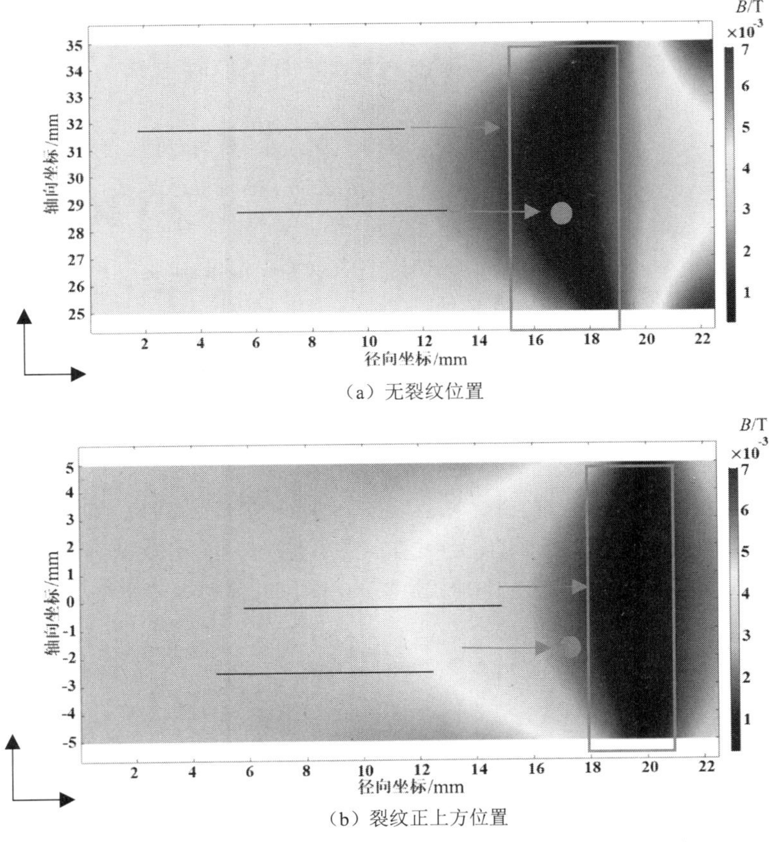

（a）无裂纹位置

（b）裂纹正上方位置

图 3-40 内穿式亥姆霍兹线圈阵列探头内的磁场分布

参考文献

[1] NICHOLSON G L, DAVIS C L. Modelling of the Response of an ACFM Sensor to Rail and Rail Wheel RCF Cracks[J]. NDT&E International, 2012, 46: 107-114.

[2] 阎照文. ANSYS10.0 工程电磁分析技术与实例详解[M]. 北京：中国水利水电出版社, 2006.

[3] NICHOLSON G L, DAVIS C L. Modelling of the Response of an ACFM Sensor to Rail and Rail Wheel RCF Cracks[J]. NDT & E International, 2012, 46(1): 107-114.

[4] YUAN X, LI W, YIN X, et al. Identification of Tiny Surface Cracks in a Rugged Weld by Signal Gradient Algorithm Using the ACFM Technique[J]. Sensors, 2020, 20: 380.

[5] 唐世洪. 大学物理下册[M]. 武汉：华中科技大学出版社, 2016.

[6] 徐西刚，施克仁，陈以方，等. 相控阵超声无损检测系统的研制[J]. 无损检测, 2004, (3): 116-119.

[7] 罗云林，耿智军. 基于超声相控阵的飞机蒙皮检测技术研究[J]. 测控技术, 2014, 33(5): 131-134.

[8] 危荃，金翠娥，周建平，等. 空气耦合超声技术在航空航天复合材料无损检测中的应用[J]. 无损检测, 2016, 38(8): 6-11.

[9] 李海洋，李巧霞，王召巴. 针对金属表面裂纹角度的激光超声检测[J]. 国外电子测量技术, 2018, 37(2): 95-99.

[10] 刘素贞，饶诺歆，张闯，等. 基于 LabVIEW 的电磁超声无损检测系统的设计[J]. 电工技术学报, 2018, 33(10): 2274-2281.

[11] 钱宏亮，王艳斌，闫重强，等. 基于电磁超声的金属管道腐蚀检测仪的研制[J]. 无损检测, 2015, 37(6): 24-28.

[12] 张斌强，田贵云，王海涛，等. 脉冲涡流检测技术的研究[J]. 无损检测, 2008, (10): 750-753.

[13] SOPHIAN A, TIAN G Y, TAYLOR D, et al. A feature Extraction Technique Based on Principal Component Analysis for Pulsed Eddy Current NDT[J]. NDT & E International, 2003, 36(2): 37-41.

[14] TIAN G Y, SOPHIAN A. Defect Classification Using a New Feature for Pulsed Eddy Current Sensors[J]. NDT & E International, 2005, 38(1): 77-82.

[15] HE Y, LUO F, PAN M, et al. Pulsed Eddy Current Technique for Defect Detection in Aircraft Riveted Structures[J]. NDT & E International, 2010, 43(2): 176-181.

[16] 廉纪祥，沈跃. 管道远场涡流检测技术的进展[J]. 油气储运, 2004, (7): 14-16.

[17] 吴瑞明. 数字化超声检测系统及关键技术研究[D]. 杭州：浙江大学, 2004.

[18] 罗华权，巨西民，左远峰. 管道裂纹的超声定量检测技术[J]. 无损检测, 2009, 31(11): 894-896.

[19] 文毅，冯强，李燕. 超声检测在管道焊缝腐蚀中的应用[J]. 无损检测, 2014, 36(2): 50-52.

[20] 王浩，钱梦騄，李同保. 管道无损检测超声轮式换能器的研制[J]. 同济大学学报（自然科学版）, 2007, 35(1): 103-107.

[21] 杨金生，赵宣，贾世民. 天然气管道轮式超声波壁厚测量系统的研制[J]. 油气储运, 2015, 34(8): 859-862.

[22] HERNANDEZ-VALLE F, CLOUGH A R, EDWARDS R S. Stress Corrosion Cracking Detection Using Non-contact Ultrasonic Techniques[J]. Corrosion Science, 2014, 78(1): 335-342.

[23] 李伟, 陈国明, 张传荣, 等. 基于 LabVIEW 的 ACFM 网络实验平台开发与测试[J]. 实验技术与管理, 2013, 30(3): 65-67.
[24] 李伟, 刘凤, 陈国明, 等. 交流电磁场检测探头材料仿真分析与实验研究[J]. 仪表技术与传感器, 2013, (5): 79-80.
[25] 胡祥超, 罗飞路, 何赟泽, 等. 脉冲交变磁场测量技术缺陷识别与定量评估[J]. 机械工程学报, 2011, 47(4): 17-22.
[26] 周德强. 航空铝合金缺陷及应力脉冲涡流无损检测研究[D]. 南京：南京航空航天大学, 2010.
[27] 周德强, 田贵云, 王海涛, 等. 脉冲涡流无损检测技术的研究进展[J]. 无损检测, 2011, 33(10): 25-28.
[28] WEI LI, XIN'AN YUAN, GUOMING CHEN, et al. High Sensitivity Rotating Alternating Current Field Measurement for Arbitrary-angle Underwater Cracks[J]. NDT&E International, 2016, 79: 123-131.
[29] DAVID TOPP, MARTIN LUGG. Advances in Thread Inspection Using ACFM[C]. Middle East Nondestructive Testing Conference & Exhibition, 2005.
[30] 李应乐, 黄际英. 电磁场的多尺度变换理论及其应用[M]. 西安: 西安电子科技大学出版社, 2006.
[31] 葛松华. 通以交流电流的长直螺线管内部磁场和电场的分布[J]. 物理与工程, 2003, 30(6): 6-8.
[32] 伍剑波, 康宜华, 孙燕华, 等. 涡流效应影响高速运动钢管磁化的仿真研究[J]. 机械工程学报, 2013, 49(22): 41-45.
[33] LI WEI, CHEN GUOMING, LI WENYAN, et al. Analysis of the Inducing Frequency of a U-shaped ACFM System[J]. NDT&E International, 2011, 44: 324-328.
[34] AMINEH R K, RAVAN M, SADEGHI S H H, et al. Using AC Field Measurement Data at an Arbitrary Liftoff Distance to Size Long Surface-breaking Cracks in Ferrous Metals[J]. NDT&E International, 2007, 40(7): 537-544.
[35] ALAN RAINE, MARTIN LUGG. A Review of the Alternating Current Field Measurement Inspection Technique[J]. Sensor Review, 1999, 19(3): 207-213.
[36] NICHOLSON G L, DAVIS C L. Modelling of the Response of an ACFM Sensor to Rail and Rail Wheel RCF Cracks[J]. NDT&E International, 2012, 46: 107-114.
[37] 阎照文. ANSYS10.0 工程电磁分析技术与实例详解[M]. 北京: 中国水利水电出版社, 2006.
[38] 李伟, 袁新安, 陈国明, 等. 基于外穿式交流电磁场探头的钻杆裂纹在役检测技术研究[J]. 机械工程学报, 2015, 51(12): 8-15.
[39] LI W, YUAN X, YIN X, et al. Application of Induced Circumferential Current for Cracks Inspection on Pipe String[C]. Annual Review of Progress in Quantitative Nondestructive Evaluation, 2015.
[40] 胡仁喜, 孙明礼. ANSYS 13.0 电磁学有限元分析从入门到精通[M]. 北京: 机械工业出版社, 2012.
[41] KANG ZHONGWEI. The Quantitative Measurement Model of ACFM Based on Swept Frequency Method[J]. the Asian Pacific Conference Fracture and Strength , 2006 , 2007: 2273-2276.
[42] 陶孟仑, 陈定方, 卢全国, 等. 超磁致伸缩材料动态涡流损耗模型及试验分析[J]. 机械工程学报, 2012, 48(13): 146-151.
[43] NICHOLSON G L, KOSTRYZHEV A G, HAO X J, et al. Modelling and Experimental Measurements of Idealised and Light-moderate RCF Cracks in Rails Using an ACFM sensor[J]. NDT&E International, 2011, 44: 427-437.
[44] 姜永胜. 基于 ACFM 的焊缝表面裂纹缺陷检测系统开发[D]. 青岛: 中国石油大学（华东）, 2015.

第 4 章

ACFM 信号分析

准确地对 ACFM 信号进行分析，是缺陷识别及可视化的重要前提。传统的交流电磁场要依据特征信号 B_x 和 B_z 及蝶形图判断是否存在缺陷，但在噪声干扰、提离扰动等影响下，该方法难以准确识别缺陷，且单个特征信号无法实现对缺陷形貌的直观显示。本章主要介绍基于特征信号的缺陷识别和判定的新方法，以及缺陷成像信号的分析与缺陷可视化方法，为缺陷检测和识别实现智能化奠定基础。4.1 节介绍典型信号分析；4.2 节介绍阵列成像信号分析；4.3 节介绍梯度阈值信号分析；4.4 节融合智能算法，进行缺陷智能可视化分析；4.5 节介绍缺陷智能判定；4.6 节介绍缺陷检出概率分析。

4.1 典型信号分析

缺陷会引起磁场信号的畸变特征，依据信号特征可识别缺陷。但特征信号受试件材料、缺陷类型及尺寸等因素的影响较大，因此研究各种特征信号有利于缺陷的准确识别和定量分析。

4.1.1 特征信号分析

图 4-1 所示为利用 ACFM 单探头获取的特征信号。在裂纹对应位置特征信号 B_x 呈现明显的波谷［见图 4-1（a)］，特征信号 B_z 呈现正反峰值（波峰和波谷）［见图 4-1（b)］，蝶形图呈现环形状态［见图 4-1（c)］，根据单一信号特征即可判断是否存在缺陷。

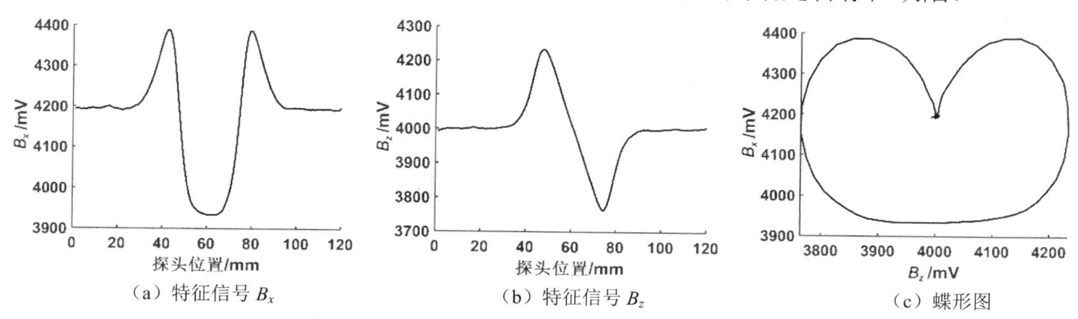

（a）特征信号 B_x　（b）特征信号 B_z　（c）蝶形图

图 4-1　利用 ACFM 单探头获取的特征信号

上述信号是 ACFM 单探头沿着裂纹长度方向得到的，当 ACFM 单探头沿着一定角度扫过裂纹时，特征信号会有所差异。图 4-2 所示为不同角度裂纹的示意图。本节针对铝试件和碳钢试件分别进行仿真，探究裂纹角度对信号的影响规律。

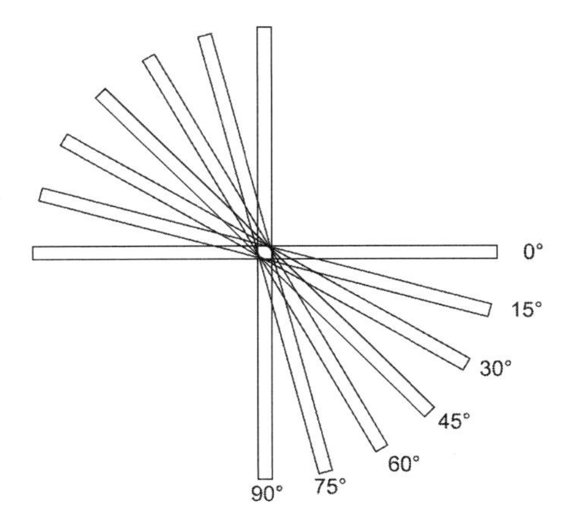

图 4-2　不同角度裂纹的示意图

对于铝试件，当探头扫过不同角度裂纹时，特征信号有明显差异。对于 0°裂纹，特征信号的畸变量更大，具有较高的检测灵敏度；对于 90°裂纹，特征信号的畸变量较小，不利于裂纹的准确识别。铝试件不同角度裂纹的特征信号如图 4-3 所示。

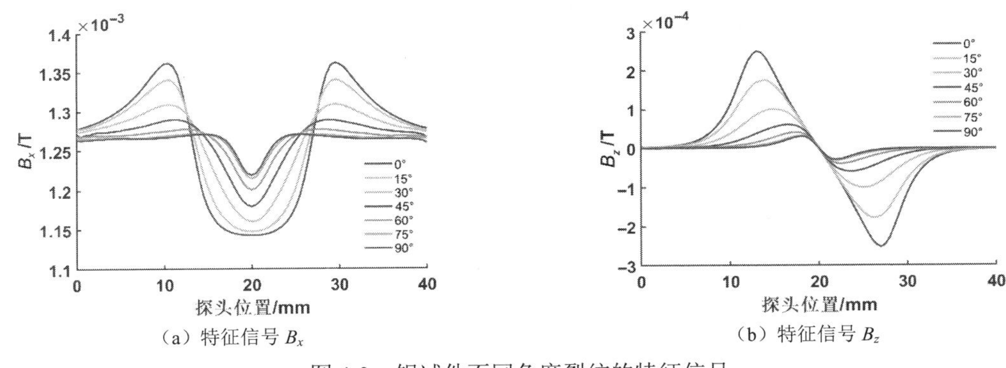

（a）特征信号 B_x　　（b）特征信号 B_z

图 4-3　铝试件不同角度裂纹的特征信号

对于碳钢试件，当探头扫过不同角度裂纹时，特征信号也存在明显差异。对于 0°裂纹，特征信号更符合 ACFM 基本原理，在裂纹对应位置特征信号 B_x 会出现一个波谷，特征信号 B_z 会出现一个波峰和一个波谷。当裂纹的角度发生倾斜时，除电流扰动引起的畸变磁场外，还存在漏磁场的影响。对于 90°裂纹，主要表现为漏磁信号，特征信号 B_x 出现波峰。漏磁信号不利于裂纹的准确量化，为保证裂纹的量化精度，需要改变探头的扫查方式，消除漏磁信号的影响，只保留电流扰动的磁场信号。碳钢试件不同角度裂纹的特征信号如图 4-4 所示。

因此，ACFM 技术对于铝试件和碳钢试件都具有一定的方向性，当探头平行于裂纹长度方向扫查时效果更佳。

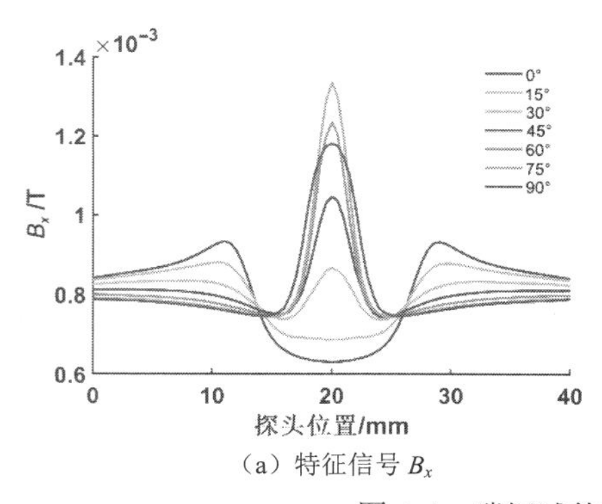

（a）特征信号 B_x

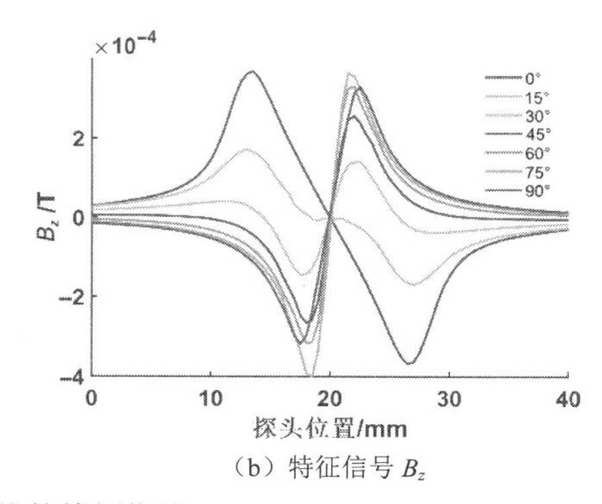

（b）特征信号 B_z

图 4-4　碳钢试件不同角度裂纹的特征信号

4.1.2　裂纹定量评估

ACFM 技术的一个显著优势是根据特征信号实现对缺陷的定量评估。缺陷信号的定量分析如图 4-5 所示。特征信号 B_x 的波谷位置对应裂纹的最深处，通常采用特征信号 B_x 的畸变量ΔB_x（见式 4-1）反映裂纹深度，然而背景磁场 B_{x0} 与试件材料、探头结构、检测系统、信号处理等因素密切相关，因此采用特征信号 B_x 的灵敏度 S_{B_x}（见式 4-2）作为量化裂纹深度的参数。由于特征信号 B_z 的波峰和波谷出现在裂纹的两个端点位置，因此可以根据特征信号 B_z 的峰谷间距值ΔP（见式 4-3）量化裂纹的长度。

$$\Delta B_x = B_{x0} - B_{x\min} \tag{4-1}$$

$$S_{B_x} = (B_{x0} - B_{x\min}) / B_{x0} \tag{4-2}$$

式中，B_{x0} 表示特征信号 B_x 无缺陷时的磁场大小（背景磁场）；$B_{x\min}$ 表示特征信号 B_x 的波谷位置对应的磁场大小；ΔB_x 表示特征信号 B_x 的畸变量；S_{B_x} 表示特征信号 B_x 的灵敏度。

$$\Delta P = |P_2 - P_1| \tag{4-3}$$

式中，P_1 和 P_2 分别为特征信号 B_z 波峰和波谷对应的位置；ΔP 表示特征信号 B_z 峰谷的间距值。

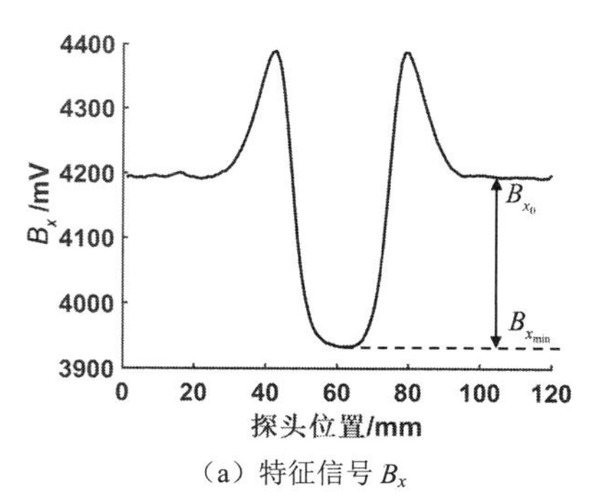

（a）特征信号 B_x

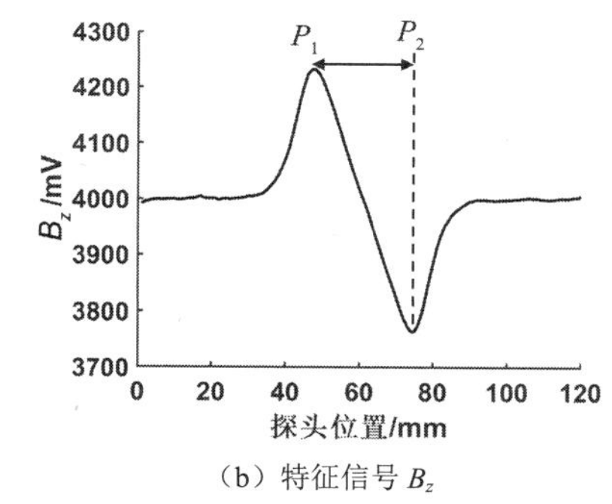

（b）特征信号 B_z

图 4-5　缺陷信号的定量分析

4.1.3　提离响应信号

检测探头和被测试件之间的距离称为提离高度，提离高度变化会导致背景磁场畸变，与缺陷信号引起的磁场畸变混淆，造成缺陷的误判或漏检。含提离的特征信号如图 4-6 所示。当探头经过缺陷时，B_x 和 B_z 均有明显的缺陷响应信号，而当探头发生抖动时，特征信号 B_x 会出现一个波谷特征，极易被误判为缺陷信号，特征信号 B_z 基本没有响应，进一步验证了特征信号 B_z 对提离不敏感，具有一定的抗干扰性。因此为了获得更好的检测效果，应降低提离高度对特征信号的影响。

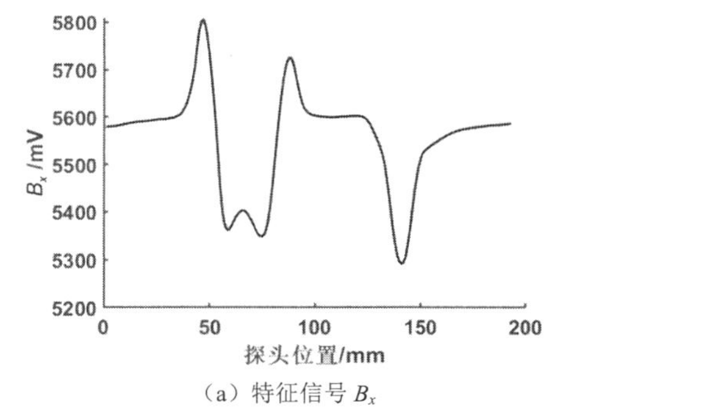

（a）特征信号 B_x

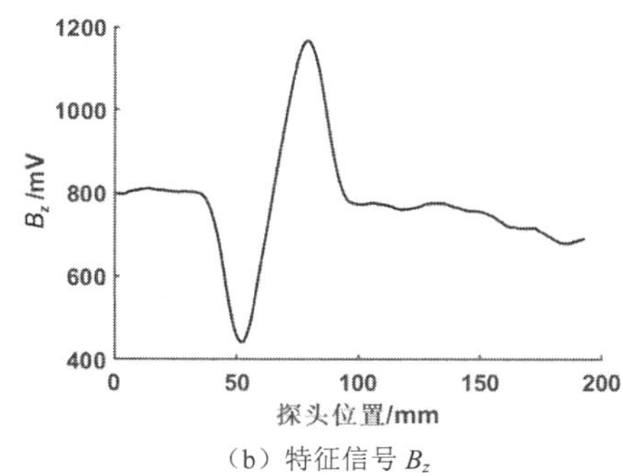

（b）特征信号 B_z

图 4-6 含提离的特征信号

4.2 阵列成像信号分析

单探头获得的特征信号是一维曲线，表征单个扫查路径上磁场的变化，检测范围小，对单一裂纹、不规则裂纹、腐蚀等缺陷难以实现区分。阵列探头采用多个传感器并排的结构，相对于单探头而言，其能够覆盖大面积的检测区域，显著提高检测效率。另外，阵列探头可实现 C 扫成像，该图像能直观地反映缺陷的表面轮廓。

4.2.1 裂纹成像信号

利用阵列探头对不同角度（0°、30°、60°、90°）的裂纹进行扫查，得到不同角度裂纹的 C 扫图，如图 4-7 所示。当阵列探头经过裂纹时，电流在裂纹两端聚集，裂纹端点处出现极值，连接两个极值点可以反映裂纹的大小及方向。因此，C 扫图可以大致反映裂纹的表面形貌信息。

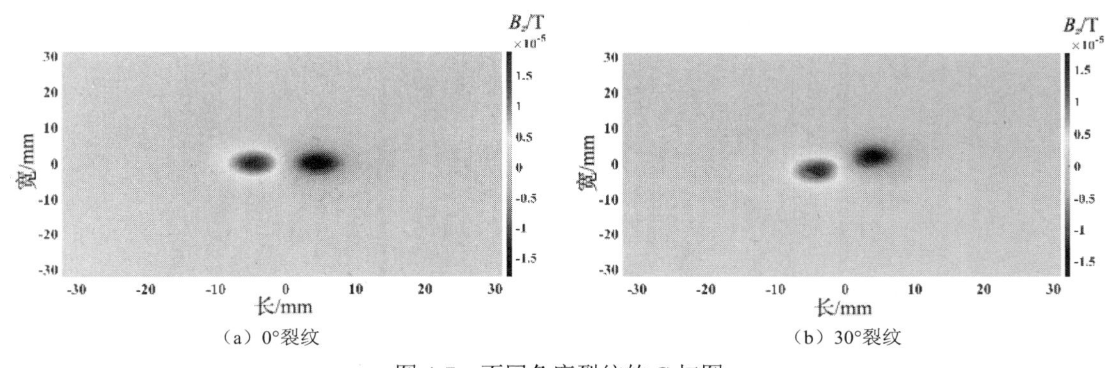

（a）0°裂纹　（b）30°裂纹

图 4-7 不同角度裂纹的 C 扫图

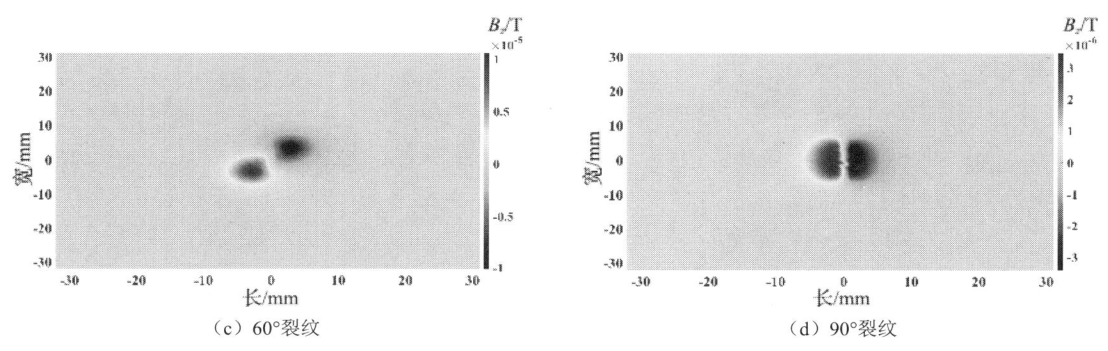

（c）60°裂纹　　（d）90°裂纹

图 4-7　不同角度裂纹的 C 扫图（续）

4.2.2　不规则裂纹成像信号

对于单一裂纹，其宽度较小，单探头可覆盖整个检测区域。对于具有不同方向延伸的不规则裂纹，单探头难以覆盖整个检测区域。采用阵列探头对由四条不同角度（0°、30°、60°、90°）的裂纹组成的不规则裂纹进行扫查，其成像信号如图 4-8 所示。由于试件为碳钢试件，电流在裂纹的端点和两侧聚集，在对应位置出现了明显的波峰和波谷，体现了漏磁场和电流场扰动的双重特征，且 C 扫图能反映不规则裂纹的端点和轮廓。

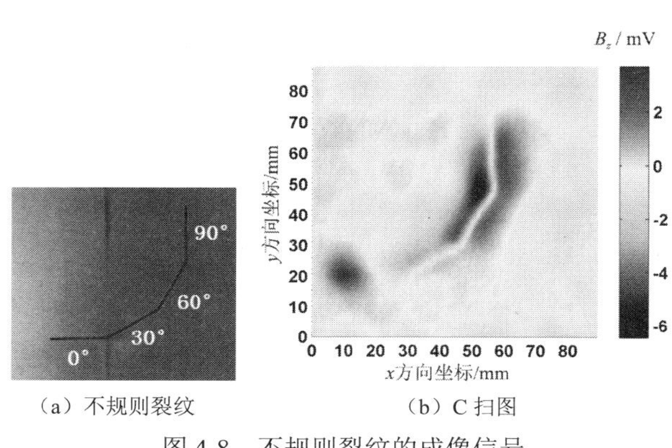

（a）不规则裂纹　　（b）C 扫图

图 4-8　不规则裂纹的成像信号

4.2.3　腐蚀成像信号

腐蚀缺陷与裂纹不同，其表面轮廓为圆形，无明显尖端，但腐蚀缺陷内的材料不连续，感应电流仍然从圆弧两侧绕过，在圆弧两侧形成明显的聚集和偏转状态。利用阵列探头对不同直径的腐蚀缺陷进行扫查，其成像信号如图 4-9 所示。C 扫图显示了腐蚀缺陷周围的磁场分布，大致反映了腐蚀缺陷的轮廓及大小。

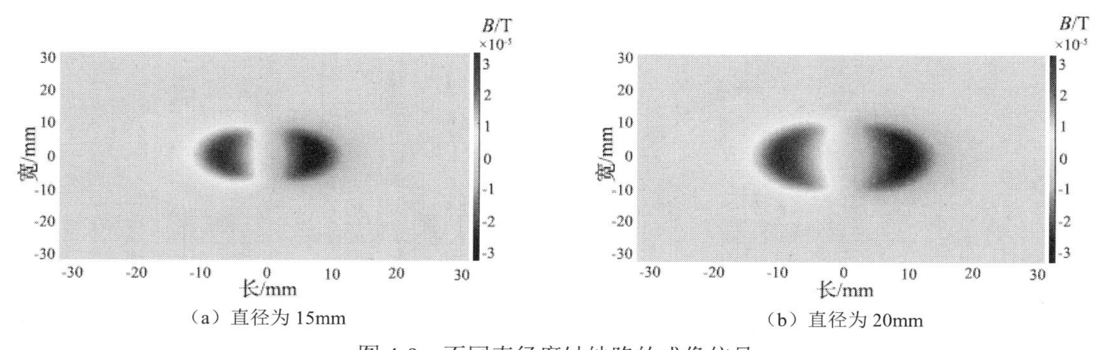

（a）直径为 15mm　　（b）直径为 20mm

图 4-9　不同直径腐蚀缺陷的成像信号

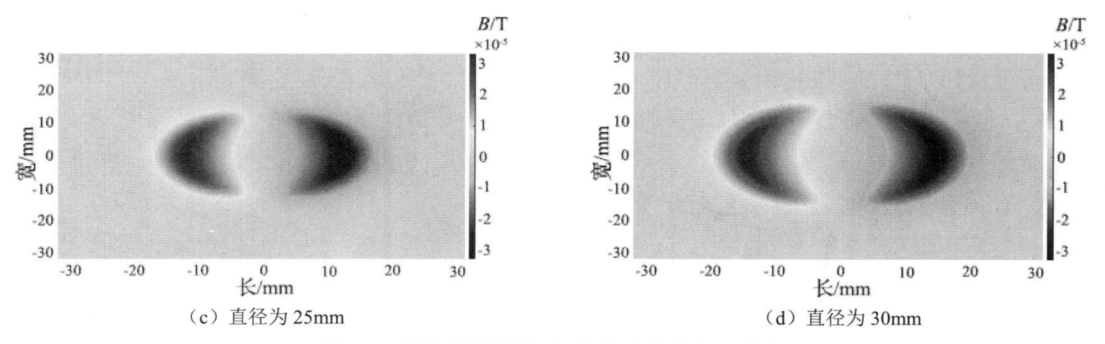

（c）直径为 25mm （d）直径为 30mm

图 4-9 不同直径腐蚀缺陷的成像信号（续）

4.3 梯度阈值信号分析

当缺陷存在时，缺陷的特征信号 B_x 呈现波谷，B_z 呈现波峰和波谷，特征信号呈现明显的蝶形图，常规方法要通过蝶形图判定缺陷的存在。判定方法如下：根据检测点与原点之间的距离是否大于安全阈值来判断，如果超过安全阈值则说明扫描区域有缺陷存在；反之则说明扫描区域无缺陷存在，即如果检测点落在以原点为圆心，以阈值为半径的安全区域内，则表示无缺陷；如果检测点落在安全区域外，则表示缺陷存在。判定公式如下：

$$\begin{cases}(x-x_0)^2+(y-y_0)^2>R^2\rightarrow \text{存在缺陷}\\(x-x_0)^2+(y-y_0)^2<R^2\rightarrow \text{无缺陷}\end{cases} \tag{4-4}$$

式中，(x_0,y_0)表示蝶形图的原点坐标，即无缺陷位置 B_x 和 B_z 的测量值；(x,y)表示蝶形图中待判定点的坐标；R 为设定的缺陷判别阈值。

该方法原理简单，易于实现缺陷判定的自动化。但在实际检测过程中，探头不可避免地抖动会引起检测点数值的突变，从而引起对缺陷的误判。当特征信号 B_z 在裂纹两端出现方向相反的峰值时，信号幅值会产生较大的变化，并呈现较大梯度，通过对信号求微分可以获取信号中微小的波动量，设置缺陷阈值可以实现对缺陷的在线判定。梯度判定流程图如图 4-10 所示。

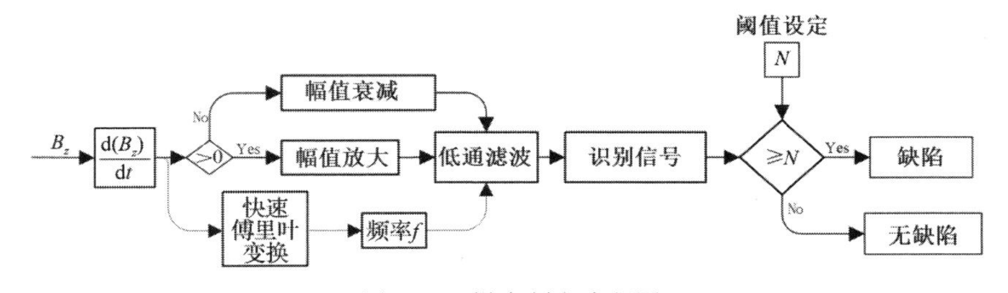

图 4-10 梯度判定流程图

具体步骤如下。

（1）对特征信号 B_z 实时求微分。

（2）为了增大信噪比，需要对裂纹区 B_z 微分畸变较大的区域进行放大，对其他区域进行衰减；判定 B_z 微分是否大于 0，若大于 0 则将信号畸变数值放大若干倍，若小于等于 0 则将其乘以小于 1 的数进行衰减。

（3）由于对 B_z 求微分是逐点进行的，微分信号为一堆包含噪声的散点，需要对噪声进行滤波处理；为了获取最佳低通滤波频率，采用傅里叶变换求取噪声幅度最大值集中的频率，并将该频率设为低通滤波器的截止频率。

（4）将滤波后的微分信号幅值与输入的阈值 N 比较，当微分信号幅值大于阈值 N 时，认为有裂纹存在；当微分信号幅值小于阈值 N 时，认为裂纹不存在。

图 4-11（a）所示为利用 ACFM 探头获取的特征信号 B_z，呈现了三个波峰和波谷的特征，图 4-11（b）所示为经过梯度判定算法处理的信号，通过设置缺陷阈值，可实现对缺陷的在线判定，提高检测效率。

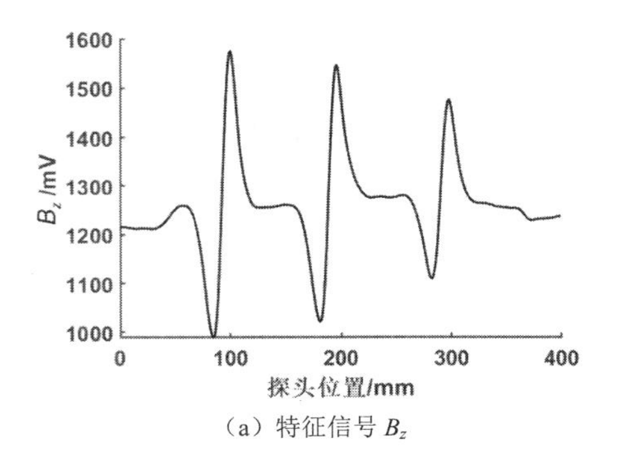

（a）特征信号 B_z

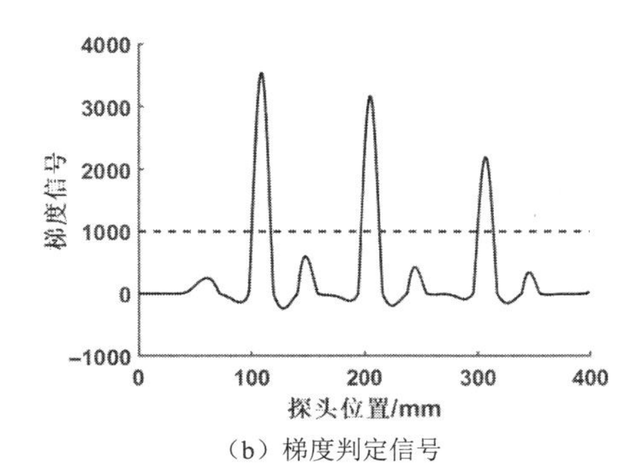

（b）梯度判定信号

图 4-11　缺陷梯度判定显示

4.4　缺陷智能可视化分析

缺陷智能识别与可视化评估是未来无损检测的重点发展方向，智能识别可减少对操作人员经验的依赖，提高检测系统的智能化水平；可视化评估能够提供更丰富、更直观的缺陷形貌信息，为结构的安全评估和维修决策提供精准的数据支撑，具有重要的工程应用价值。

4.4.1　单一裂纹可视化

ACFM 基本原理是基于感应电场在结构材料不连续区域的扰动实现对缺陷的检测和评估的。特征信号 B_z 是由电场在缺陷端点聚集引起的空间磁场畸变。在未出现缺陷时，特征信号 B_z 的幅值为 0；当出现缺陷时，特征信号 B_z 在缺陷端点呈现极值，反映了缺陷的表面形貌信息。特征信号 B_z 不易受提离扰动的影响，抗干扰能力强，对微小缺陷识别灵敏度高，适合作为缺陷表面轮廓可视化重构的特征信号。图 4-12 所示为单一裂纹的特征信号 B_z 的二维图，根据电磁感应规律可知，电流微元与空间磁场属于积分关系，沿裂纹方向（x 方向）的电流密度变化较大，沿 x 方向对 B_z 求梯度可有效获取感应流量在碳钢试件表面的聚集变化，同时反映裂纹缺陷表面的端点和边缘信息。

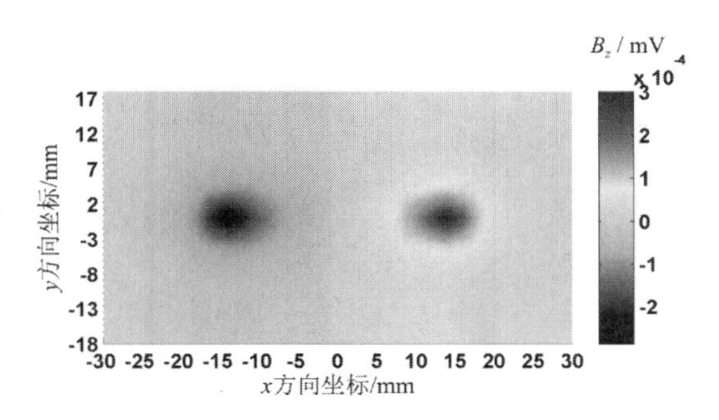

图 4-12 单一裂纹的特征信号 B_z 的二维图

基于特征信号 B_z 梯度的表面轮廓重构算法流程图如图 4-13 所示，具体步骤如下。

（1）对特征信号 B_z 求取 x 方向梯度。将探头扫查方向定义为 x 方向，对特征信号 B_z 求取 x 方向梯度，得到 GX_{B_z}。

（2）求取极值。判定 GX_{B_z} 极值 PGX_{B_z} 的正负，若为正值则进入下一步，若为负值则乘以−1。

（3）去除背景场负值。判定 GX_{B_z} 是否大于 0，若大于 0 则进入下一步操作；若小于 0 则去除。

（4）归一化处理。将 GX_{B_z} 归一化到 0～1 区间，得到裂纹表面的归一化信号 $GX|_{0\text{-}1}$。

（5）转化为灰度图。将获取的 GX_{B_z} 绘制为彩色图并转化为灰度图，得到裂纹表面轮廓的可视化重构结果。

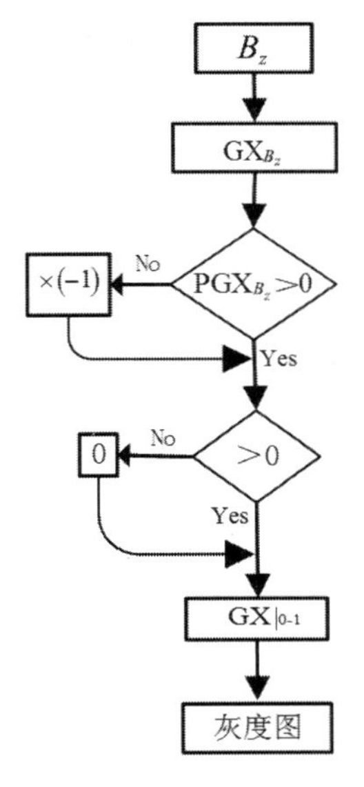

图 4-13 基于特征信号 B_z 梯度的表面轮廓重构算法流程图

利用上述算法对图 4-12 裂纹的特征信号 B_z 进行处理，裂纹表面轮廓的可视化重构结果如图 4-14 所示。结果表明，采用基于特征信号 B_z 梯度的表面轮廓重构算法能够实现对裂纹表面轮廓的可视化重构。

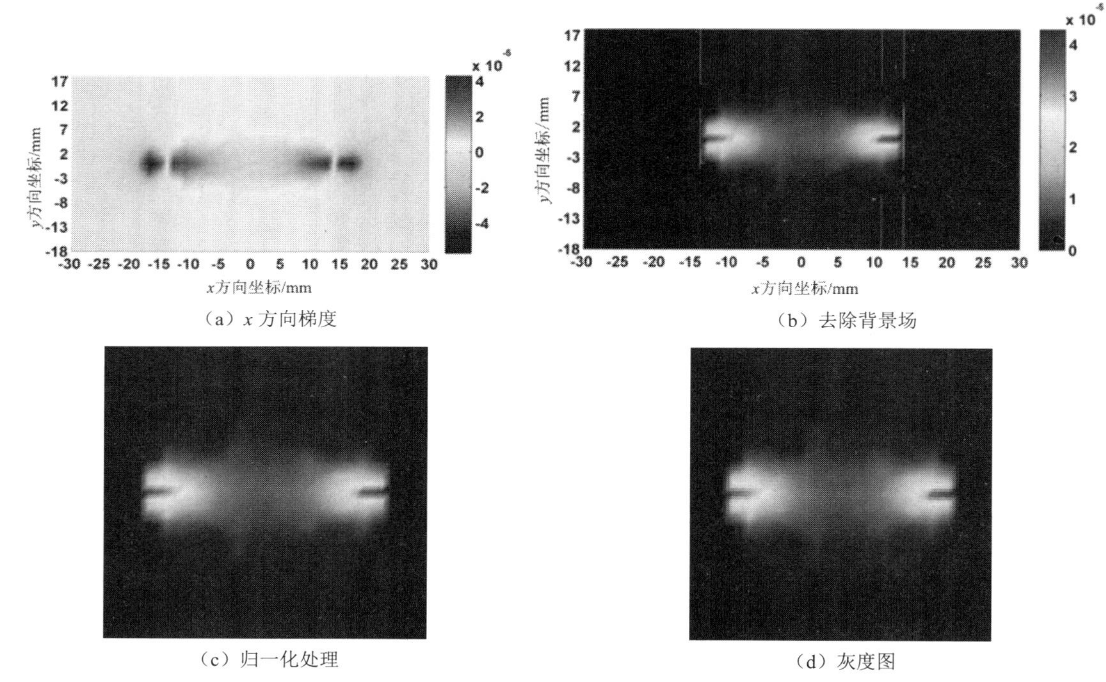

（a）x 方向梯度　　（b）去除背景场

（c）归一化处理　　（d）灰度图

图 4-14　裂纹表面轮廓的可视化重构结果

4.4.2　不规则裂纹可视化

结构物表面的裂纹受外部载荷的作用不断扩展，可发展为具有多方向延展性的不规则裂纹。不规则裂纹的端点较多，不规则裂纹的特征信号 B_z 如图 4-15 所示。此时，单一裂纹的 x 方向梯度算法难以适用。传统 ACFM 理论是建立在感应电场垂直裂纹扰动的物理规律上的，不规则裂纹通常呈现多角度特征，电磁场的扰动规律更加复杂，不同材料试件的电磁场扰动差异较大，可采用双向梯度融合算法对不规则裂纹的特征信号进一步处理，以实现不规则裂纹表面轮廓的可视化重构。

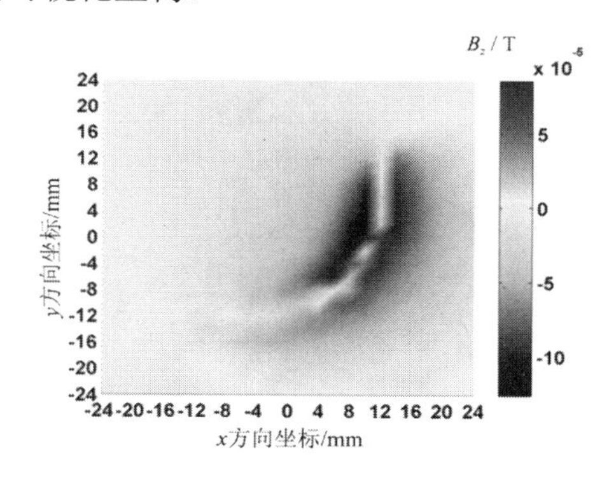

图 4-15　不规则裂纹的特征信号 B_z

双向梯度融合算法流程图如图 4-16 所示，主要包括如下步骤。

（1）求取梯度信号。将探头扫查方向定义为 x 方向，将感应电流方向定义为 y 方向，

求取特征信号 B_z 在 x 方向的梯度信号 GX_{B_z} 和 y 方向的梯度信号 GY_{B_z}。

（2）求取极值。判定 GX_{B_z} 和 GY_{B_z} 的极值 PGX_{B_z} 和 PGY_{B_z} 的正负，若极值为正峰值，则进入下一步处理，若极值为负峰值，则先乘以-1 再进入下一步处理。

（3）去除背景场负值。判定 GX_{B_z} 和 GY_{B_z} 是否大于 0，若大于 0 则直接进入下一步，若小于 0，则将小于 0 的数值赋值为 0。

（4）归一化求和。将处理完成的 GX_{B_z} 归一化到 0～1 区间，得到 $GX|_{0-1}$；将处理完成的 GY_{B_z} 归一化到 0～1 区间，得到 $GY|_{0-1}$；求取两者之和，得到 $G_{B_z}=GX|_{0-1}+GY|_{0-1}$。

（5）转换为灰度图。将求取的 G_{B_z} 绘制为彩色图，最终转换为灰度图，以实现不规则裂纹表面轮廓的可视化重构。

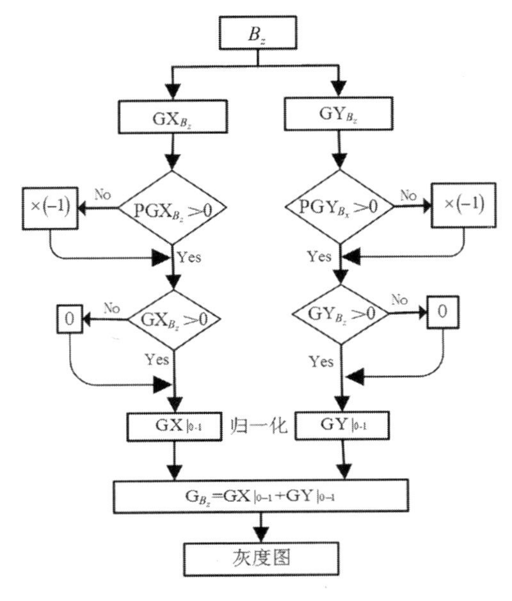

图 4-16 双向梯度融合算法流程图

利用双向梯度融合算法对不规则裂纹特征信号 B_z 的图像进行处理，得到不规则裂纹的可视化图像。不规则裂纹表面轮廓的可视化重构结果如图 4-17 所示。结果表明，基于特征信号 B_z 的双向梯度融合算法可实现对不规则裂纹的可视化重构。

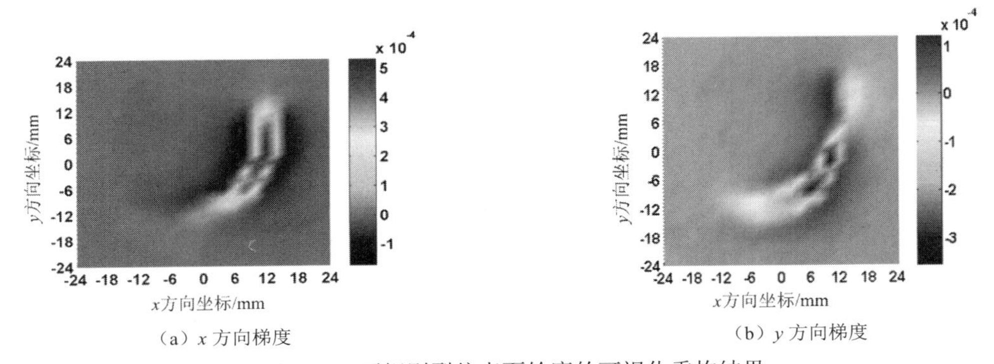

（a）x 方向梯度 （b）y 方向梯度

图 4-17 不规则裂纹表面轮廓的可视化重构结果

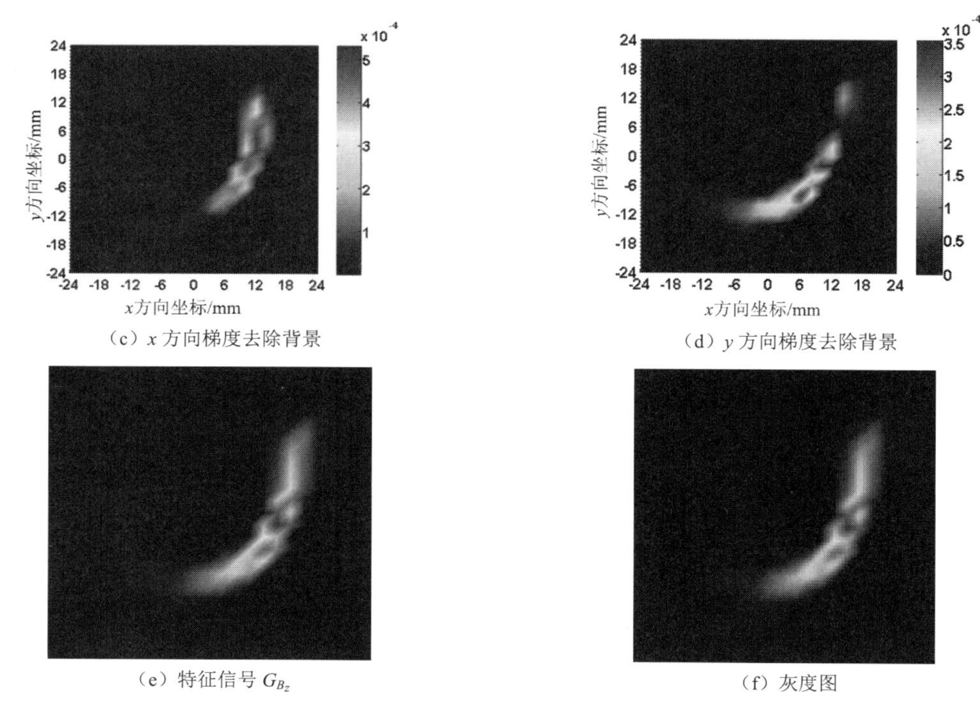

（c）x 方向梯度去除背景

（d）y 方向梯度去除背景

（e）特征信号 G_{B_z}

（f）灰度图

图 4-17　不规则裂纹表面轮廓的可视化重构结果（续）

4.4.3　腐蚀缺陷可视化

腐蚀缺陷也是结构物常见的损伤形式，腐蚀缺陷的可视化评估对于结构物腐蚀损伤评估具有重要意义。传统 ACFM 基本原理是基于电流场在裂纹尖端聚集和偏转效应提出的，但腐蚀缺陷的尖端位置不明显，感应电流扰动也不明显，特征信号与裂纹缺陷有所不同。图 4-18 所示为腐蚀缺陷的特征信号 B_z。特征信号 B_z 在裂纹两端呈现相反的峰值。特征信号 B_z 的扰动同样是由电场扰动引起的，电场在 x 方向的畸变特征较明显，因此采用沿着 x 方向的梯度算法可实现对腐蚀缺陷表面轮廓的可视化重构，其算法流程和单一裂纹处理流程一致（见图 4-13）。

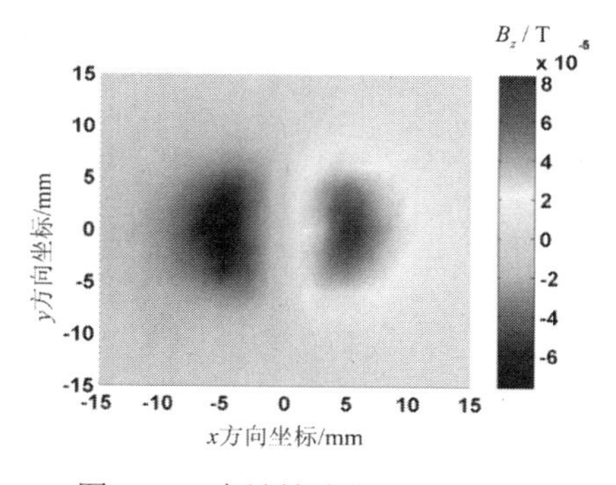

图 4-18　腐蚀缺陷的特征信号 B_z

利用梯度算法对腐蚀缺陷特征信号 B_z 的图像进行处理，得到腐蚀缺陷表面轮廓的可视化重构结果，如图 4-19 所示。结果表明，基于特征信号 B_z 的梯度算法可实现对腐蚀缺陷表面轮廓的可视化重构。

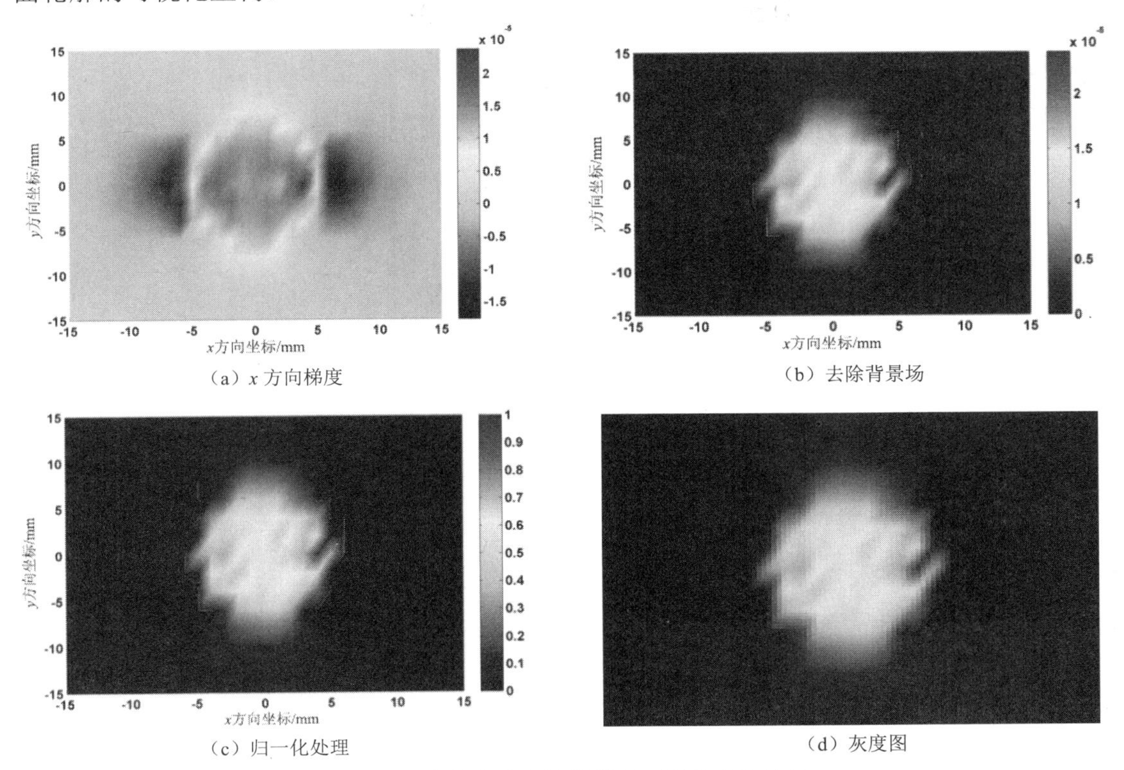

（a）x 方向梯度　（b）去除背景场

（c）归一化处理　（d）灰度图

图 4-19　腐蚀缺陷表面轮廓的可视化重构结果

腐蚀缺陷除了表面形貌，内部形貌同样重要，有效地对腐蚀缺陷的内部形貌进行重构有利于缺陷的整体评估。对于腐蚀等体积型缺陷，ACFM 特征信号的畸变是由于探头与试件表面提离高度的相对变化引起的，腐蚀坑的 3D 形貌重构可视为对腐蚀坑深度的测量。特征信号 B_x 对探头的提离敏感，反映了探头与试件之间相对距离的变化，利用特征信号 B_x 可实现对腐蚀坑 3D 形貌的可视化重构。腐蚀缺陷的照片如图 4-20（a）所示。试件中腐蚀缺陷的直径为 30 mm，底部为圆弧形形貌，腐蚀缺陷的最深处为 3 mm，试件材质为低碳钢。图 4-20（b）所示为腐蚀缺陷的特征信号 B_x。由于试件是铁磁性材料，探头扫查区域漏磁较明显，因此特征信号 B_x 在缺陷区域呈现波峰。

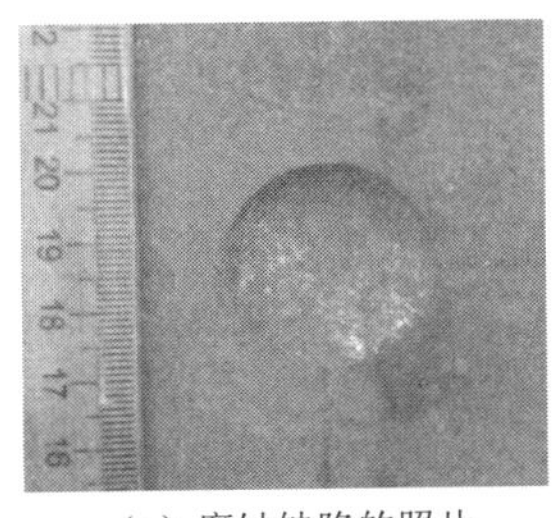

（a）腐蚀缺陷的照片

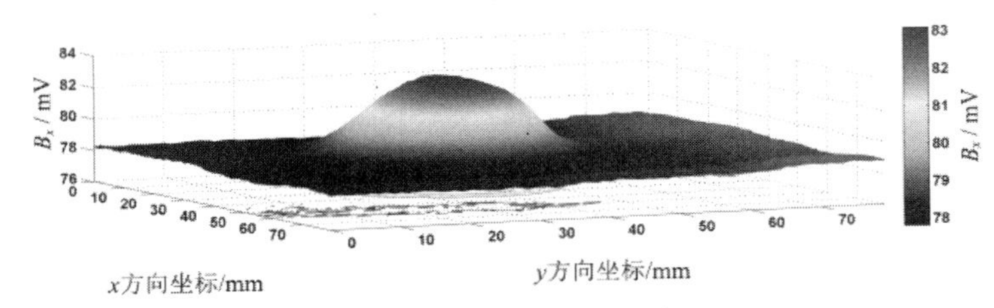

（b）腐蚀缺陷的特征信号 B_x

图 4-20　腐蚀缺陷的照片及特征信号 B_x

在未出现缺陷位置，将探头提离试件表面0～6 mm，得到探头不同提离高度下的背景磁场信号 B_{x_0}，如图4-21（a）所示。可以看出，随着探头提离高度的增加，背景磁场信号 B_{x_0} 逐渐增加。利用式（4-5）将特征信号归一化至提离高度为0时，特征信号的灵敏度 S_{B_x} 为0，$B_{x_{00}}$ 表示提离高度为0时的背景磁场，B_{x_0} 表示任意提离高度下的背景磁场。对于腐蚀等面积型缺陷，缺陷深度可视为提离高度变化，可由图4-21（b）得到灵敏度与腐蚀缺陷深度的拟合关系式，见式（4-6）。

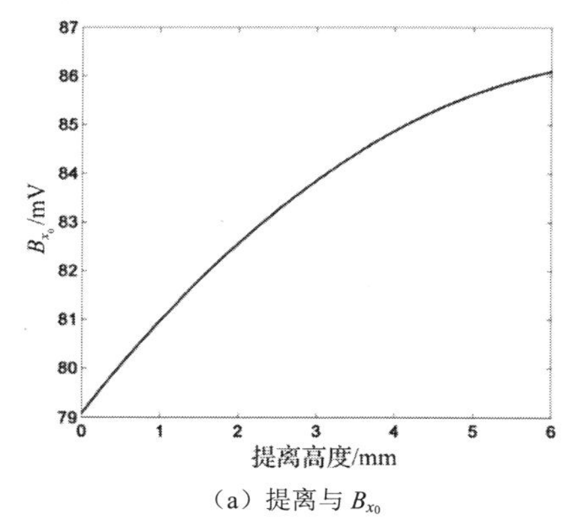

（a）提离与 B_{x_0}

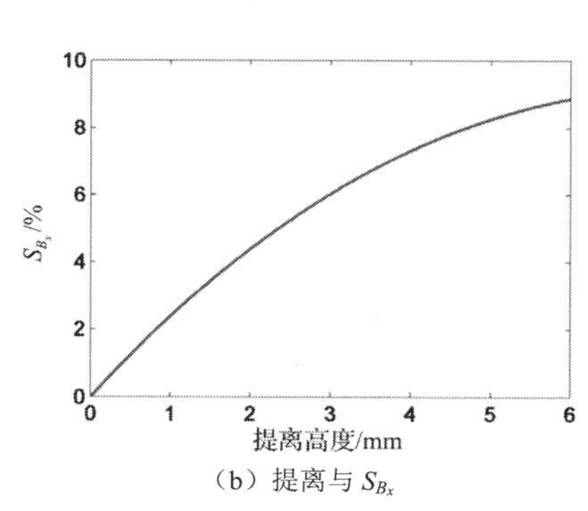

（b）提离与 S_{B_x}

图4-21 探头提离对 S_{B_x} 影响规律

$$S_{B_x} = (B_{x_0} - B_{x_{00}}) / B_{x_{00}} \tag{4-5}$$

$$D=0.015\times S_{B_x}^3 - 0.1399\times S_{B_x}^2 + 0.7994\times S_{B_x} - 0.1457 \tag{4-6}$$

对腐蚀缺陷的特征信号也进行归一化处理，并将小于0的部分赋值为0，得到腐蚀缺陷特征信号 B_x 的灵敏度 S_{B_x}，如图4-22（a）所示。依据式（4-6）计算腐蚀缺陷深度，计算结果如图4-22（b）所示。可以看出，腐蚀缺陷的形状为圆弧形，与腐蚀坑的真实形貌吻合。

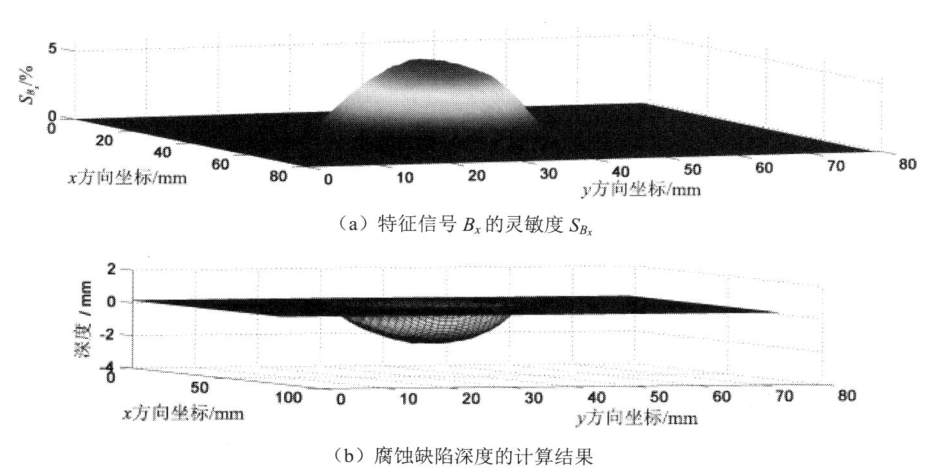

（a）特征信号 B_x 的灵敏度 S_{B_x}

（b）腐蚀缺陷深度的计算结果

图4-22 腐蚀缺陷3D形貌的可视化重构

4.5 缺陷智能判定

传统交流电磁场的缺陷是基于特征信号或蝶形图进行识别的，依靠操作人员的经验知识判定缺陷信号，容易造成误判或漏判，智能化程度不高，难以实现深水仪器的无人化、智能化运行。本节采取无须人工干预的深度学习算法对缺陷特征信号和探头提离扰动信号进行智能判定，以减少缺陷误判率，提高水下结构缺陷ACFM的智能化水平。

4.5.1 卷积神经网络概述

深度学习算法是由人工神经网络发展而来的智能学习算法，通常采用多层不同的神经网络架构从图像、文本或声音数据中学习并执行分类任务。深度神经网络受到生物神经系统的启发，采用多组非线性处理层，并行使用简单元素操作，形成输入层、多个隐藏层和一组输出层的多层神经网络构架，如图4-23所示。每层神经网络内部依靠节点或神经元相互连接，每层神经网络的输出作为下一层神经网络的输入。神经网络的层数越多，网络越深，根据不同解决对象选用合适的层数，为实际学习问题提供大量的可选方案和优化空间。

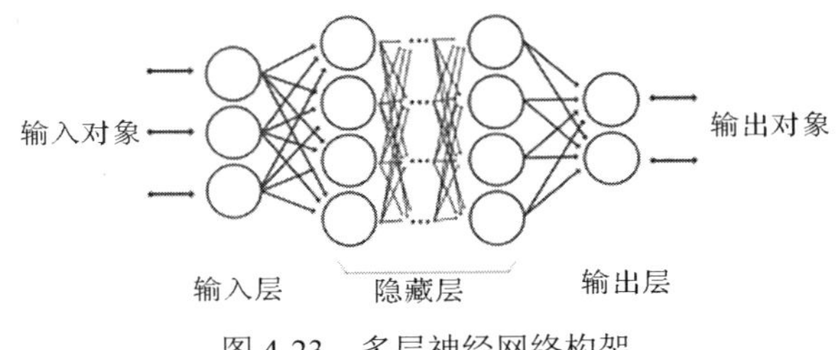

图4-23　多层神经网络构架

得益于计算机技术的快速发展、大量的数据库和强大的硬件计算能力，深度学习是近年来人工智能领域发展最快的技术之一，已广泛应用于图像处理、语音识别、运动分析、智能驾驶、物联网、智能制造等众多领域。

卷积神经网络（Convolutional Neural Network，CNN）受猫视觉皮层电生理研究的启发，是图像识别和处理领域最流行的算法之一。卷积神经网络主要包括输入层、卷积层、池化层、全连接层、激活函数层和输出层。在普通的全连接网络或卷积神经网络中，每层神经元的信号只能向上一层传播，样本的处理在各个时刻独立，因此卷积神经网络又被称为前向神经网络（Feed-forward Neural Networks）。

在图像处理领域，卷积神经网络可将真彩图像（RGB图像）或灰度图像作为输入层的样本数据。真彩图像在计算机处理中可存储为一个$n\times m\times 3$的多维数组，数组中的元素定义了图像中每个像素的红、绿、蓝颜色值。灰度图像通常由一个unit8、unit16、单精度类型或双精度类型的数组描述，其实质上是一个数据矩阵$w\times h$，w代表像素的宽度，h代表像素的高度，该矩阵中的数据代表了一定范围内的灰度级，每个元素与图像的一个像素点对应，通常0代表黑色，1、255或65635（数据矩阵的取值范围上限）代表白色。

卷积层是卷积神经网络的核心层，每层卷积层包含若干个特征面，每个特征面由一些矩形排列的神经元组成，同一个特征面的神经元共享权值，共享的权值就是卷积核。卷积层的主要数学算法为卷积运算，卷积核通过扫描特征面能进一步提取图像特征，卷积核与特征面之间的相互作用是通过矩阵卷积实现的，具体计算过程如式（4-7）和式（4-8）所示：

$$g = f * h \tag{4-7}$$

$$g(i,j) = \sum_{k,l} f(i-k, j-l) * h(k,l) \tag{4-8}$$

式中，f 为一个特征面，h 为一个卷积核。

卷积核一般以随机小数矩阵的形式初始化，在网络的训练过程中卷积核将学习得到合理的权值。卷积核带来的直接好处是减少网络各层之间的连接，同时降低过拟合的风险。每一个卷积核可看作是一个特征提取器，不同的卷积层负责提取不同的特征。

池化层又称子采样，池化层先将特征面划分为许多小的子块，然后提取某个模块上的重要特征（Max Pooling）或平均特征（Average Pooling），以构建新的特征面。卷积神经网络中较常用的池化方式为提取重要特征（Max Pooling），池化层可以有效缩小特征面，以降低模型的复杂程度，减少需要调整的参数数目及数据的计算量，同时改善计算结果，避免卷积神经网络出现过拟合问题，让卷积神经网络在使用过程中更容易操作。

全连接层是传统神经网络的多层感知器（MLP），可以看作一种特殊的卷积过程，它的卷积核的长宽与输入特征面的尺寸相同，通过激活函数输出到最终输出层，全连接层要将该层的所有神经元连接到下一层的每个神经元，全连接层的目的是实现数据分类输出到最终的输出层，为了体现分类数目，全连接层的参数要与样本数据的分类数目保持一致。

激活函数的作用是将输入数据映射到 0～1 上，主要是对数据进行归一化，以增强网络的非线性，避免梯度消失，实现更快、更高效的训练。卷积神经网络常用的激活函数有 Relu、Tanh 和 Sigmoid 等，Tanh 多用于全连接层，而 Relu 多用于卷积层。Relu 是卷积神经网络中应用最广泛的函数之一，其定义如式（4-9）所示：

$$\text{Relu}(x) = \max(0, x) = \begin{cases} 0, & \text{其他} \\ x, & x > 0 \end{cases} \tag{4-9}$$

卷积神经网络架构的最后一层用 Softmax 函数作为输出层，为整个智能训练网络提供分类输出结果，输出结果向量的每个值表征这个样本属于每个类的概率，数值范围为 0～1。

卷积神经网络通常由上述网络层组成几十层到几百层的深度学习网络，输入的样本在上述不同层之间反复学习训练，每层提取样本的不同识别特征，最终实现对样本的分类识别。

卷积神经网络的训练优劣需要依靠各个层之间连接的权值来评价，初始训练过程中每层输出的权值会随机初始化，在训练过程中通常采用数值的方法（一般是梯度下降法）求损失函数（Loss Function），以达到最小值的各个参数的取值。Loss Function 是标定好的数据与通过网络计算出的数据的差的累加，Loss Function 越小说明网络的性能越好。卷积神经网络建立的是非常复杂的模型，很难快速找到这个模型的最小值，但可以很快计算出它的极小值（局部最小值），这些极小值已经很接近 Loss Function 的最小值。

4.5.2 卷积神经网络数据库

蝶形图是指将 B_x 数据作为横坐标，B_z 数据作为纵坐标，由 B_x 和 B_z 的变化趋势形成蝴蝶一样的图案。蝶形图包含了裂纹响应信号 B_x 和 B_z 的所有特征，其特征明显，容易识别。通常情况下操作人员要依据个人经验通过看到的蝶形图来判定缺陷的存在。

但是在水下环境中实施无损检测作业时，受结构表面附着物的影响，无论是人员还是水下机器人（ROV）操纵探头，都不可避免地会造成探头晃动，很容易产生各类干扰信号，给缺陷的判定带来巨大挑战。本章 4.1～4.3 节已经论述了探头提离抑制方法和信号判定算法，均是在探头较小提离扰动范围内实现的，并未考虑人为干扰因素和大范围探头扰动。同时依靠阈值判定方法需要提前标定、设置阈值，无法实现对水下 ACFM 仪的自动智能判定。

本节将建立水下 ACFM 缺陷特征信号与探头扰动干扰型号蝶形图的数据库，利用卷积神经网络对大量不同尺寸缺陷的蝶形图和各种情况下的探头扰动干扰信号的蝶形图进行训练和学习，并利用训练好的卷积神经网络对样本进行预测。

利用单探头对实验室 200 组缺陷试件开展测试，提取不同缺陷的特征信号 B_x 和 B_z 并绘制蝶形图。缺陷特征信号的蝶形图如图 4-24 所示。在较大裂纹位置，特征信号的蝶形图呈现较完整的蝶形或圆环状；在较小裂纹位置，缺陷特征信号 B_x 或 B_z 的变化趋势不规则，造成蝶形图呈现不封闭或不规则环形。

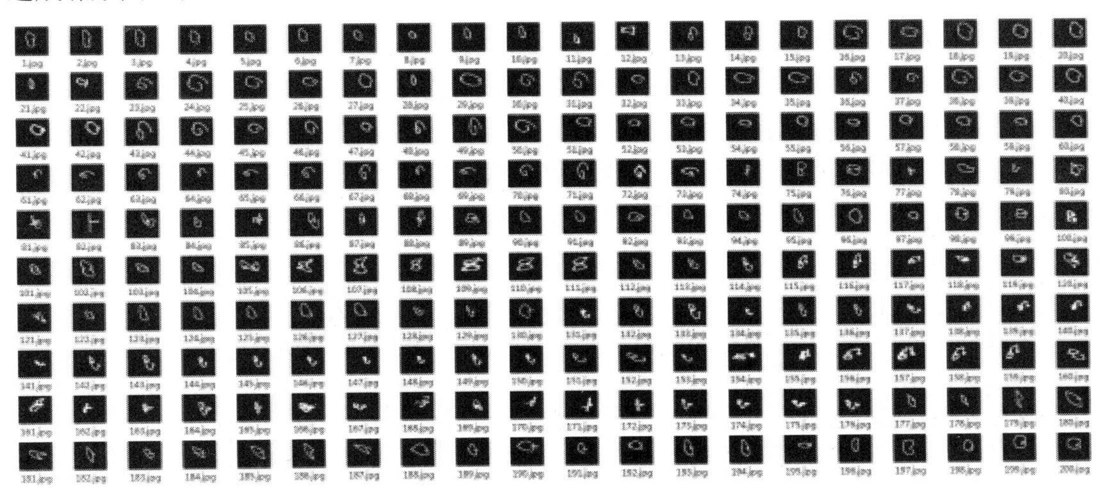

图 4-24 缺陷特征信号的蝶形图

在没有缺陷的位置，将探头大幅度提离试件表面 3～10 mm，通过探头侧倾、探头越过结构凸起、探头越过结构表面深坑、探头横向摆动等动作，人为模拟各种干扰信号，形成 200 组探头干扰信号的蝶形图，如图 4-25 所示。探头大范围扰动的蝶形图大多数为一条窄的斜线或完全不规则线条，部分探头干扰信号的蝶形图也会形成圆环状。若仅依靠人员经验对缺陷特征信号的蝶形图和探头干扰信号的蝶形图进行区分，很容易造成误判。

将上述 200 组缺陷特征信号的蝶形图和 200 组探头干扰信号的蝶形图均转换为 28 像素×28 像素的灰度图，分别放在不同的文件夹中。将缺陷特征信号的蝶形图的文件夹命名为“defect”，探头干扰信号的蝶形图的文件夹命名为“lift-off”，以文件夹标签作为样本的属性。

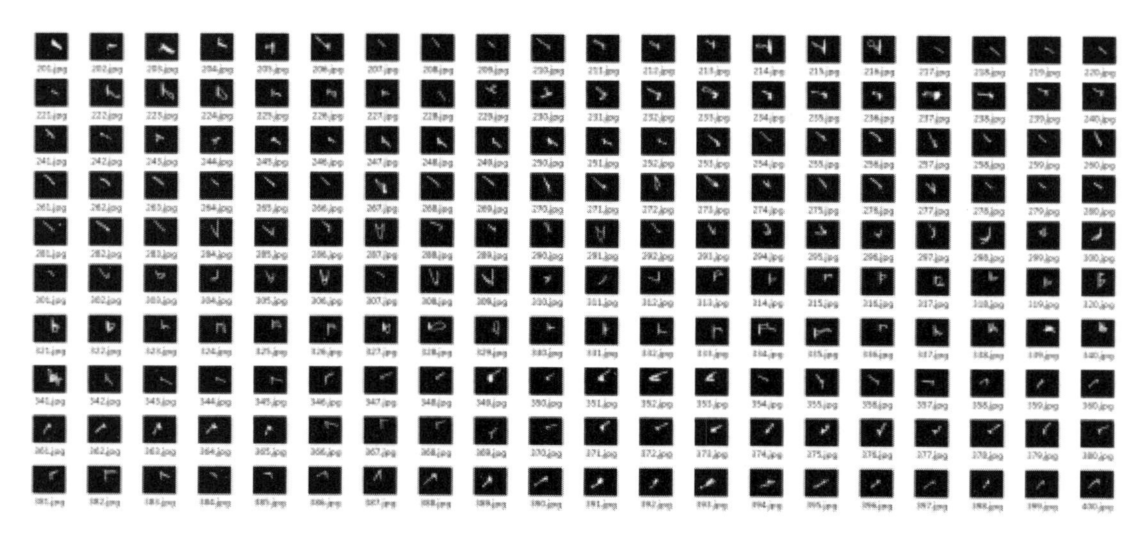

图 4-25　探头干扰信号的蝶形图

4.5.3　缺陷信号智能识别

在 MATLAB 中建立一个多层卷积神经网络，其构架如图 4-26 所示。该卷积神经网络主要包括参数优化、输入层、卷积层、激活函数层、池化层和输出层（包括全连接层、Softmax 层和输出）。卷积神经网络的结构、关键参数对于模型的训练和预测至关重要，同时网络深度、学习速率等参数众多且相互影响，参数的选取需要耗费大量时间。本书在卷积神经网络学习之前加入了贝叶斯函数，以样本测试错误率为目标函数，将神经网络的网络深度、学习速率、下降梯度和归一化强度参数作为贝叶斯函数的输入，对神经网络的结构和关键参数进行优化，将优化结果赋值在训练好的卷积神经网络中。

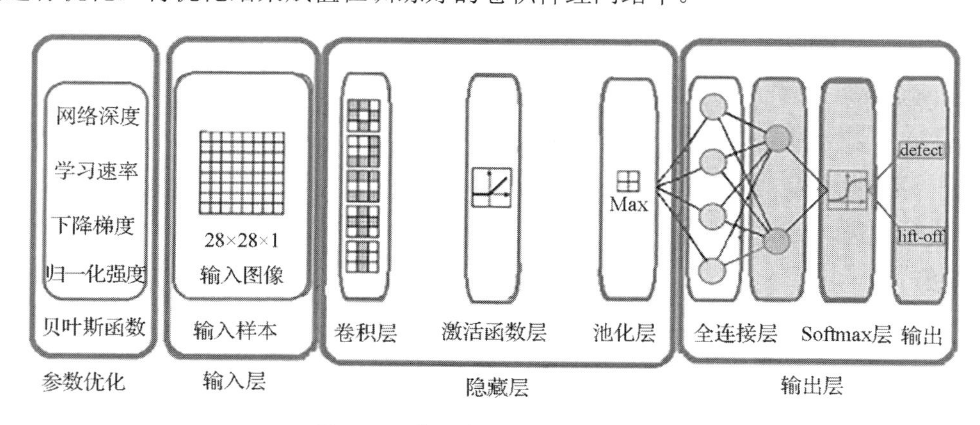

图 4-26　多层卷积神经网络的构架

本次卷积神经网络训练输入的样本是 28 像素×28 像素×1 像素的灰度图，激活函数选择 Relu，池化层选择 Max Pooling，全连接层输出类别为 2，输出结果用标签形式显示在图片标题上，卷积神经网络经过贝叶斯优化的层数为 7 层。在卷积训练过程中，随机选取样本数据库中 190 组缺陷特征信号的蝶形图和 190 组探头干扰信号的蝶形图作为训练样本，将剩余 20 组图片作为测试图片，在 MATLAB 中利用建立的卷积神经网络对样本库图像进行训练。卷积神经网络深度学习算法的训练过程如图 4-27 所示。

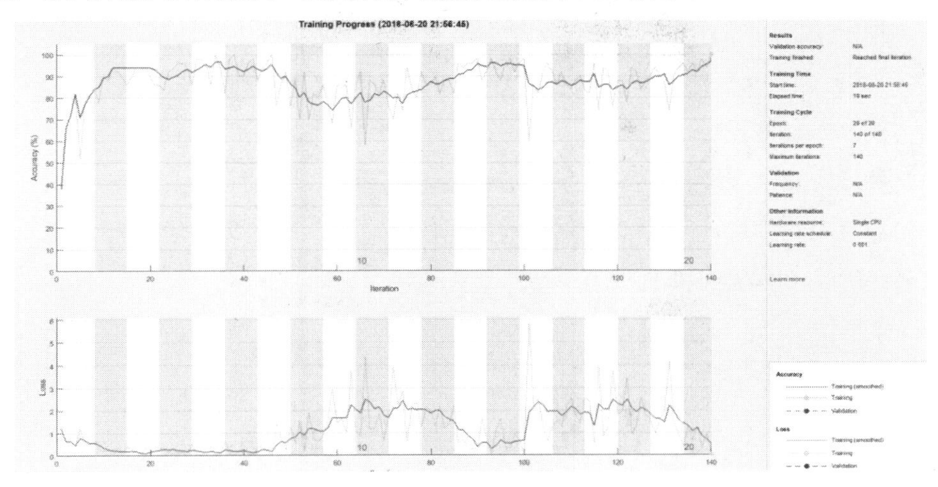

图 4-27 卷积神经网络深度学习算法的训练过程

在训练过程中用梯度下降法求取 Loss Function 的极小值，梯度下降法的迭代性质能使欠拟合不断演化以获得数据的最佳拟合，每次迭代估计梯度数值并更新训练参数，多次使用算法获取结果，以得到最优化的结果。刚开始训练时，精度函数（Accuracy Function）增幅较大，学习率较高，随着迭代次数的增加，学习率变得稳定。在训练过程中，Loss Function 在减小，逐渐得到优化的权值和识别结果。

利用训练好的卷积神经网络对样本进行测试，其深度学习算法的判定结果如图 4-28 所示。前两行图片为缺陷特征信号的蝶形图，预测结果均正确，后两行图片为探头干扰信号的蝶形图，其中一张图预测结果为缺陷，预测错误，本节建立的卷积神经网络对样本图片综合预测结果的准确率为 95%。测试结果表明，卷积神经网络能够较好地区别缺陷特征信号和探头干扰信号，实现对较高精度的缺陷特征信号的智能判定。

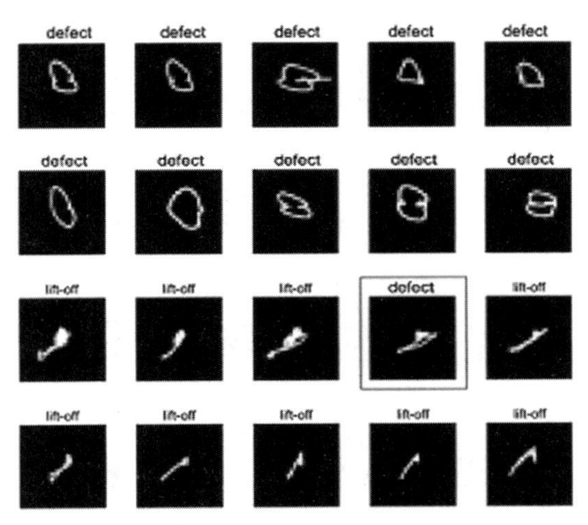

（a）样本测试结果

图 4-28 卷积神经网络深度学习算法的判定结果

Epoch	Iteration	Time Elapsed (seconds)	Mini-batch Loss	Mini-batch Accuracy	Base Learning Rate
1	1	2.97	1.2091	38.00%	0.0010
8	50	10.73	1.2772	76.00%	0.0010
15	100	15.65	0.1151	98.00%	0.0010
20	140	19.34	-0.0000	100.00%	0.0010

accuracy =

0.9500

（b）训练精度

图 4-28　卷积神经网络深度学习算法的判定结果（续）

4.5.4　缺陷智能分类识别

不同类型缺陷可视化成像结果的智能分类识别对于结构评估和制定维修方案具有重要意义。现有缺陷的检测结果通常依靠人的经验判定，无法有效识别缺陷类型，为后续缺陷分析和评估带来了巨大挑战，同时传统 ACFM 仪器的智能化水平有限，大量数据的分析和评估给数据分析人员带来了高强度工作。本节利用裂纹、不规则裂纹和腐蚀缺陷表面轮廓的可视化重构算法，通过对不同样本进行大量仿真和实现测试，建立了包括腐蚀坑、裂纹、不规则裂纹三种类型缺陷的卷积神经网络深度学习算法的数据库，利用卷积神经网络对数据库内的数据进行学习和预测，以实现对不同类型缺陷表面轮廓可视化成像结果的智能分类识别，为水下结构缺陷 ACFM 智能仪器的开发奠定了基础。

为了实现缺陷轮廓数据的智能识别，对所有缺陷数据统一采用单向梯度算法进行处理，以形成不同类型缺陷表面轮廓的可视化成像结果。针对三种类型的缺陷，建立了 50 组腐蚀坑、50 组裂纹和 50 组不规则裂纹的表面轮廓成像数据库，每组图片经过处理后变为 28 像素×28 像素的灰度图。缺陷表面轮廓的成像分类识别数据库如图 4-29 所示。

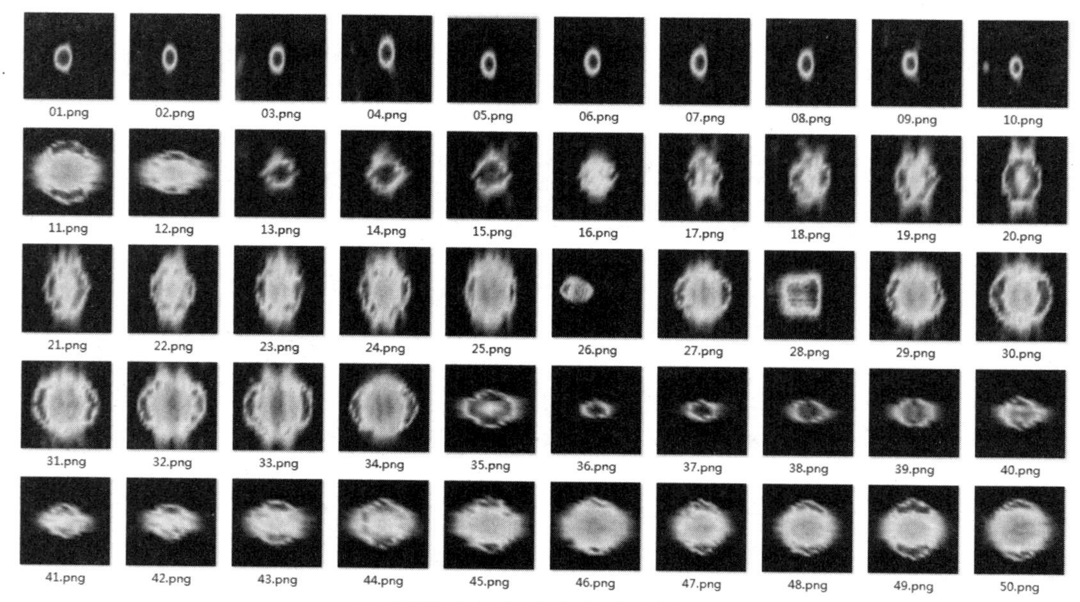

（a）腐蚀缺陷表面轮廓的可视化成像数据库

图 4-29　缺陷表面轮廓的成像分类识别数据库

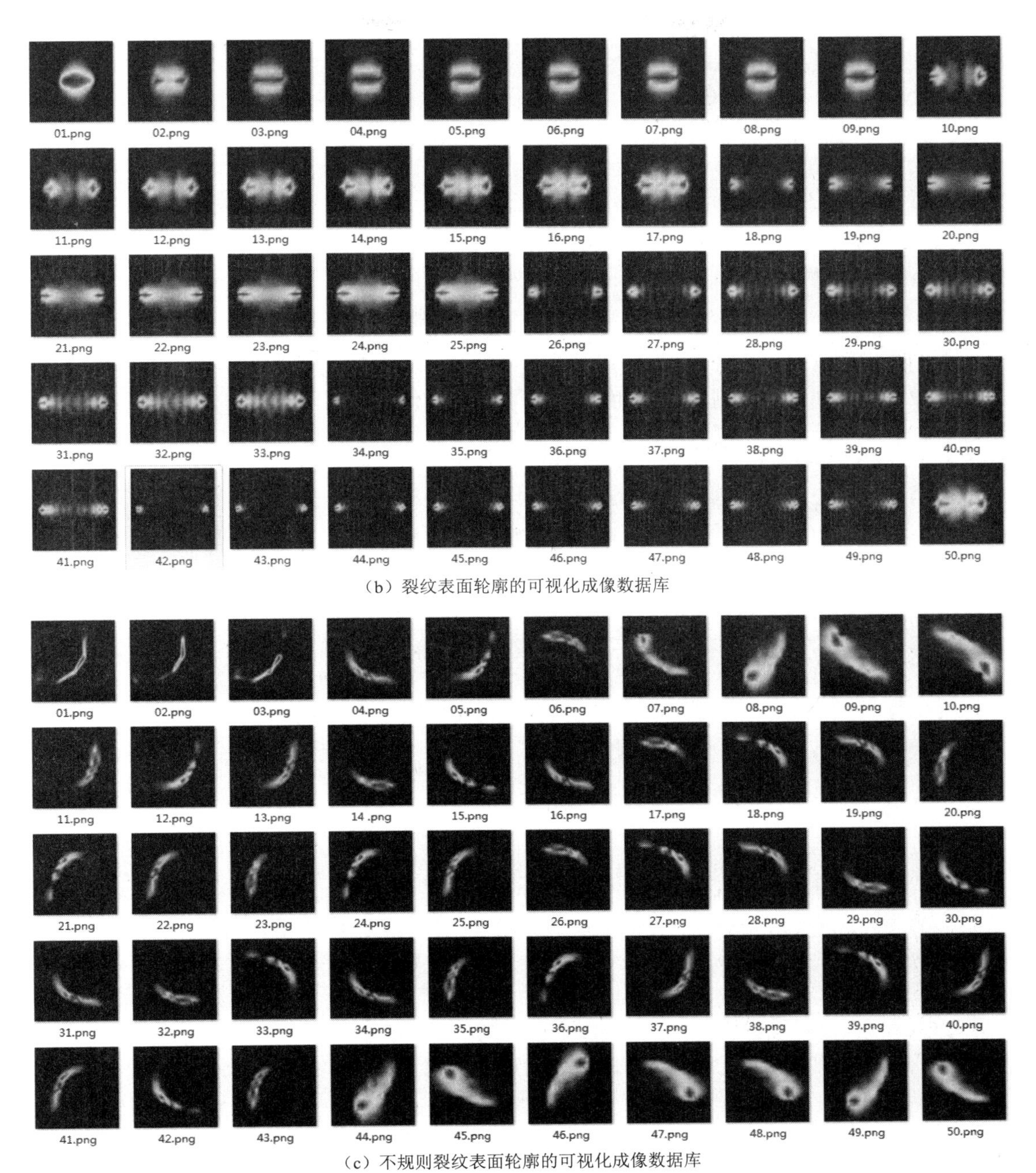

（b）裂纹表面轮廓的可视化成像数据库

（c）不规则裂纹表面轮廓的可视化成像数据库

图 4-29 缺陷表面轮廓的成像分类识别数据库（续）

利用卷积神经网络对三种类型缺陷的灰度图进行智能分类识别。缺陷分类识别的卷积神经网络深度学习算法如图 4-30 所示。采用贝叶斯函数优化卷积神经网络结构，最终卷积神经网络的层数为 15 层，中间层中的卷积层、池化层、激活函数层交替进行，全连接层的输出类别为 3，输出识别分别为腐蚀、裂纹和不规则裂纹。

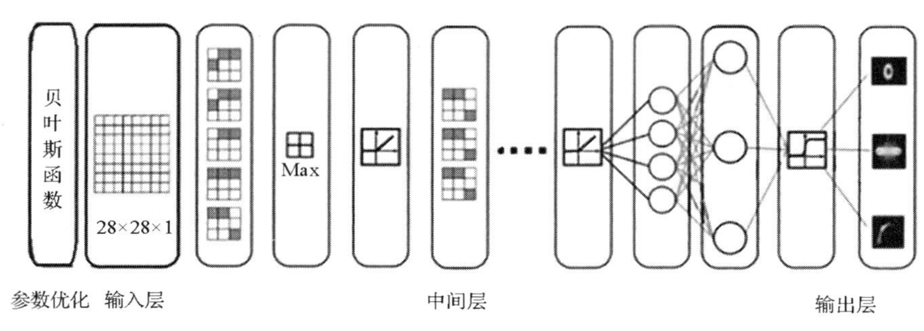

图 4-30　缺陷分类识别的卷积神经网络深度学习算法

分别随机选取三种类型缺陷的 90%作为训练样本，剩余 10%作为测试样本，利用 MATLAB 对样本图片进行训练和预测。卷积神经网络深度学习算法缺陷智能分类的识别结果如图 4-31 所示。由于信号特征较明显，在训练过程中，Loss Function 均匀稳定下降，同时预测精度稳定上升，最终预测精度达到 100%，如图 4-31（a）和图 4-31（b）所示。由图 4-31（c）可知，数据库中剩余 10%的待测样本中的 5 个腐蚀缺陷、5 个裂纹和 5 个不规则裂纹均准确被智能识别，识别准确率达到 100%。因此采用卷积神经网络深度学习算法，能够实现对水下结构不同类型缺陷的高精度智能分类识别。

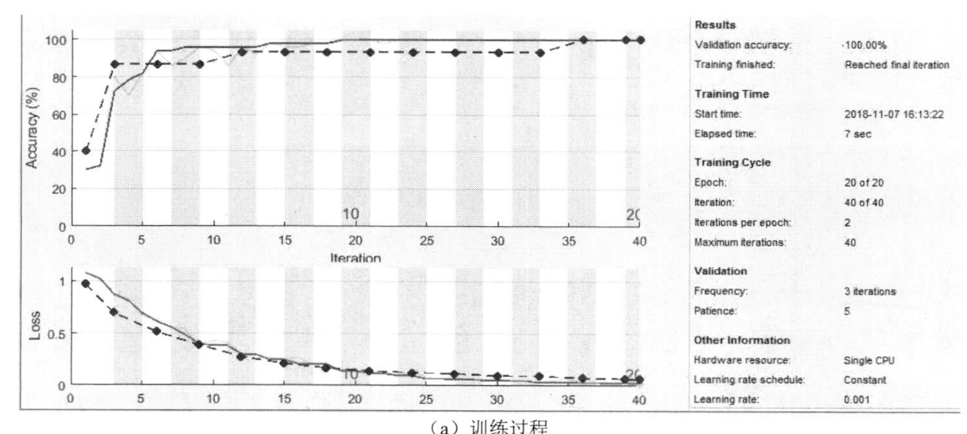

（a）训练过程

```
>> CNNforcracks
Initializing image normalization.
```

Epoch	Iteration	Time Elapsed (seconds)	Mini-batch Loss	Validation Loss	Mini-batch Accuracy	Validation Accuracy	Base Learning Rate
1	1	0.53	1.0961	0.9855	30.00%	33.33%	0.0010
2	3	0.88	0.9624	0.7969	58.00%	93.33%	0.0010
3	6	1.34	0.7623	0.6676	84.00%	86.67%	0.0010
5	9	1.85	0.5724	0.5347	92.00%	86.67%	0.0010
6	12	2.29	0.4624	0.4064	92.00%	93.33%	0.0010
8	15	2.81	0.4165	0.3129	92.00%	93.33%	0.0010
9	18	3.26	0.3273	0.2857	90.00%	93.33%	0.0010
11	21	3.78	0.2319	0.2052	96.00%	100.00%	0.0010
12	24	4.23	0.2045	0.2044	100.00%	93.33%	0.0010
14	27	4.75	0.1669	0.1958	98.00%	93.33%	0.0010
15	30	5.22	0.1112	0.1641	100.00%	93.33%	0.0010
17	33	5.82	0.0960	0.1597	98.00%	93.33%	0.0010
18	36	6.29	0.0799	0.1168	98.00%	100.00%	0.0010
20	39	6.81	0.0906	0.1124	98.00%	93.33%	0.0010
20	40	6.94	0.0575		100.00%		0.0010

```
accuracy =

    1
```

（b）预测精度

图 4-31　卷积神经网络深度学习算法缺陷智能分类的识别结果

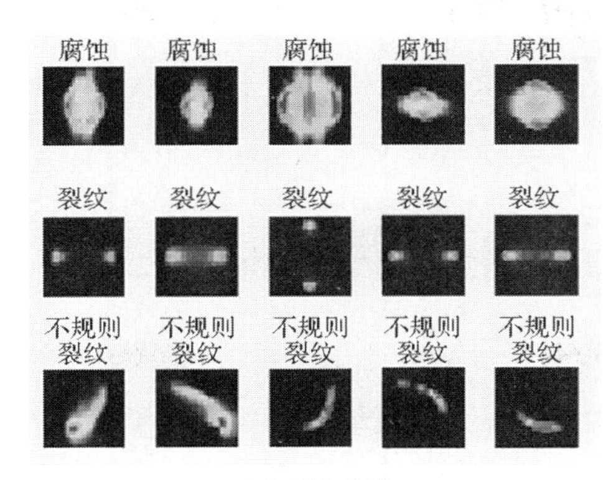

（c）样本分类

图 4-31　卷积神经网络深度学习算法缺陷智能分类的识别结果（续）

4.5.5　离线智能模式测试

为了测试水下 ACFM 智能识别系统离线智能模式的性能，将水下舱体脱离光纤独立运行，利用机械手带动单探头对碳钢试件表面三个缺陷区域开展栅格扫查。碳钢试件表面的缺陷照片如图 4-32（a）所示。其中，裂纹缺陷长为 40.0 mm、深为 4.0 mm；腐蚀缺陷直径为 20.0 mm、深为 3.0 mm；不规则裂纹缺陷长为 20 mm，角度分别为 0°、30°、60°和 90°。

当水下检测完成后，将舱体和探头提升至水箱外部，水上计算机通过光纤与舱体建立通信，读取智能识别软件对缺陷智能识别和可视化评估的结果，如图 4-32（b）和图 4-32（c）所示。可以看出，该系统成功实现了对缺陷的智能判定与分类识别，缺陷评估软件能实现对缺陷 2D 形貌和 3D 形貌的可视化评估并求取缺陷的关键尺寸信息，裂纹缺陷的长度评估结果为 39.3 mm，深度评估结果为 3.7 mm，腐蚀缺陷的面积评估结果为 354.4 mm^2，最大深度评估结果为 2.6 mm，不规则裂纹缺陷的总长度评估结果为 81.9 mm，最大角度评估结果为 88°，可视化评估结果与缺陷尺寸高度吻合。离线智能模式的测试结果表明，水下 ACFM 智能识别系统能够在离线智能模式下实现对不同类型结构缺陷的自动判定、智能识别和可视化评估。

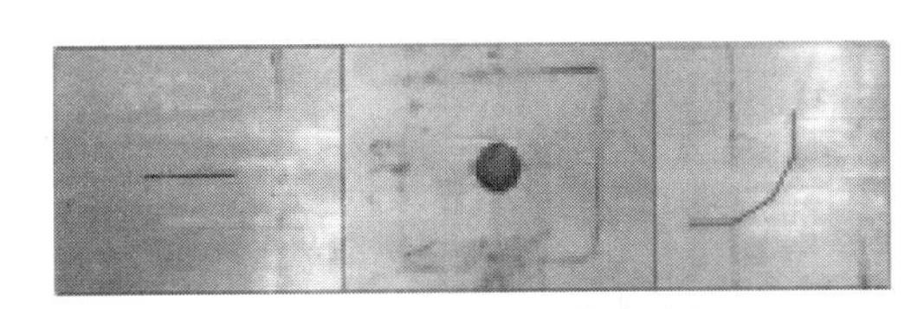

（a）碳钢试件表面的缺陷照片

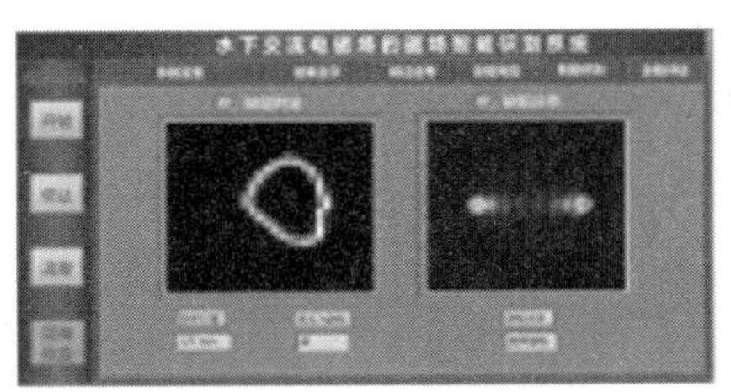

（b）智能识别

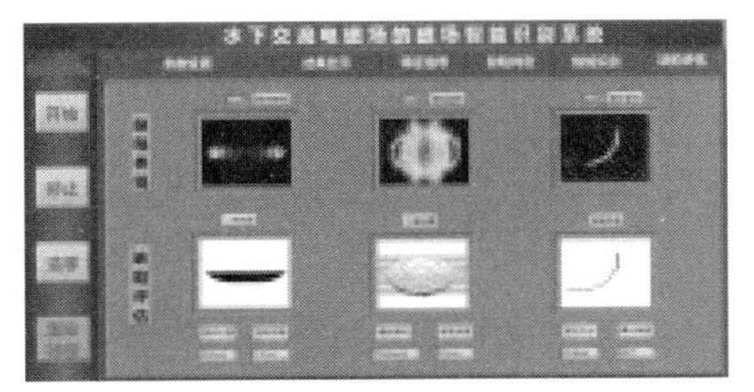

（c）可视化评估

图 4-32　离线智能模式的测试结果

4.6 缺陷检出概率分析

4.6.1 检出概率概述

在利用 ACFM 技术检测缺陷的过程中，噪声的分布对于检出概率的影响很大，因此在研究检出概率时必须考虑噪声的影响。检出概率（Probability of Detection，POD）、漏检率（Probability of False Acceptance，POFA）和误报率（Probability of False Alarm，PFA）是在检测的可靠性研究中十分重要的三个特征量。图 4-33 所示为噪声信号和缺陷信号的概率密度分布图。T 为阈值，当信号强度小于阈值 T 时，信号不能被检测到；当信号强度大于阈值 T 时，信号能被检测到。对于缺陷信号而言，当缺陷尺寸较小，导致缺陷信号的强度小于阈值 T 时，缺陷信号不能被检测到，造成漏检，对应一定的漏检率；对于噪声信号而言，当噪声信号的强度大于阈值 T 时，噪声信号被误判为缺陷信号，造成误报，对应一定的误报率。检出概率的求取公式为

$$\mathrm{POD}=\int_{T}^{\infty} P(y \mid x_1)\mathrm{d}y \tag{4-10}$$

漏检率的求取公式为

$$\mathrm{POFA}=\int_{-\infty}^{T} P(y \mid x_1)\mathrm{d}y \tag{4-11}$$

误报率的求取公式为

$$\mathrm{PFA}=\int_{T}^{\infty} P(y \mid x_0)\mathrm{d}y \tag{4-12}$$

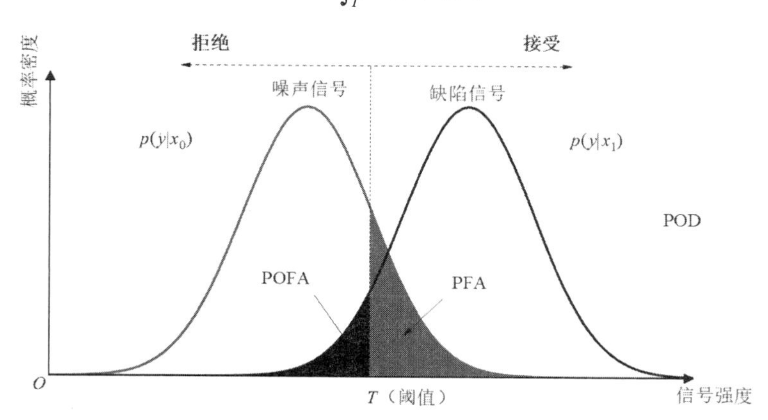

图 4-33 噪声信号和缺陷信号的概率密度分布图

在无损检测中，主要有两种确定检出概率的方法，一种方法是建立记录缺陷是否存在的模型，得到的结果是缺陷存在或缺陷不存在，是离散数据，这种模型被称为检出率（Hit/Miss）模型；另一种方法是建立缺陷尺寸和响应信号之间的关系模型，得到的是连续数据，这种模型被称为信号响应模型（ â vs a ）。本节将基于信号响应模型确定 ACFM 缺陷的检出概率。

检出率模型的检出概率曲线如图 4-34 所示。该模型只有两种结果，即发现缺陷或未发现缺陷。当缺陷尺寸小于 a 时，缺陷不能被检出，检出概率为 0，即 POD=0；当缺陷尺寸

大于 a 时，缺陷能被检出，检出概率为 1，即 POD=1。

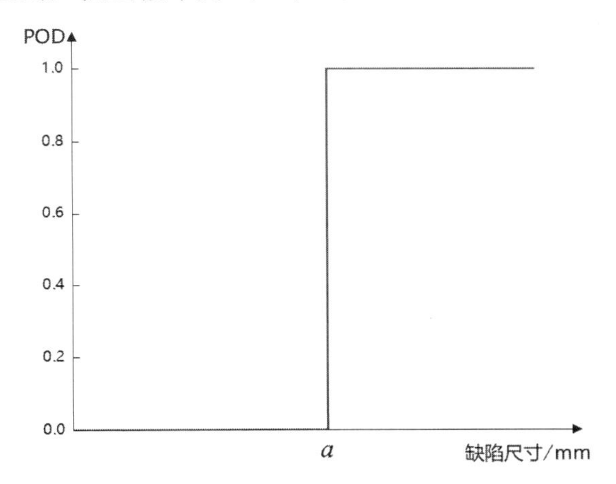

图 4-34 检出率模型的检出概率曲线

与检出率模型相比，信号响应模型能够为检出概率分析提供更加丰富的信息。当缺陷参数为 a 时，假设其对应的响应信号的幅值 $\hat{a}$ 的分布规律符合概率正态分布。对于给定信号，要判断缺陷是否能被检出，通常设定一个检测阈值 $\hat{a}_{th}$，当响应信号 $\hat{a}$ 的幅值大于 $\hat{a}_{th}$ 时，意味着能检测到缺陷，而当响应信号 $\hat{a}$ 的幅值小于 $\hat{a}_{th}$ 时，意味着不能检测到缺陷。信号响应模型的检出概率计算原理图如图 4-35 所示。

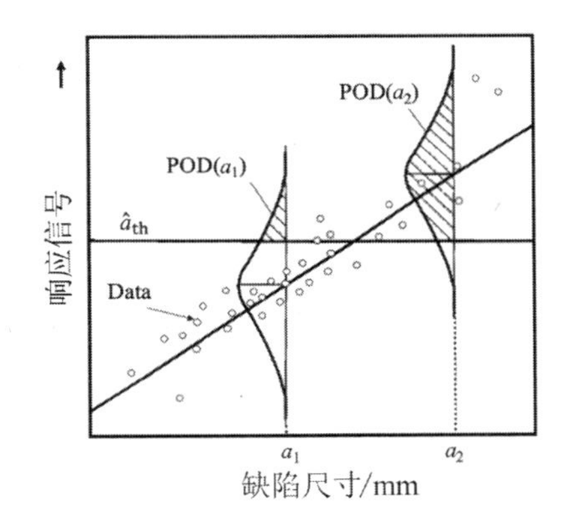

图 4-35 信号响应模型的检出概率计算原理图

图中的两条概率密度函数曲线分别为缺陷尺寸为 a_1 和 a_2 时的曲线，阈值线（$\hat{a}_{th}$ 线）与概率密度函数所围区域的面积即该缺陷尺寸对应的检出概率。缺陷尺寸与响应信号之间的关系可以用式（4-13）表示。

$$\hat{a} = \beta_0 + \beta_1 a + \varepsilon \tag{4-13}$$

式中，$\hat{a}$ 为响应信号；a 为缺陷尺寸；ε 为随机误差项，并假设该误差项服从正态分布，均值为 0，标准差为 τ，即 $\varepsilon \sim N(0,\tau)$。

然而，对于一般的信号响应数据，之前的许多研究表明，响应信号 $\hat{a}$ 和缺陷尺寸 a 之间的对数关系，即 $\ln\hat{a}$ 和 $\ln a$ 之间的关系更接近线性关系，故式（4-13）可以改写为式（4-14）的形式。

$$\ln(\hat{a}) = \beta_0 + \beta_1 \ln(a) + \varepsilon \tag{4-14}$$

以 â vs a 关系，即响应信号和缺陷尺寸之间的线性关系为例，检出概率可以用式（4-15）表示。

$$\begin{aligned}\text{POD}(a) &= \text{Probability}(\hat{a} > \hat{a}_{\text{th}}) \\ &= P(\beta_0 + \beta_1 a + \varepsilon > \hat{a}_{\text{th}}) \\ &= P(\varepsilon > \hat{a}_{\text{th}} - \beta_0 - \beta_1 a) \\ &= 1 - \Phi\left\{\frac{\hat{a}_{\text{th}} - (\beta_0 + \beta_1 a)}{\sigma_\tau}\right\}\end{aligned} \tag{4-15}$$

Φ 表示标准正态分布的累积分布函数，由于正态分布关于平均值 μ 对称，式（4-15）可以简化为

$$\text{POD}(a) = \Phi\left\{\frac{a - \dfrac{\hat{a}_{\text{th}} - \beta_0}{\beta_1}}{\dfrac{\sigma_\tau}{\beta_1}}\right\} \tag{4-16}$$

式（4-16）中的平均值和标准差如式（4-17）和式（4-18）所示。

$$\mu = \frac{\hat{a}_{\text{th}} - \beta_0}{\beta_1} \tag{4-17}$$

$$\sigma = \frac{\sigma_\tau}{\beta_1} \tag{4-18}$$

故检出概率可以表示为式（4-19）所示的形式。

$$\text{POD}(a) = \Phi\left\{\frac{a - \mu}{\sigma}\right\} \tag{4-19}$$

式（4-17）和式（4-18）中的参数 β_0、β_1 和 σ_τ 可以通过极大似然法分析得到。

对于 $\log(\hat{a})\text{vs.}\log(a)$ 关系，即响应信号和缺陷尺寸都取对数时的线性关系而言，与处理 â vs a 的步骤相同，可以得到式（4-20）～式（4-22）。

$$\text{POD}(a) = \Phi\left\{\frac{\ln a - \dfrac{\ln \hat{a}_{\text{th}} - \beta_0}{\beta_1}}{\dfrac{\sigma_\tau}{\beta_1}}\right\} \tag{4-20}$$

$$\mu = \frac{\ln \hat{a}_{\text{th}} - \beta_0}{\beta_1} \tag{4-21}$$

$$\sigma = \frac{\sigma_\tau}{\beta_1} \tag{4-22}$$

式（4-21）和式（4-22）中的参数 β_0、β_1 和 σ_τ 也是通过极大似然法分析得到的。

4.6.2 不同裂纹长度的检出概率分析

通过实验获取不同裂纹长度下的特征信号 B_x 和 B_z。首先绘制数据图，在绘制裂纹长度和响应信号时有四种模型：$\hat{a}\text{vs.}a$、$\hat{a}\text{vs.}\log(a)$、$\log(\hat{a})\text{vs.}a$ 及 $\log(\hat{a})\text{vs.}\log(a)$，其中，$\hat{a}$ 是响应信号，a 是裂纹长度，本节选取特征信号 B_z 的波峰和波谷的高度差作为裂纹长度的响应信号，其示意图如图 4-36 所示。响应信号与缺陷尺寸的变换关系如图 4-37 所示。其中根据响

应信号的分析方法，在响应信号与缺陷尺寸均趋于对数的情况下，线性关系最佳，因此将响应信号与缺陷尺寸均取对数进行分析。

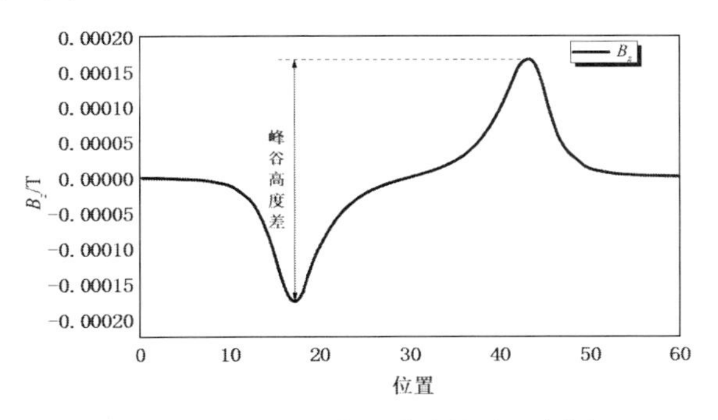

图 4-36 裂纹长度的响应信号示意图

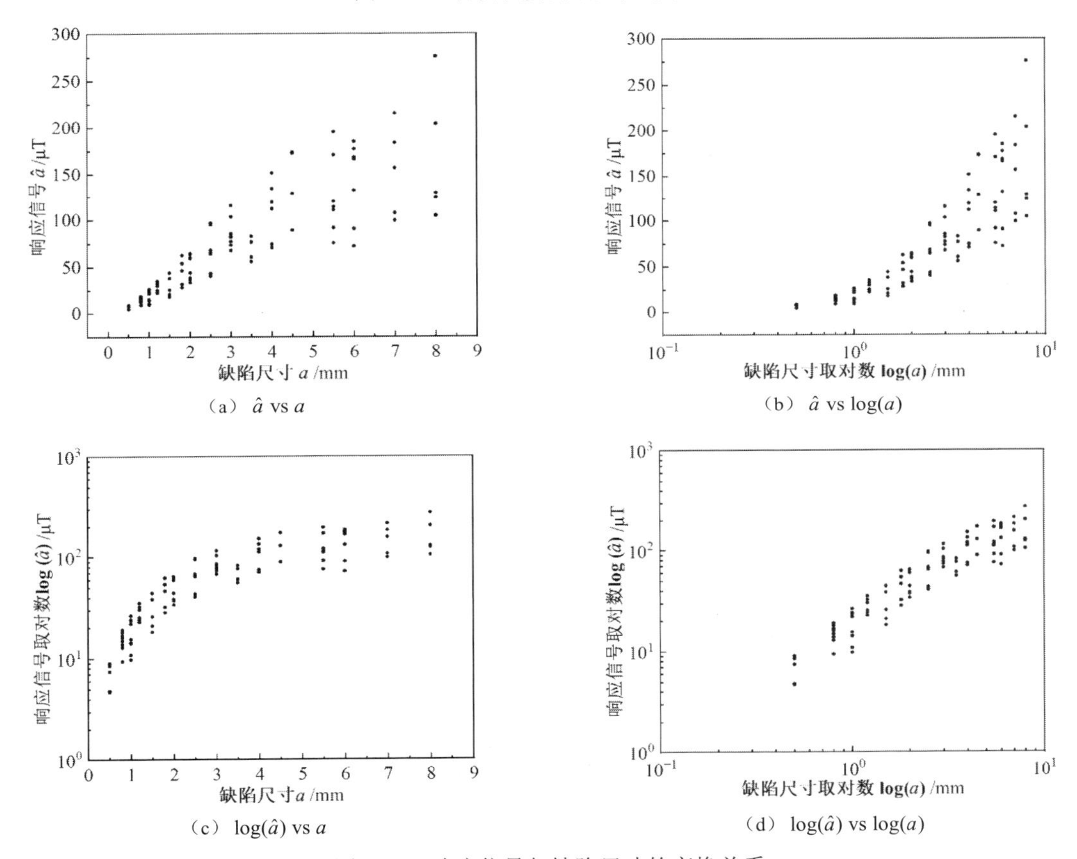

（a） $\hat{a}$ vs a

（b） $\hat{a}$ vs $\log(a)$

（c） $\log(\hat{a})$ vs a

（d） $\log(\hat{a})$ vs $\log(a)$

图 4-37 响应信号与缺陷尺寸的变换关系

然后对第四种模型的裂纹长度和响应信号之间的关系点进行线性拟合，并对其进行线性回归分析。图 4-38 所示为裂纹长度、响应信号与缺陷尺寸对应的完整的线性回归模型，利用极大似然法估计的模型参数为：$\beta_0 = -7.4162$、$\beta_1 = 1.1336$、$\tau = 0.104997$，其中 β_0 为拟合曲线的截距，β_1 为拟合曲线的斜率，τ 为回归标准差。图中最外侧的两条虚线是信号的95%置信区间，该置信区间表示在实验条件相同的情况下，缺陷信号的值落在该置信区间内的概率为 95%，图中内侧的虚线为拟合曲线的 95%置信范围。

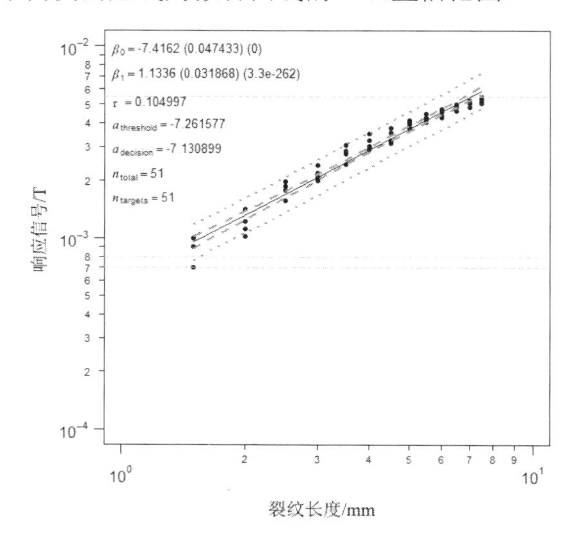

图 4-38　裂纹长度、响应信号与缺陷尺寸对应的完整的线性回归模型

本实验得到裂纹长度的检出概率曲线如图 4-39 所示。通过回归分析可以得到，a_{90} =1.607，表示当裂纹长度为 1.607mm 时，对应的检出概率为 90%；$a_{90/95}$ =1.694，表示在 95%的置信区间内，裂纹的检出概率为 90%时的裂纹长度为 1.694mm。最终获得的关于裂纹长度的检出概率函数是一个累积对数正态分布函数，其表达式如式（4-23）所示：

$$\text{POD}=\Phi\left(\frac{\log(a)-0.3556}{0.092621}\right) \tag{4-23}$$

式中，0.3556 为 μ 的值；0.092621 为 σ 的值。通过检出概率曲线可以比较直观地看出检测系统检测裂纹的能力，对于 ACFM 实验的试件选择具有一定的指导意义。

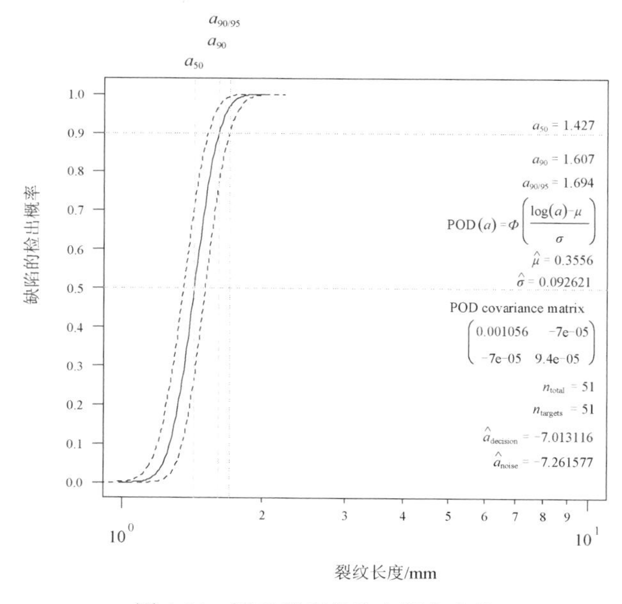

图 4-39　裂纹长度的检出概率曲线

4.6.3 不同裂纹深度的检出概率分析

通过实验，得到了不同裂纹深度下的 B_x 和 B_z 值，本节选取特征信号 B_x 的波峰和波谷的高度差作为响应信号。不同裂纹深度的响应信号示意图如图 4-40 所示。绘制的裂纹深度与响应信号的线性关系图如图 4-41 所示。

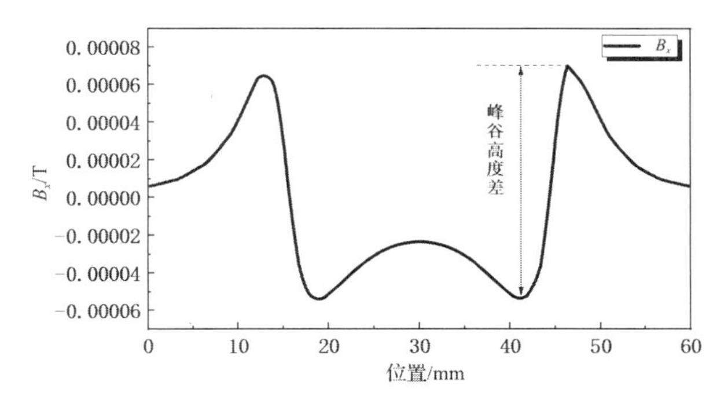

图 4-40 不同裂纹深度的响应信号示意图

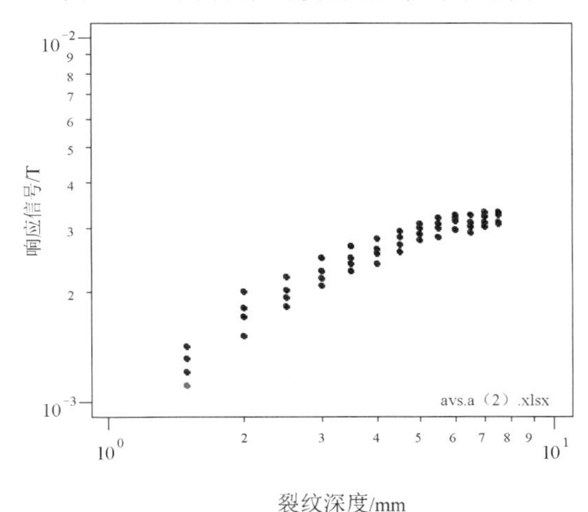

图 4-41 裂纹深度与响应信号的线性关系图

对裂纹深度和响应信号之间的关系进行线性回归分析。图 4-42 所示为裂纹深度与响应信号对应的完整的线性回归模型。可以得出，利用极大似然法估计的模型参数为：$\beta_0=-6.7588$、$\beta_1=0.54923$、$\tau=0.088$。

本实验得到的裂纹深度的检出概率曲线如图 4-43 所示。通过回归分析可以得到，$a_{90}=1.729$，表示当裂纹深度为 1.729mm 时，对应的检出概率为 90%；$a_{90/95}=1.879$，表示在 95% 的置信区间内，裂纹的检出概率为 90%时对应的裂纹深度为 1.879mm，当裂纹深度大于该值时，裂纹能够被可靠地检测出来。最终获得的关于裂纹深度的检出概率函数是一个累积对数正态分布函数，其表达式如式（4-24）所示：

$$\text{POD}=\Phi\left(\frac{\log(a)-0.3414}{0.16109}\right) \tag{4-24}$$

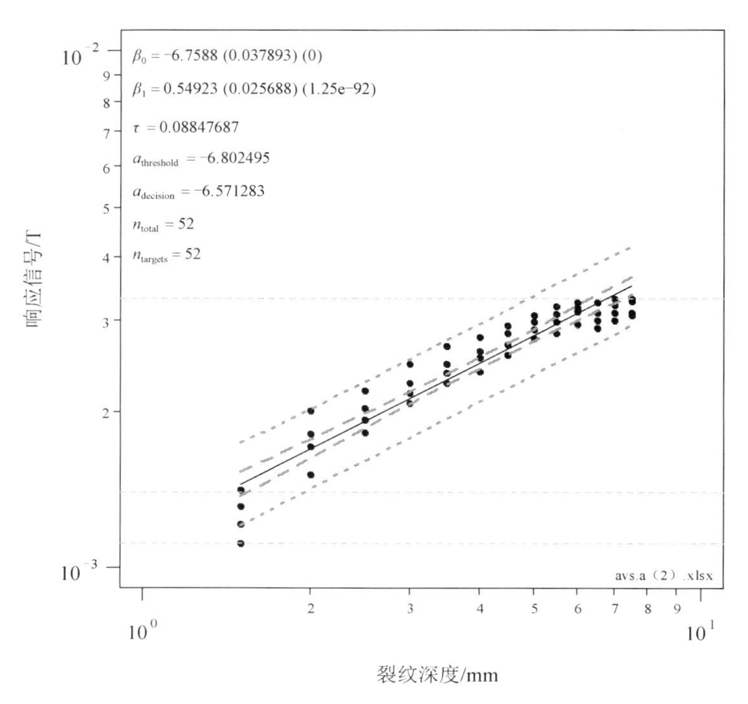

图 4-42　裂纹深度与响应信号对应的完整的线性回归模型

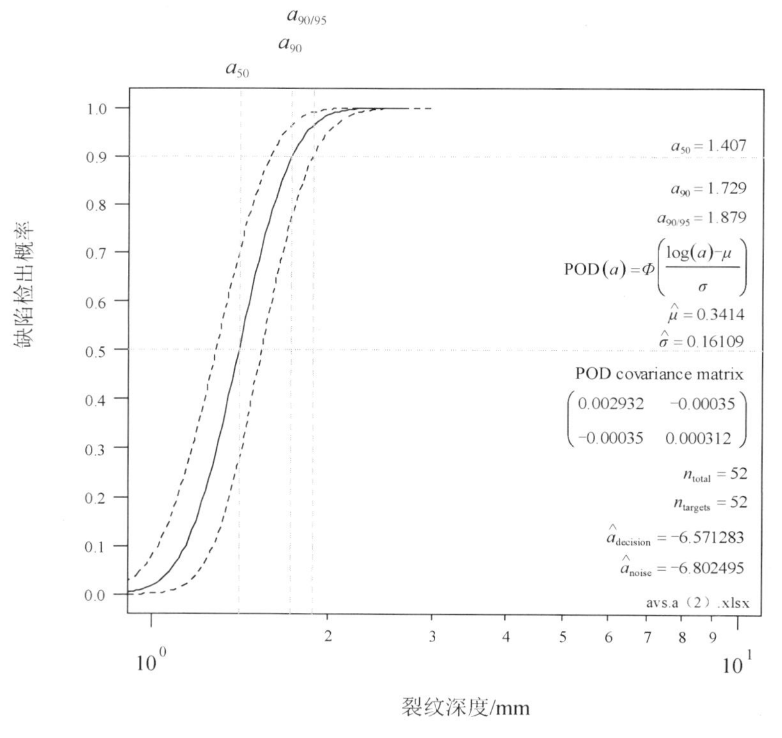

图 4-43　本实验得到的裂纹深度的检出概率曲线

4.6.4 考虑裂纹长度和深度的检出概率分析

利用不同长度和不同深度缺陷大小的实验结果进行裂纹长度和裂纹深度两个参数变化的检出概率分析。对长度方向、深度方向的尺寸变化均为 1～10mm，实验间隔为 1mm 的数据进行采集，检测探头紧贴试件表面进行检测，以减小提离扰动带来的信号影响。x 轴代表缺陷深度，y 轴代表缺陷长度，z 轴代表分析所得的对应尺寸的检出概率值，绘制裂纹深度的检出概率曲线，如图 4-44 所示。随着缺陷尺寸的增加，检测系统能检测出缺陷的概率逐渐增大。

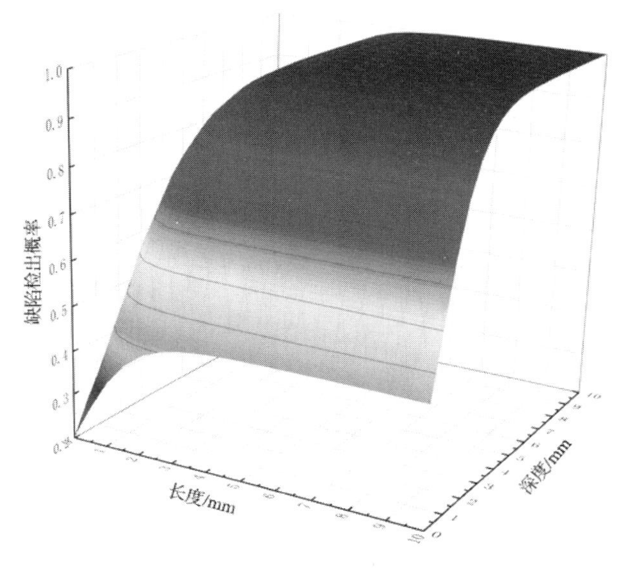

图 4-44 裂纹深度的检出概率曲线

参考文献

[1] 刘志云，程秋平，任尚坤. 基于 ACFM 检测技术的裂纹识别及定量评价研究[J]. 无损探伤, 2014, 38(4): 13-17.

[2] 李伟，陈国明，齐玉良. 交流电磁场裂纹检测反演算法研究[J]. 中国机械工程, 2007, (1): 13-15, 34.

[3] 李伟，陈国明，郑贤斌. 基于广义回归神经网络的交流电磁场检测裂纹量化研究[J]. 中国石油大学学报（自然科学版）, 2007, (2): 105-109.

[4] 胡书辉. 裂纹的交流电磁场检测与反演研究[D]. 天津：天津大学, 2004.

[5] 郑玲慧，任尚坤，王景林. ACFM 技术的表面裂纹识别和尺寸反演算法研究[J]. 测控技术, 2020, 39(5): 80-85, 106.

[6] 李伟，陈国明，郑贤斌，等. 交流电磁场检测中裂纹形状反演研究[J]. 无损检测, 2006, (11): 573-576.

[7] 李伟，袁新安，曲萌，等. 基于 GA-BP 神经网络的 ACFM 实时高精度裂纹反演算法[J]. 中国石油大学学报（自然科学版）, 2016, 40(5): 128-134.

[8] AHMADKHAH S M. HASANZADEH R P. Papaelias M. Arbitrary Crack Depth Profiling Through ACFM Data Using Type-2 Fuzzy Logic and PSO Algorithm[J]. IEEE Transactions on Magnetics, 2019, 55(2): 1-10.

[9] NOROOZI A, HASANZADEH R P R, RAVAN M. A Fuzzy Learning Approach for Identification of Arbitrary

Crack Profiles Using ACFM Technique[J]. IEEE Transactions on Magnetics, 2013, 49(9): 5016-5027.

[10] 袁新安，李伟，齐昌超，等. 基于交流电磁场的水下结构物裂纹尺寸及剖面高精度评估方法[J]. 中国石油大学学报（自然科学版）, 2020, 44(6): 109-115.

[11] YUAN X A, LI W, CHEN G M, et al. Two-Step Interpolation Algorithm for Measurement of Longitudinal Cracks on Pipe Strings Using Circumferential Current Field Testing System[J]. IEEE Transactions on Industrial Informatics, 2018, (14): 394-402.

[12] 王景林，任尚坤，张丹，等. 基于 ACFM 检测技术的表面裂纹特征评价方法研究[J]. 中国测试, 2019, 45(1): 40-46.

[13] PAPAELIAS M P, ROBERTS C, DAVIS C L, et al. Detection and Quantification of Rail Contact Fatigue Cracks in Rails Using ACFM Technology[J]. Insight, 2008, 50(7): 364-368.

[14] KANG Z W. The Quantitative Measurement Model of ACFM Based on Swept Frequency Method[J]. Key Engineering Materials, 2007, 353-358(Pt4): 2273-2276.

[15] 孔庆晓，李伟，葛玖浩，等. 脉冲扰动电磁场检测非表面缺陷埋深的识别算法[J]. 无损检测, 2016, 38(10): 21-24.

[16] 何新霞，赵艳丽. 表面缺陷交流电磁场检测信号的小波消噪处理[J]. 计算机测量与控制, 2011, 19(1): 195-197.

[17] SUN L S, ZHAO S X, SHEN Y, et al. A Performance Improved ACFM-TMR Detection System with Tradeoff Denoising Algorithm[J]. Journal of Magnetism and Magnetic Materials, 2021, 527(7): 167756. 1-167756. 9.

[18] ZHAO S X, SUN L S, GAO J Q, et al. Uniaxial ACFM Detection System for Metal Crack Size Estimation Using Magnetic Signature Waveform Analysis[J]. Measurement, 2020, 164(1): 108090-108097.

[19] SHEN J, ZHOU L, ROWSHANDEL H, et al. Prediction of RCF Clustered Cracks Dimensions Using an ACFM Sensor and Influence of Crack Length and Vertical Angle[J]. Nondestructive Testing and Evaluation, 2020, 35(1): 1-18.

[20] LI W, CHEN G M, YIN X K, et al. Analysis of the Lift-off Effect of a U-shaped ACFM System[J]. NDT&E International, 2013, 53(JANa): 31-35.

[21] 袁新安，李伟，李文艳，等. 交流电磁场裂纹实时判定与评估方法[J]. 无损检测, 2019, 41(4): 7-11, 57.

[22] 孙长保，胡春阳，董艳冲. 基于交流电磁场检测技术的裂纹缺陷信号识别方法[J]. 无损检测, 2018, 40(7): 54-59.

[23] YUAN X A, LI W, YIN X K, et al. Identification of Tiny Surface Cracks in a Rugged Weld by Signal Gradient Algorithm Using the ACFM Technique[J]. Sensors, 2020, 20(380): 1-13.

[24] 袁新安，李伟，殷晓康，等. 基于 ACFM 的奥氏体不锈钢不规则裂纹可视化重构方法研究[J]. 机械工程学报, 2020, 56(10): 27-33.

[25] 陈勇，潘东民，邓平，等. 交流电磁场检测信号的影响因素与裂纹的识别判定[J]. 无损检测, 2013, 35(9): 61-65.

[26] 李兵，任尚坤，周瑞琪. ACFM 检测系统的信号调理电路[J]. 仪表技术与传感器, 2013, (1): 74-78.

[27] 葛玖浩. 管道簇状裂纹识别与三维轮廓重构研究[D]. 青岛：中国石油大学（华东）, 2018.

[28] YUAN X A, LI W, CHEN G M, et al. Visual and Intelligent Identification Methods for Defects in Underwater Structure Using Alternating Current Field Measurement Technique[J]. IEEE Transactions on Industrial Informatics, 2022, 18(6): 3853-3862.

[29] 李伟. 基于交流电磁场的缺陷智能可视化检测技术研究[D]. 青岛：中国石油大学, 2007.

[30] 袁新安. 水下结构物缺陷 ACFM 智能识别方法与系统研究[D]. 青岛：中国石油大学（华东）, 2019.

第5章

交流电磁场监测技术

交流电磁场监测技术是在ACFM技术的基础上，通过改变探头结构，从而满足结构物关键节点表面裂纹长期定点监测的需求的一种无损检测技术。交流电磁场监测的原理与ACFM原理相同，只是获取信号的方式不同。ACFM需要通过移动探头进行扫查来获取连续信号，而交流电磁场监测则是固定探头不动，通常采用阵列探头，一次获取多点位置的信号，从而使信号连续，进行分析。

本章介绍交流电磁场监测的仿真研究、系统组成与系统实验。5.1节对交流电磁场监测技术进行简单介绍；5.2节利用有限元分析软件COMSOL建立有限元模型，仿真分析交流电磁场监测的理论模型，进行模拟裂纹扩展仿真分析；5.3节介绍交流电磁场监测系统组成，各部分的设计与实现的功能；5.4节介绍利用交流电磁场监测系统开展的模拟裂纹扩展实验。

5.1 交流电磁场监测技术简介

金属结构表面裂纹的萌生、扩展并最终引起结构性破坏，严重影响了机械结构在服役过程中的安全性与剩余使用寿命，如金属结构在石油石化领域中被广泛应用于石油、天然气等重要能源、资源运输的铁磁性管道，其虽具有较好的机械性能，但在使用过程中容易受各种外界环境、复杂交变载荷、内外压力等因素的影响，产生早期缺陷，对铁磁性管道的使用性能和使用寿命等造成较大影响，导致管道产生裂纹、断裂等失效现象。因此监测裂纹的扩展是金属结构物剩余寿命评估或故障分析过程中的一项重要任务。

从机械工程应用的角度来看，使用传统的无损检测技术在不同程度上难以满足机械结构损伤检测中的在线检测、原位检测及通用性的要求，如荧光探伤方法仅适用于结构件表面的裂纹检测，且需要在特殊光照环境中进行辨识；X射线检测的设备昂贵，电磁辐射危害健康；超声检测对工作表面要求严格，对缺陷揭示缺乏直观性，不适用于表面缺陷的检测。因此，以上方法均难以应用在健康监测当中。

相对于传统的无损探伤方法的周期性检测方式而言，机械结构健康监测技术可以实时获取被监测结构的状态信息，以便及时发现金属结构表面裂纹的萌生、扩展，并获取裂纹的产生位置与程度，分析、预测裂纹对结构的影响，并对可能产生的后果进行判断与预测，及早排除安全隐患。

目前，国内外用于机械结构健康监测的方法主要有声发射法、涡流监测、光纤光栅应变监测等。

声发射法利用有裂纹结构的声发射信号和正常结构的信号不同的原理，判断结构的健康状况，除极少数材料外，绝大多数材料都会有声发射现象，该方法由于具有不受被测材料限制的优点，国内外相关人士对其展开了诸多研究。黄华斌等人将声发射技术用于对飞机铆接壁板疲劳状态的监测，通过引入多种分析方法最终得到疲劳裂纹的萌生及扩展情况。何攀针根据直升机桨毂裂纹的监测需求引入了声发射监测技术，着重研究及分析直升机桨毂裂纹的声发射信号特性。庆光蔚等人基于声发射监测技术，将小波变换用于信号特征的分析及研究之中，提出了一种用于声发射的小波变换信号特征提取方法。Li Y 等人利用小波变换对声发射信号进行去噪处理。Wang Q 等人利用声发射技术结合小波变换实现对轴承转子微小摩擦点的定位。刘慎水等人为实现发动机曲轴的疲劳裂纹监测，将机器视觉传感融合进声发射监测中，以实现对裂纹的扩展监测。声发射监测主要用于对裂纹进行动态监测，无法用于对静态裂纹进行监测，且应用成本较高。

涡流监测利用电磁感应原理，裂纹的存在会使其线圈阻抗发生变化，通过分析线圈阻抗来实现对裂纹的监测和量化评估。通过多年的技术积累，涡流已经发展出脉冲涡流、远场涡流、多频涡流等一系列涡流技术。脉冲涡流将其激励源由传统涡流的正弦激励替换为宽频带低频激励，大大降低了集肤效应的影响，可以较好地实现对高磁导率材料的远表面检测。远场涡流利用特殊屏蔽层阻断了磁场的直接耦合通道，其磁场只能先通过间接耦合通道，再利用磁场检测单元拾取该磁场信号，经过进一步分析可以得到被测结构的内部信息。多频涡流通过不同频率对被测导电材料的渗透深度不同来提取结构信息。陈朝晖基于电涡流探伤原理研制出一套焊缝疲劳裂纹在线监测系统。焦胜博等人针对飞机金属结构的疲劳裂纹进行监测，结合涡流阵列传感器，提出了一种行之有效的监测方案。丁华等人提出了一种柔性平面涡流阵列传感器，用于实现对飞机螺栓连接处疲劳裂纹的实时监测。Peyton B A J 提出了一种涡流技术，运用 Tikhonov 正则化和迭代 Gauss-Newton 重建方法评估 100 mm 厚层状石墨型材内部的电导率分布。Ma X 等人将基于小波变换的奇异性检测方法应用于对涡流监测数据的瞬态变化分析。Wang W 等人将涡流监测用于对叶轮机叶片结构的健康监测。Butusova Y N 等人基于涡流监测原理，针对钢应力腐蚀裂纹潜伏萌生阶段的电磁特性变化开展与涡流相关的研究，将涡流监测扩展到裂纹潜伏期。

光纤光栅应变监测的原理如下：宽带光射入一系列中心波长不同的光纤光栅串，光纤光栅的不同中心波长对应反射不同的窄带光，应变可以影响光纤光栅的中心波长，通过对反射光波长进行提取和分析，可以得到对应光纤光栅处应变的变化。由于光纤光栅应变监测方法具有结构灵活、抗电磁干扰等优点，国内外专家对其开展了大量研究。陈江等人用限时域差分算法对光纤光栅传感器的精度进行研究，重点分析了不同偏振态光束对光纤光栅传感器精度的影响。郝艳捧等人利用光纤光栅实现了对复合绝缘子非耐酸芯棒脆断过程的监测。ATS 开发了具有温度补偿的预张式封装光栅光纤应变传感器，并阐述了其在室温至 4K 温度范围内的性能。师琪等人基于光纤光栅的传感器技术，研发了一种能够实现预紧力和温度监测的智能螺栓。朱鸿鹄等人针对光纤光栅应变计温度效应的研究，提出了一种基于温度光栅修正系数的光纤光栅温度补偿方法。张善好在对光纤光栅传感器的奇异熵特征信息的研究过程中，引入了核独立分量分析方法，并借助极限学习机、神经网络等先进手段实现了对飞机机构损伤状态的识别。

在监测传感器方面，国内外相关学者也进行了大量研究工作。Tao C 等人基于涡流技术开发了一种高灵敏度涡流阵列传感器，用于对多种环境下焊接结构的裂纹进行监测。Sun H 等人提出了一种新型涡流阵列传感薄膜，用以定量监测螺栓孔的径向裂纹和轴向裂纹。A Q M 等人提出了一种新型的采用双方形绕阻励磁和多检测传感线圈的柔性阵列，用于微缺陷和定向缺陷检测。Chaudhuri S 等人提出了一种基于交流电压降（ACPD）检测方法的新型阵列探头，用以监测和评估焊缝的焊接质量。Zilberstein V 提出了一种新的表面贴装的 MWM 涡流阵列传感器，用以监测疲劳试件中的裂纹萌生和扩展。Liu Q 等人提出了一种基于涡流阵列传感膜的嵌入式涡流传感器网络，用于监测复合材料螺栓的连接孔损伤。Li P 等人设计了一种裂纹监测系统，以提高花萼形涡流阵列传感器的灵敏度。He Y 等人研究了温度变化对玫瑰形涡流阵列输出信号的影响，提出了一种具有温度补偿能力的新型 RECA 传感器用于螺栓连接结构裂缝的定量监测。李超开发了一种导电薄膜，并将之与太阳能供电、数据传输、数据采集等相结合并运用到对实际桥梁裂纹的监测中。丁华等人提出了一种花萼状涡流阵列传感器，并进一步对其建立裂纹扰动半解析模型来分析信号的变化。侯波等人基于电位监测方法，提出了一种用于结构裂纹监测的 Ti/TiN 导电薄膜。安寅等人基于 TMR 元件设计了一款平面电磁传感器。李培源等人设计了一款柔性涡流传感器并搭建了裂纹监测实验系统。陈棣湘等人基于柔性电磁传感器，提出了一种对飞机发动机叶片进行微缺陷检测的技术。

交流电磁场监测技术同样拥有 ACFM 技术非接触检测、无须清理或少清理被检测表面的油漆和涂层、缺陷的检测定性定量一次完成、检测速度快精度高、理论上数学模型精确、信号对材料磁导率和探头与试件的间距变化不敏感等优点，非常适合用于对结构物关键节点的表面裂纹进行监测，只需要改变 ACFM 的探头结构即可改变信号的获取方式，从而实现长期定点的稳定监测。

5.2 交流电磁场监测的建模与仿真

交流电磁场监测需要求解的电磁场方程组为偏微分方程组，联合相关初始值和边界条件，求解问题涉及高阶偏微分方程，计算难度大，求解精度低。为降低交流电磁场监测问题的求解难度，提高计算效率，本节引入了有限元分析法及其分析计算软件。

交流电磁场监测是基于 ACFM 原理实现的，同样要求激励源能在被测区域产生稳定、均匀的交变磁场，并在被测试件上激发出稳定、均匀的感应电流，传统 ACFM 大多采用高磁导率磁芯搭配线圈的激励方式，该方式用于检测无疑是合理的，但对于监测来说，要想通过这种方式在较大的待测区域内产生均匀磁场，所需要的磁芯体积较大，质量大大增加，使功耗增加，检测效率降低，不够合理。因此，宜采用平面式双矩形激励线圈（见图 5-1），A 线圈与 B 线圈采用线径和材料一样的导线制作，电感值、阻抗值相同，缠绕方向相反，通入电流一致，从而可在两个线圈中间的较大区域产生近似均匀分布的交变磁场，进而在待测试件相应区域激发出均匀分布的感应电流。

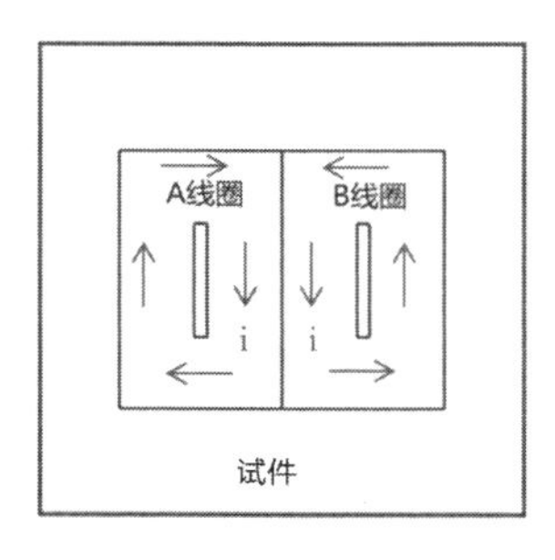

图 5-1　双矩形激励线圈

5.2.1　模型建立

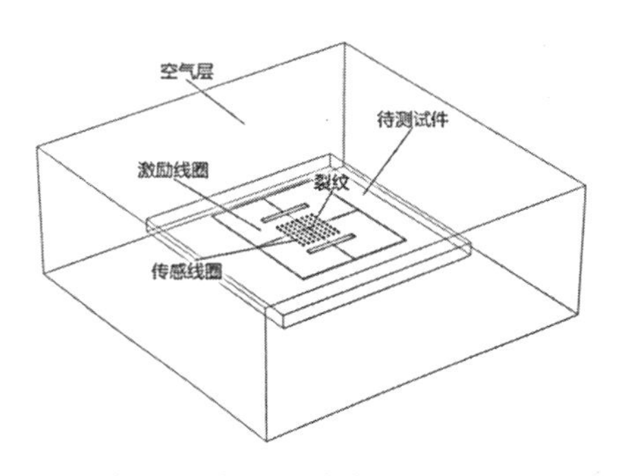

图 5-2　线圈传感阵列仿真模型

利用 COMSOL 建立线圈传感阵列仿真模型，如图 5-2 所示。仿真模型主要由空气层、激励线圈、待测试件和传感线圈四部分组成。待测试件上设有表面开口的矩形裂纹，仿真模型的尺寸参数如表 5-1 所示。

COMSOL 内集成了丰富的材料库，其可由用户自己定义材料的各个属性。现实情况中空气的电导率趋于 0，本仿真模型中特别定义了空气的电导率为 1，大于空气的真实电导率，这是由于当设置空气的电导率为 0 时，会大大增加仿真模型的计算难度，同时降低精度，考虑到空气的电导率对于本仿真模型而言代表了材料的缺失和不均匀性，待测试件的电导率为 4.032×10^6，空气的电导率与待测试件的电导率相比，将空气的电导率设置为 1，足够表征这一属性，同时还可以大大提高计算精度和计算效率。

表 5-1　仿真模型的尺寸参数

模块	长/mm	高/mm	材料	相对磁导率	相对介电常数	电导率/$S\cdot m^{-1}$
空气层	250	100	空气	1	1	1
待测试件	150	10	铝	1	1	4.032×10^6
线圈外围	82	1	铜	1	1	5.998×10^7
线圈内围	36	1	空气	1	1	1
裂纹	10	4	空气	1	1	1

设置完仿真模型的尺寸和材料后，需要添加对磁场物理场的设置并完成网格划分。设置磁场物理场主要包括设置激励线圈参数、设置初始值、设置激励线圈类型为数值型、设置激励线圈匝数为 520 匝，采用电流激励的方式，激励电流大小为 0.4A；网格划分的好坏直接决定仿真计算效率和仿真结果的准确性，该仿真模型对激励线圈和裂纹附近进行了充分的网格细化，对其他位置进行了适当粗化，在增加计算精度的同时大大提高了计算效率。

5.2.2 仿真分析

首先利用 COMSOL 自带的频域求解器对建立好的表面无裂纹监测模型（裂纹材料设置为空气）进行仿真计算，仿真模型的频率为 10kHz，仿真计算完成后提取仿真结果进行分析。提取两个激励线圈中间 28mm×28mm 矩形区域内（无裂纹）表面感应电流的分布情况，如图 5-3 所示。可知，感应电流线相互平行，电流呈均匀分布，这表明平面式双矩形激励线圈可以为交流电磁场监测提供均匀的感应电流。

利用 COMSOL 对表面有裂纹时的监测模型（裂纹材料设置为空气）进行仿真计算，将表面裂纹设置为长 10mm、宽 0.1mm、深 2mm，频域求解器的频率设置为 10kHz。计算完成后提取裂纹附近试件表面 28mm× 28mm 矩形区域内感应电流的分布情况，如图 5-4 所示。可知，在距离裂纹较远的位置，感应电流线相互平行，呈均匀分布，在裂纹附近，感应电流在裂纹两端聚集并绕过两端而流动。

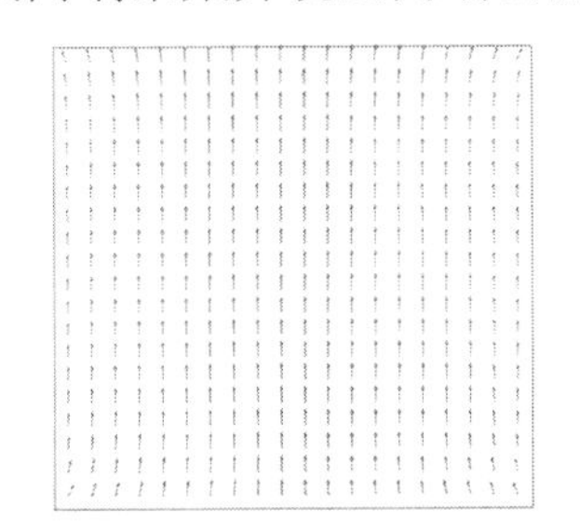

图 5-3 感应电流的分布情况（无裂纹）

图 5-4 感应电流的分布情况（有裂纹）

在距离待测试件表面 0.5mm 高的平面上，提取裂纹附近 28mm× 28mm 矩形区域 B_x 磁场、B_z 磁场的分布情况。图 5-5（a）所示为 B_x 磁场的分布图。可知，B_x 磁场在裂纹两端存在峰值，这是感应电流在裂纹两端聚集产生的结果，在裂纹区域存在波谷，这是因为裂纹处的电流无法流过，只能从两端或下方绕过，从而虚弱了该位置的 B_x 磁场；图 5-5（b）所示为 B_z 磁场的分布图。可知，在裂纹两端出现了对称的波峰和波谷分布，这是由于电流在裂纹左端点顺时针绕过，在裂纹右端点逆时针绕过，如果规定垂直纸面向外为 B_z 磁场的正方向，那么根据右手螺旋定则，按照图 5-4 所示的电流方向，在裂纹左侧端点处 B_z 为负，呈波谷状，在裂纹右侧端点处 B_z 为正，呈波峰状。

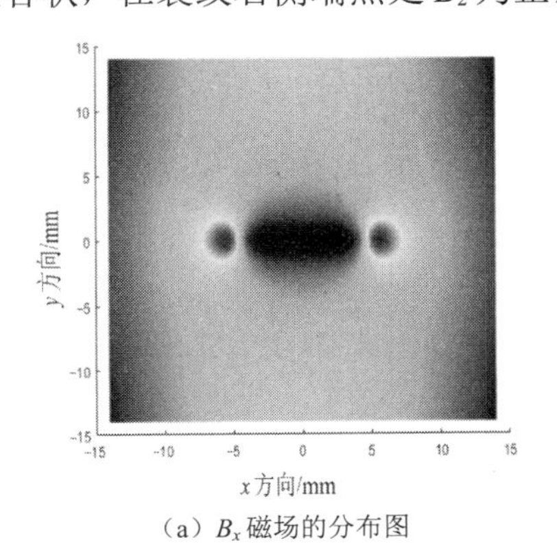

（a）B_x 磁场的分布图

（b）B_z 磁场的分布图

图 5-5 特征磁场分布

本书采用线圈作为监测传感元件，为更好地模拟实际的监测情况，分别针对裂纹长度扩展和裂纹深度扩展进行仿真，由于线圈只能拾取 B_z 方向的特征信号，因此可通过分析裂纹扩展前后 B_z 特征信号值的不同，探究其变化规律。裂纹长度扩展仿真选择裂纹深度为 4mm，宽度为 0.5mm，长度分别为 8mm、9mm、10mm、…、24mm 共 17 个长度值；裂纹深度扩展仿真选择裂纹长度为 16mm，宽度为 0.5mm，深度分别为 1mm、2mm、3mm、…、9mm 共 9 个深度值。仿真计算完成后提取 64 个线圈的电压值作为 B_z 特征信号。裂纹长度扩展监测的仿真结果——B_z 特征信号的图像如图 5-6 所示。裂纹深度扩展监测的仿真结果——B_z 特征信号的图像如图 5-7 所示。

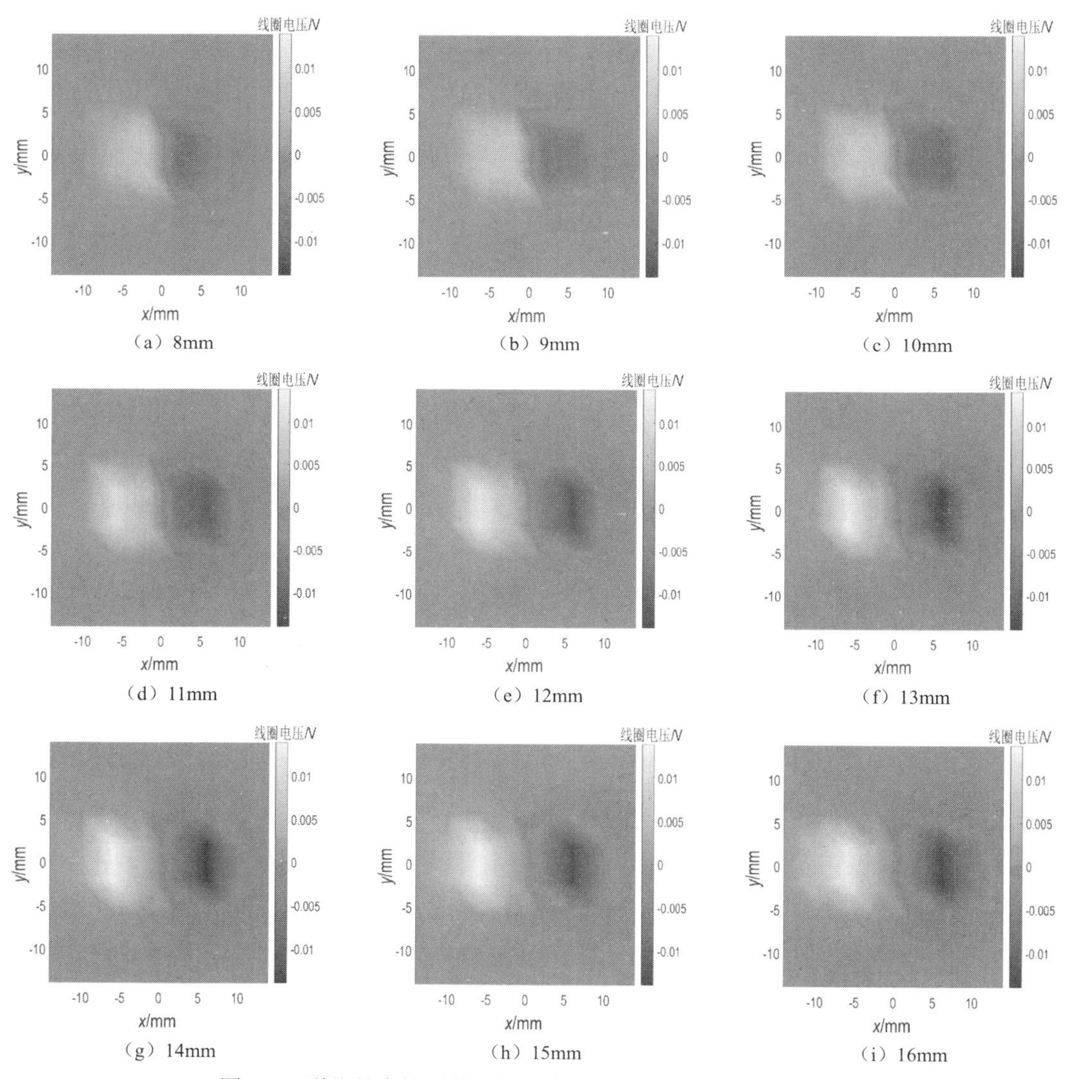

（a）8mm　（b）9mm　（c）10mm　（d）11mm　（e）12mm　（f）13mm　（g）14mm　（h）15mm　（i）16mm

图 5-6　裂纹长度扩展监测的仿真结果——B_z 特征信号的图像

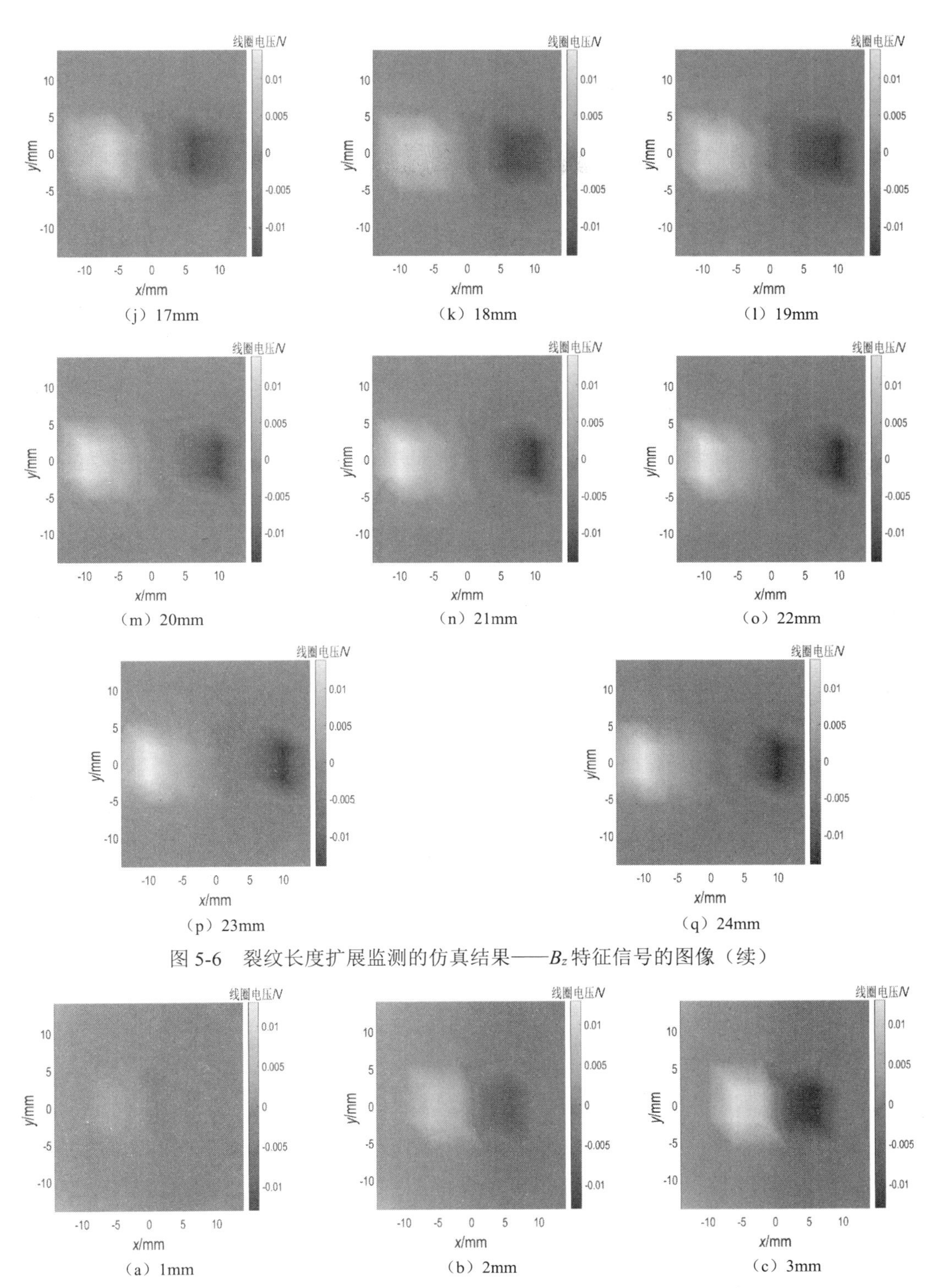

（j）17mm　（k）18mm　（l）19mm

（m）20mm　（n）21mm　（o）22mm

（p）23mm　（q）24mm

图 5-6　裂纹长度扩展监测的仿真结果——B_z 特征信号的图像（续）

（a）1mm　（b）2mm　（c）3mm

图 5-7　裂纹深度扩展监测的仿真结果——B_z 特征信号的图像

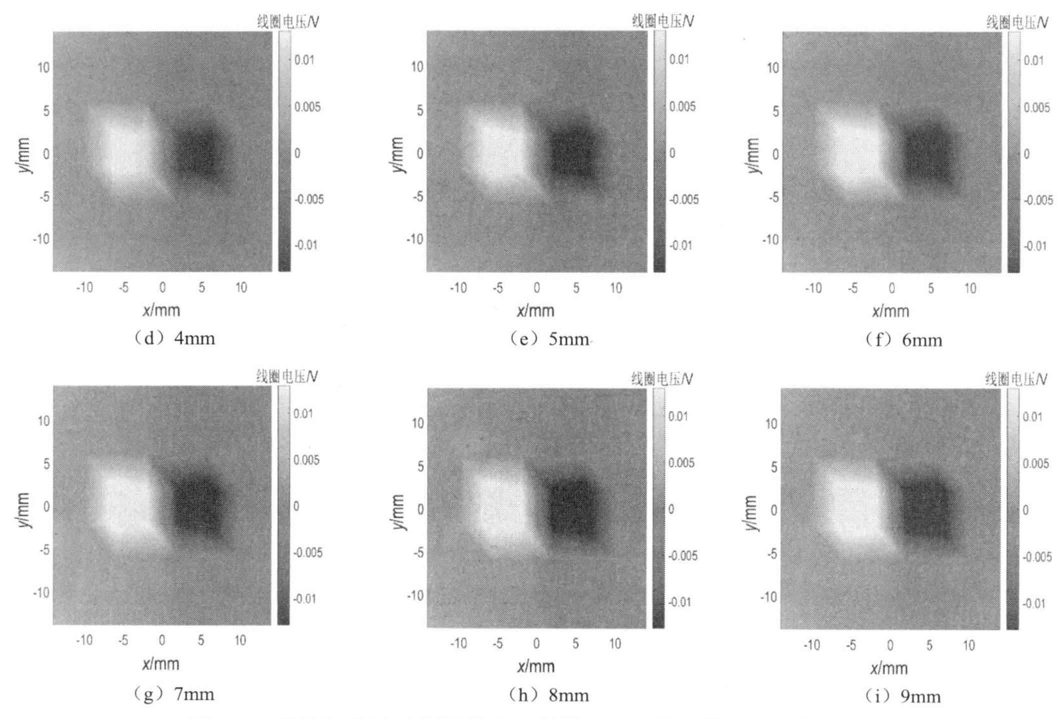

（d）4mm（e）5mm（f）6mm

（g）7mm（h）8mm（i）9mm

图 5-7 裂纹深度扩展监测的仿真结果——B_z特征信号的图像（续）

分析图 5-6，B_z特征信号在裂纹长度方向上先出现波峰（白色区域），后出现波谷（黑色区域），且随着裂纹长度的扩展，B_z特征信号波峰和波谷的间距越来越大，表征裂纹端点的波峰和波谷两个区域各自的中心位置横坐标之间的差值大致等于裂纹长度，这说明B_z特征信号的分布受裂纹长度扩展的影响，且B_z特征信号能较好地反映裂纹的长度信息。

分析图 5-7，随着裂纹深度的扩展，B_z特征信号波峰和波谷的间距没发生改变，但是波峰和波谷对应的颜色不断加深，对应值也逐渐增大，这说明其畸变量ΔB_z越来越大，同时表征裂纹端点的波峰和波谷两个区域各自的中心位置横坐标之间的差值大致等于裂纹长度。

综合分析图 5-6 和图 5-7，若对处理后的B_z特征信号进行实时绘图，则可实现对裂纹扩展监测的可视化。

5.3 交流电磁场监测系统组成

监测系统是一个集交流电磁场监测传感模组、信号处理与采集系统、数据分析系统于一体的完整的系统，本书以一种新型的线圈式监测探头为例，介绍一种如图 5-8 所示的应用 ACFM 原理的交流电磁场监测系统。交流电磁场监测传感模组由激励线圈和监测传感阵列构成，负责拾取监测信号；信号处理与采集系统由交流电磁场监测仪构成，其内部的各个模块负责监测信号的处理与采集；数据分析系统由上位机软件构成，负责监测信号的分析与评估。

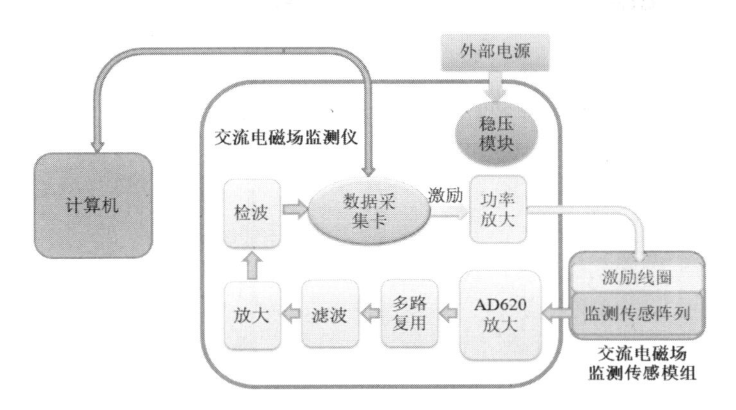

图 5-8 交流电磁场监测系统

5.3.1 交流电磁场监测传感模组

交流电磁场监测传感模组是实现交流电磁场结构裂纹扩展监测较重要的一环，其性能的好坏直接影响裂纹扩展监测的可视化效果。本节根据第 3 章中的仿真分析结论，设计监测传感阵列和激励线圈并制作交流电磁场监测模组。

$$\xi = -\frac{\mathrm{d}\phi}{\mathrm{d}t} = -\frac{S\mathrm{d}B}{\mathrm{d}t} \tag{5-1}$$

式中，ξ 代表感应电动势；ϕ 代表磁通量；$\frac{\mathrm{d}\phi}{\mathrm{d}t}$ 代表磁通量随时间的变化率；B 代表磁感应强度。

激励线圈对磁场的监测基于法拉第电磁感应定律，如式（5-1）所示。激励线圈的输出电压时刻与其所处位置的磁通密度的变换率成正比，交流电磁场监测的磁场为正弦变化的磁场，故激励线圈可以将磁场信号转化为电压信号。选用激励线圈作为交流电磁场监测传感阵列的基本传感单元，根据第 2 章的仿真结果，选取监测传感阵列的间距为 4mm，考虑到监测传感阵列及后续硬件电路的制作成本，我们设计并制作了 8 行×8 列的 64 阵列传感器，可对 28mm×28mm 矩形区域进行监测。

图 5-9 所示为线圈传感阵列的印制电路板（PCB）图，线圈传感阵列共有 64 路，由 8 行×8 列的传感线圈焊接在一块 PCB 上，通过设计线圈传感阵列电路板的走线最终将信号汇集到连接器上，为了减少输出路数，降低连接线的复杂程度，将所有传感线圈一端并在一起作为传感信号的公共地，最终线圈传感阵列电路的信号通道共有 65 根引线，包括 64 路信号线和 1 路公共地。单个传感线圈的参数如表 5-2 所示。相邻传感线圈的中心距为 4mm，线圈轴线与被测试件的表面垂直，可实现对 z 方向磁场信号 B_z 的提取。

图 5-9 线圈传感阵列的 PCB 图

表 5-2　单个传感线圈的参数

模块	内径/mm	外径/mm	高度/mm	匝数	材料	线径/mm
传感线圈	0.5	2	1	500	铜	0.03

根据 5.2.2 节的仿真结果，平面式双矩形激励线圈可以在待测试件表面产生交流电磁场，以监测所需的均匀感应电流。本书采用 PCB 制作激励线圈，可大大减少工作量，同时容易实现较小厚度下的多匝线圈制作。该线圈与传统 ACFM 探头的磁芯式激励线圈相比，大大减小了体积和质量，方便制作柔性电路板，为柔性监测提供可能。设计如图 5-10 所示的激励线圈的 PCB 电路，该电路由左右两部分组成，两部分线圈的缠绕方向相反，为增强其产生磁场的强度，设计的电路共有四层，激励线圈的参数如表 5-3 所示。将该激励线圈的左右两部分线圈分别通入幅值、频率和相位相同的正弦电流，可在中心区域产生近似均匀的磁场。

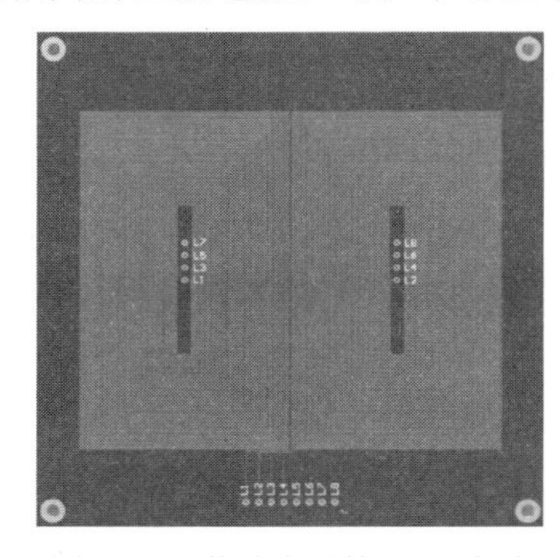

图 5-10　激励线圈的 PCB 电路

表 5-3　激励线圈的参数

模块	层数	厚度/mm	长/mm	宽/mm	每层匝数	材料	线径/mm
激励线圈	2	1	100	82	130	铜	0.1

根据监测传感阵列和激励线圈的尺寸，设计交流电磁场监测传感模组的外壳，最终装配起来得到如图 5-11 所示的交流电磁场监测传感模组。该传感模组主要由激励线圈板、线圈传感阵列板和连接器组成，为方便在电路板上焊接，连接器选用 SCSI68 连接器，该连接器共有 68 个引脚，其中有 65 个引脚用于连接 64 路传感信号，两个引脚用于激励信号的连接，1 个引脚是 GND 用于接地。各部分之间通过螺栓完成机械连接和固定，不会发生相对运动，增强了监测过程中信号的稳定性。

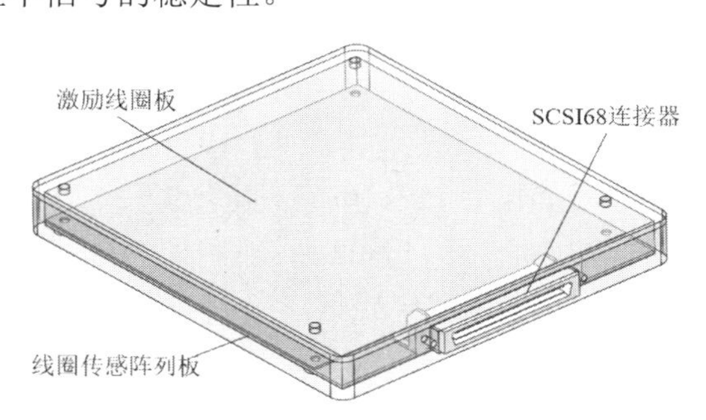

图 5-11　交流电磁场监测传感模组

5.3.2 信号处理与采集系统

传感器产生的信号过于微弱，必须对其进行一系列处理才能被信号采集卡直接采集及使用，本节针对64路线圈传感阵列，设计硬件电路，将传感器产生的微弱电压信号进行前端放大、多路复用、滤波和交流-直流转换，使其最终能够被采集卡采集。交流电磁场监测信号的硬件处理流程如图5-12所示。此外，本节还针对激励信号的功率放大电路进行设计，为监测仪器的设计及制作提供硬件支持。

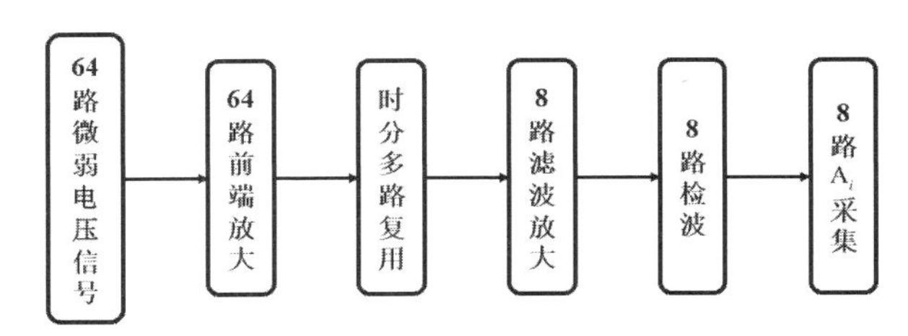

图5-12 交流电磁场监测信号的硬件处理流程

1. 前端放大电路设计

由传感线圈产生的感应电压信号为毫伏级，极其容易受外部噪声的干扰，难以直接经过多路复用电路进行传输且不利于滤波电路处理，对于微弱的毫伏信号，通常先采用专用的仪表运算放大器进行放大。AD620仪表放大器的体积小、功耗低、精度高，其电路设计较简单，能够很好地抑制共模噪声信号。本书采用AD620仪表放大器来实现对微弱电压信号的前端放大。

传感线圈的输出信号是频率为10kHz的正弦交流电压信号，根据AD620仪表放大器用户手册中的建议，对于交流信号的放大，需在运算放大器的输入端设置电容和电阻以提供直流通路。设计如图5-13所示的AD620差分放大电路，图中C_1、C_2为耦合电容，能将交变的传感信号耦合到运算放大器的输入端，R_1、R_2为直流通路电阻，能为AD620仪表放大器提供输入端所需的偏置电流，R_g为放大电阻，通过改变R_g的大小可以改变该电路的放大倍数，电路放大倍数G可按照式（5-2）计算，当R_g=200Ω时，电路放大倍数G=248。

$$G=\frac{49.4\text{k}\Omega}{R_g}+1 \tag{5-2}$$

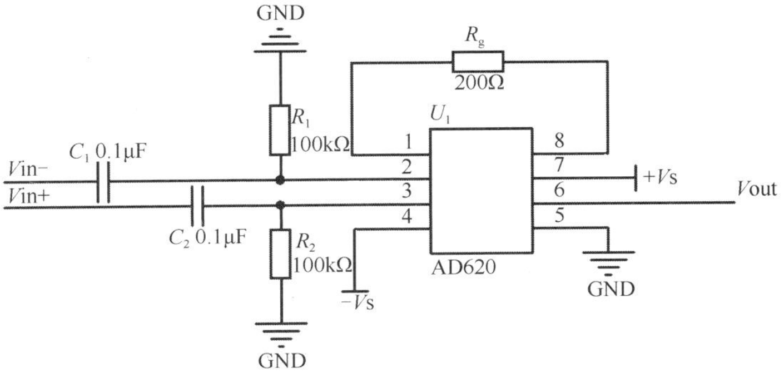

图5-13 AD620差分放大电路

按照图 5-13 所示的电路原理图设计 64 路 AD620 差分放大电路的阵列，将 64 路线圈的传感信号由毫伏级放大至伏级，以实现对传感信号的初步放大。

2．多路复用电路设计

交流电磁场监测传感信号共有 64 路，普通的数据采集卡通常只能实现 8 路差分 A_i 采集和 16 路单端 A_i 采集，无法实现多达 64 路的电压信号采集，拥有更多 A_i 电压采集通道的数据采集卡通常意味着成本的成倍增加。ADG1607 是一款时分模拟多路复用器，ADG1607 引脚配置如图 5-14 所示。其通过三位二进制地址线（A_0、A_1、A_2）将两组 8 路模拟信号分别转换成两路公共输出，该多路复用器导通电阻（4.5Ω）低、失真低，广泛应用于多路信号的数据采集。本书选用 ADG1607 来实现在交流电磁场监测中 64 路信号到 8 路信号的时分复用，在降低后续信号处理电路的复杂度和信号采集规模的同时大大节约了成本。

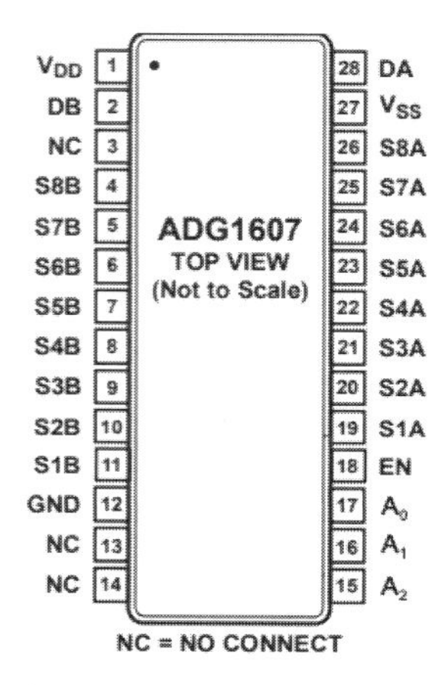

图 5-14 ADG1607 引脚配置

ADG1607 通过对三位二进制地址线（A_0、A_1、A_2）和使能控制位（EN）的编码来控制两组 8 路模拟信号（S1A～S8A、S1B～S8B）到两路公共输出（DA、DB）。控制信号对输出的控制（ADG1607 真值表）如表 5-4 所示。表中，0 代表低电平，1 代表高电平。其工作原理如下：当 EN 为低电平时，设备被禁用，所有通道关闭；当 EN 为高电平时，设备开启，此时由 A_0、A_1、A_2 的高低电平组合来控制 DA、DB 的输出。例如，当 A_0 为高电平、A_1 为低电平、A_2 为低电平时，公共输出端 DA 输出 S2A 通道的信号、DB 输出 S2B 通道的信号；当 A_0 为低电平、A_1 为高电平、A_2 为高电平时，公共输出端 DA 输出 S7A 通道的信号、DB 输出 S7B 通道的信号。因此只需要使 A_0、A_1、A_2 的控制电平在 000、001、010、…、111 循环变化，即可控制当前多路复用器输出所对应的通道，完成多路信号的时分复用。

表 5-4 ADG1607 真值表

A_2	A_1	A_0	EN	DA	DB
0/1	0/1	0/1	0	0	0
0	0	0	1	S1A	S1B
0	0	1	1	S2A	S2B

续表

A_2	A_1	A_0	EN	DA	DB
0	1	0	1	S3A	S3B
0	1	1	1	S4A	S4B
1	0	0	1	S5A	S5B
1	0	1	1	S6A	S6B
1	1	0	1	S7A	S7B
1	1	1	1	S8A	S8B

当为64路线圈传感阵列设计时分多路复用电路时，电路的主要元器件为四片ADG1607多路复用器芯片，为保证四片芯片同步动作，设计四片ADG1607多路复用器的三位二进制地址线（A_0、A_1、A_2）和使能控制位（EN）共用，且EN设置为高电平，第一片ADG1607的输入端S1A～S8A对应线圈传感阵列的第一行共8个传感线圈，S1B～S8B对应线圈传感阵列的第二行共8个传感线圈，若某一时刻其A_0、A_1、A_2处的控制电平为001，则此时其公共输出端DA处得到的信号为第一行第二列处传感线圈的信号，DB处得到的信号为第二行第二列处传感线圈的信号，依此类推，每片ADG1607多路复用器芯片可实现两组8路复用，每组8路复用对应线圈传感阵列的一行，该电路最终共可实现8组64路信号的多路复用，共有8路输出，8路输出为当前控制信号所对应的一列共8个传感线圈的信号。

3．信号放大滤波电路设计

经AD620仪表放大器放大后的传感信号转换为单端电压信号，虽然在很大程度上降低了共模噪声信号的干扰，但仍存在大量的高频噪声和耦合干扰信号，放大后的信号幅值只有1V左右，同时该信号还经过了多路复用电路，又引入了一部分噪声信号，严重影响到信号采集后的数据处理。为得到更好的监测信号，需要对当前信号进行滤波和进一步放大处理。信号中的有效信号为10kHz正弦信号，其余信号为噪声信号，其中以高频噪声信号为主，低频噪声信号则主要集中在50Hz工频噪声上，所以应选用高通滤波器和性能较好的低通滤波器组合成带通滤波器，以实现对有效信号的提取。滤波器通常按是否需要外部供电分为有源滤波器和无源滤波器，无源滤波器价格便宜、电路结构简单、功耗低，但滤波效果较差且由于其不能对信号进行放大，会造成信号衰减；有源滤波器的电路设计比较复杂，功耗比无源滤波器的高，但滤波效果好，同时可以设置增益，来实现对有效信号的放大。本节选用二阶压控型有源低通滤波器和一阶有源高通滤波器共同构成带通滤波器，以实现噪声去除和信号放大。

图5-15所示为本节所用的二阶压控型有源低通滤波器的电路结构图。R_1、R_2、C_1、C_2共同构成了滤波器的选频网络，R_3、R_4与NE5532P运算放大器构成了同相比例放大电路，电路在通频带的放大倍数按式（5-3）计算，当$R_1 = R_2 = R$，$C_1 = C_2 = C$时，整个电路的频率特性函数如式（5-4）所示。分析式（5-4）可知，该电路为二阶系统，其截止频率计算公式如式（5-5）所示。考虑系统的稳定性要求：由于闭环系统传递函数的极点全部在s平面的左半平面，因此设计电路时应使放大倍数$A<3$。

$$A = 1 + R_3 / R_4 \tag{5-3}$$

$$G(\mathrm{j}\omega)=\frac{A}{1+(3-A)RC\mathrm{j}\omega+(RC\mathrm{j}\omega)^2} \tag{5-4}$$

$$f_{\mathrm{h}}=\frac{1}{2\pi RC} \tag{5-5}$$

式中，A 为电路通带的放大倍数；j 为虚数单位；ω 为角频率；f_{h} 为截止频率。

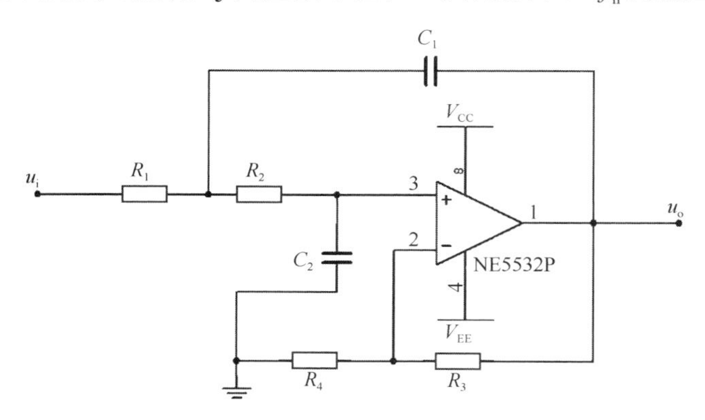

图 5-15　二阶压控型有源低通滤波器的电路结构图

图 5-16 所示为一阶有源高通滤波器的电路结构图。设置 C_1、R_1 的值可以改变该电路的截止频率，根据串联电路分压原理，输入电压 u_{i} 和同相输入端处电压 u_+ 存在式（5-6）的关系，R_2、R_3 和 NE5532P 运算放大器构成了同相比例放大电路，电路在通频带的放大倍数按式（5-7）进行计算，并进一步整理得到整个电路的频率特性函数，如式（5-8）所示。分析式（5-8）可知，该有源高通滤波器的截止频率按式（5-9）计算。

$$\frac{u_+}{u_{\mathrm{i}}}=\frac{R}{R+1/\mathrm{j}\omega C} \tag{5-6}$$

$$A_1=1+R_3/R_2 \tag{5-7}$$

$$G(\mathrm{j}\omega)=A_1\frac{u_+}{u_{\mathrm{i}}}=A_1\left(1-\frac{1}{RC\mathrm{j}\omega+1}\right) \tag{5-8}$$

$$f_1=\frac{1}{2\pi RC} \tag{5-9}$$

式中，A_1 为电路通带的放大倍数；j 为虚数单位；ω 为角频率；f_1 为电路的截止频率。

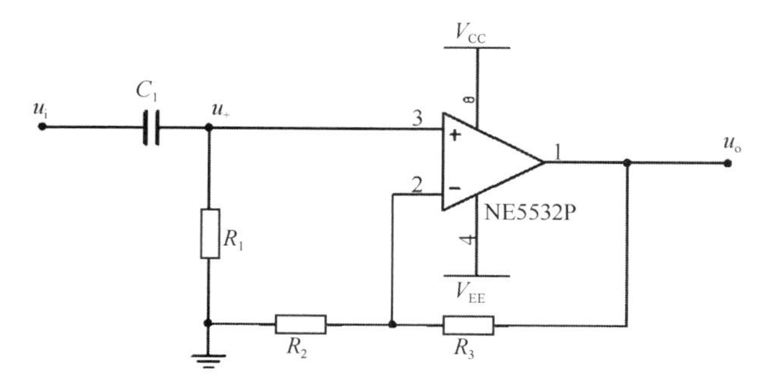

图 5-16　一阶有源高通滤波器的电路结构图

结合二阶压控型有源低通滤波器和一阶有源高通滤波器，设计如图 5-17 所示的放大滤波电路原理图，本书所用的监测频率为 10kHz，设计带通滤波器电路的低截止频率 $f_l=\dfrac{1}{2\pi R_8 C_4}\approx 9650.65\text{Hz}$，高截止频率 $f_h=\dfrac{1}{2\pi\sqrt{R_2C_2R_3C_3}}\approx 10334.7\text{Hz}$，即电路的通带为 9650.65～10334.7Hz，该电路的通带放大倍数 $A=(1+R_5/R_4)\times(1+R_7/R_6)=6$。将图 5-17 所示的放大滤波电路做成 8 阵列，对由多路复用电路输出的 8 通道信号进行放大滤波处理。

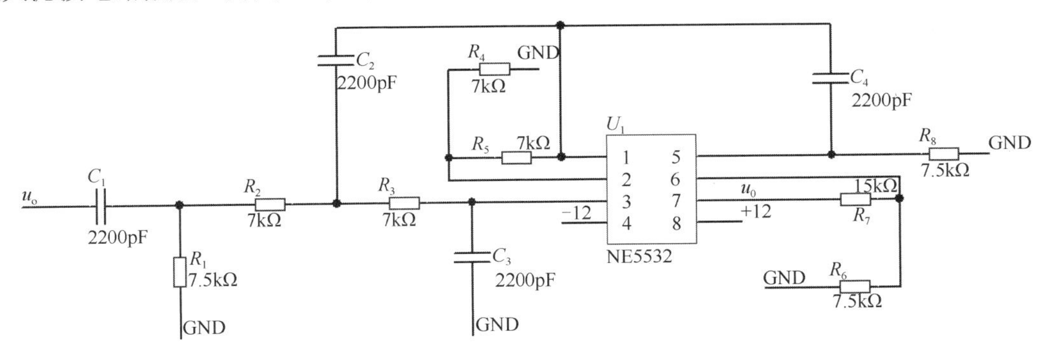

图 5-17 放大滤波电路原理图

4. 检波电路设计

传统 ACFM 最终得到的信号为正弦交流信号，其信号采集通常是利用数据采集卡直接进行采集的，该方式简单易用，只需要针对不同信号频率设置好采样率、采样数等采样参数，进而在软件内部对采集到的数据进行均方根处理，以信号的均方根值来表征磁场的特征信号，但该方法对 10kHz 频率下的多通道交流电磁场监测信号并不适用。根据采样定理，采样率和信号频率之间需要满足：$f_s>2f_{max}$，但在实际采样过程中测试时，要想通过采样得到较好的交流信号，应使采样率 $f_s>20f_{max}$，交流电磁场监测信号经放大滤波后得到的信号为 10kHz 正弦交流信号，要对该正弦交流信号通过采样来实现较好的还原，采样率应大于 200kHz/s，且本书的交流电磁场监测信号共有 8 路，一般采集卡的多通道采样的总采样率通常只有 1MHz/s 左右，要实现 8 通道采集，每通道采样率每秒只有 125000 个点，不能满足要求。

调制是指使已调信号的某些特性，如幅值、频率根据调制信号变化的手段及调制方法的不同，分为调幅、调频和调相。解调是调制的逆向处理，通过某些方法将调制信号从已调信号的幅值、频率或相位中还原出来。当分析交流电磁场监测信号时，如果监测传感阵列下方结构表面的裂纹不扩展，则交流电磁场监测信号是一个幅值为固定值、频率为 10kHz 的正弦交流信号，随着被监测区域裂纹的扩展，裂纹周围磁场信号的幅值会发生变化，该变化被传感器捕捉后经过一系列的放大滤波，最终得到的信号是一个幅值受被监测位置表面状况影响的调幅波［见图 5-18（c）］，该调幅波的载波为 10kHz 的正弦信号［见图 5-18（a）］，调制信号为与被监测位置表面状况有关的一个函数 $u(t)$［见图 5-18（b）］，由于裂纹的扩展时间尺度大、变化慢，相对于载波频率 10kHz，可以看作低频信号，该调幅波的函数表达式可记为式（5-10）。为降低 8 通道监测调幅波信号对信号采集装置的要求，同时降低整体的硬件成本，本节设计了二极管检波电路，将正弦变化的监测信号转换成直流信号。

$$u(t)=\left[B(t)+u_0\right]\sin(\omega t+\varphi) \tag{5-10}$$

式中，u_0 为无裂纹区域的信号幅值；$\omega=2\pi f$，$f=10\text{kHz}$；φ 为初始相位；B 为磁感应强度。

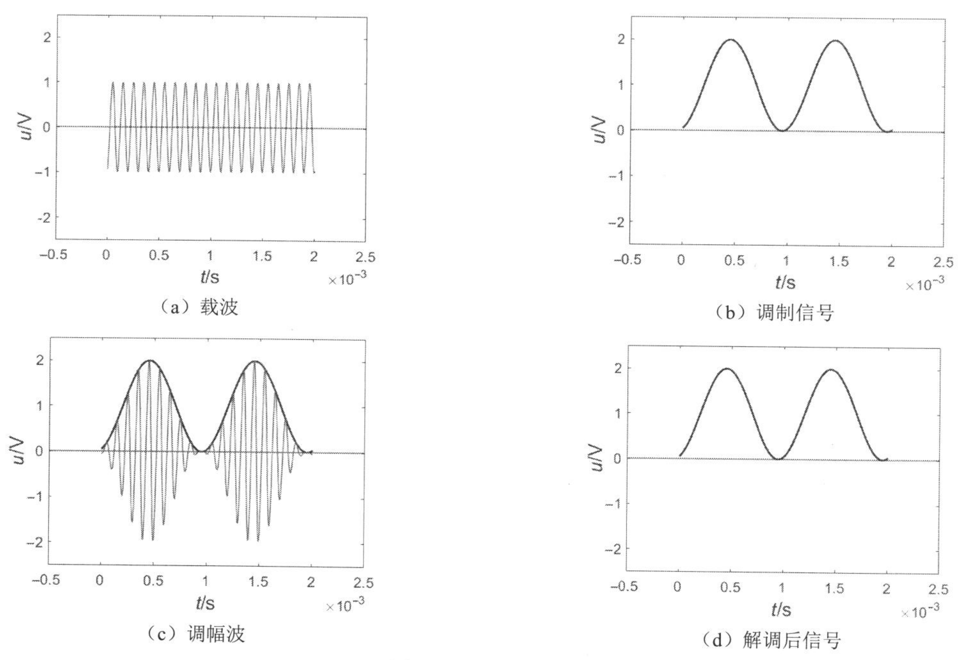

图 5-18　检波原理

图 5-19 所示为本书针对交流电磁场监测信号设计的二极管检波电路原理图。电路由二极管检波部分、电压跟随器部分和低通滤波部分组成。D_1、C_1、R_1 构成了二极管检波部分，它主要利用二极管 D_1 单向导电的特性，当载有有效调制信号的调幅波经过二极管 D_1 时，信号只剩下大于零的上半部分，当调制信号的波峰来临时，C_1 充电，在下一个波峰来临前，C_1 对 R_1 放电，当下一个波峰再次到来时，C_1 又会充电，因此只要 R_1 足够大，使在下一个波峰到来前 C_1 来不及放电，即可还原得到较好的如图 5-18（d）所示的解调后信号，但 R_1 过大会导致电路的输出跟不上信号幅值的变化，即惰性失真，为保证不产生惰性失真，需满足式(5-11)，其中 f_0 为调制信号的最大频率。对于交流电磁场监测裂纹变化较慢的情况，设 $f_0=10\text{Hz}$，本书选用 $C_1=0.1\,\mu\text{F}$，$R_1=100\text{k}\Omega$，此时 $2\pi f_0 R_1 C_1\approx 0.628\leqslant 1.5$，满足条件。为保证检波电路的输出不受下一级影响，利用 NE5532P 运算放大器设计电压跟随器作为信号的隔离层；R_2 和 C_2 组成了截止频率为 30Hz 的 RC 低通滤波器，将电压跟随器输出信号中的高频成分去除，使最终在采集卡处采集的信号只剩下与监测信号幅值成正比的直流分量信号，采集卡只需设置采样率为 1000Hz 即可对该直流分量信号进行较好的还原，大大降低了信号的采集难度。

$$2\pi f_0 R_1 C_1\leqslant 1.5 \tag{5-11}$$

将图 5-19 所示的检波电路做成 8 阵列，以实现 8 通道监测信号的检波处理。

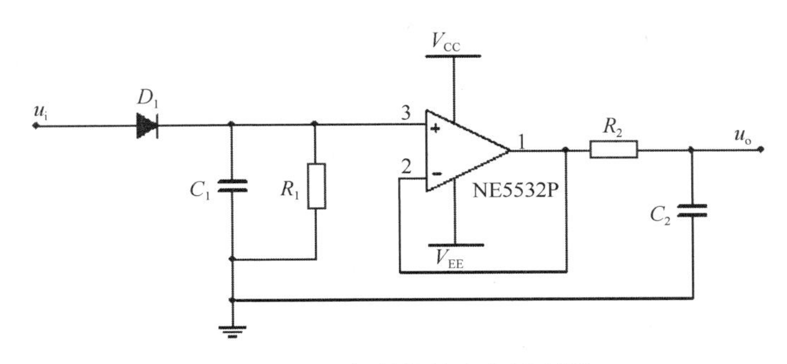

图 5-19 二极管检波电路原理图

5. 功率放大电路设计

无论是信号发生电路的输出信号还是利用采集卡的模拟信号输出（AO）功能产生的信号，都只能输出一个电压信号，没有驱动负载的能力或驱动能力较弱，本书所用的激励线圈为 PCB 激励线圈，相比传统 ACFM 的激励线圈，其没有用来增强磁场的高磁导率磁芯，要想产生监测所需的较强的交变磁场，需要提供较大的激励电流。为驱动激励线圈，需要对已有的正弦激励信号进行功率放大，以实现大电流的输出。

LM1875 功率放大集成芯片的体积小、电路设计简单、输出功率大。本书以 LM1875 功率放大集成芯片为核心设计功率放大电路，对正弦激励信号进行功率放大，相比传统 ACFM 使用信号发生器直接进行激励，其大大提高了负载能力和激励源的稳定性，对监测信号的可靠性和稳定性提供了有力保障。LM1875 功率放大电路原理图如图 5-20 所示。

$$K = 1 + R_5 / R_4 = 23 \tag{5-12}$$

分析图 5-20，C_1、C_2、R_2、R_3 构成了滤波网络，该网络能够通过频率为 1～100kHz 的正弦信号，对其他频率信号有阻碍作用；R_4、R_5 构成了负反馈回路，该电路的电压放大倍数 K 可按照式（5-12）计算，C_3 的作用是对直流信号开路，对交流信号短路，这意味着对于直流信号，电路起电压跟随的作用，不进行放大，只对交流信号进行放大；R_1 的存在使芯片反向输入端和同向输入端的输入阻抗保持一致；根据 LM1875 功率放大集成芯片手册的建议，在芯片输出端设置 R_6 和 C_4 来降低高频噪声的输出。

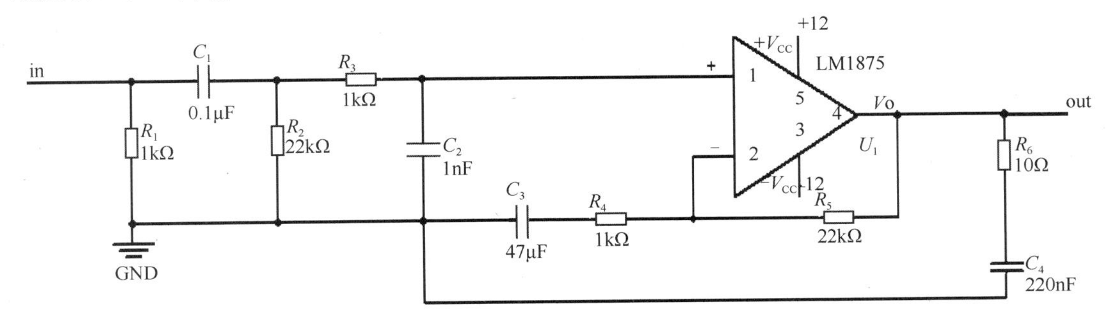

图 5-20 LM1875 功率放大电路原理图

5.3.3 数据分析系统

本章在分析交流电磁场监测特征信号的基础上，设计了交流电磁场监测裂纹扩展判定方法，以实现对裂纹扩展的监测判定、扩展类型分类和裂纹端点判定，进一步实现裂纹监测量化，进而结合 LabVIEW 设计交流电磁场监测系统软件，实现激励信号发生，多路复用电路控制，数据采集、数据处理和监测信息展示与存储，为交流电磁场监测提供方法支持和软件基础。

1. 裂纹扩展监测判定方法

交流电磁场监测直接得到的数据是 B_z 特征信号，其极值点分布受裂纹长度的影响较大。监测时，监测传感阵列与被测结构不发生相对运动，如果被测结构表面裂纹的尺寸不发生变化，则 B_z 特征信号的值保持不变，当裂纹在长度或深度尺寸上进行扩展时，B_z 特征信号的分布会明显发生改变，据此来对裂纹是否扩展进行判定。

针对裂纹长度是否扩展进行判断：取裂纹长度为 8mm 作为初始长度，分别考虑裂纹在长度上扩展 2mm、4mm、6mm、8mm 的情况，即裂纹长分别为 10mm、12mm、14mm、16mm，对其 B_z 特征信号的矩阵进行分析。针对裂纹深度是否扩展进行判断：取裂纹深度为 1mm 作为初始深度，分别考虑裂纹在深度上扩展 2mm、4mm、6mm、8mm 的情况，即裂纹深分别为 3mm、5mm、7mm、9mm，对其 B_z 特征信号的矩阵进行分析。

裂纹在初始尺寸时，将其特征信号的矩阵记为 $\boldsymbol{B}_{z_0}$，扩展后特征信号的矩阵记为 $\boldsymbol{B}_{z_i}$。定义特征信号的增量矩阵 $\boldsymbol{d}_{B_{z_i}}$ 如式（5-13）所示，定义初始信号的能量 $\boldsymbol{E}_{B_{z_0}}$ 如式（5-14）所示，特征信号增量的能量 $\boldsymbol{E}_{d_{B_{z_i}}}$ 如式（5-15）所示，特征信号的能量畸变率 $\Delta\boldsymbol{E}_{B_z}$ 如式（5-16）所示。

$$\boldsymbol{d}_{B_{z_i}}=\boldsymbol{B}_{z_i}-\boldsymbol{B}_{z_0} \tag{5-13}$$

$$\boldsymbol{E}_{B_{z_0}}=\sum_{j=1}^{n}\boldsymbol{B}_{z_0 j}^{2} \tag{5-14}$$

$$\boldsymbol{E}_{d_{B_{z_i}}}=\sum_{j=1}^{n}\boldsymbol{d}_{B z_i j}^{2} \tag{5-15}$$

$$\Delta\boldsymbol{E}_{B_z}=\boldsymbol{E}_{d_{B_{z_i}}}/\boldsymbol{E}_{B z_0} \tag{5-16}$$

分别求解式（5-13）～式（5-16），得到裂纹分别在长度和深度尺寸上扩展 2mm、4mm、6mm、8mm 时对应的特征信号的能量畸变率 $\Delta\boldsymbol{E}_{B_z}$，如表 5-5 所示。分析表 5-5，随着裂纹长度的扩展，特征信号的能量畸变率 $\Delta\boldsymbol{E}_{B_z}$ 逐渐增大，能量畸变率对裂纹深度扩展的敏感程度较理想；随着裂纹深度的扩展，特征信号的能量畸变率 $\Delta\boldsymbol{E}_{B_z}$ 也逐渐增大，能量畸变率对裂纹深度扩展的敏感程度也较理想。综上所述，可以利用能量畸变率 $\Delta\boldsymbol{E}_{B_z}$ 来判断裂纹是否扩展，此时可设置裂纹扩展判定阈值为 0.2，即当 $\Delta\boldsymbol{E}_{B_z}>0.2$ 时，判定裂纹已扩展。

表 5-5　特征信号的能量畸变率

扩展量	2mm	4mm	6mm	8mm
长度扩展 $\Delta\boldsymbol{E}_{B_z}$	0.211	0.805	1.264	1.439
深度扩展 $\Delta\boldsymbol{E}_{B_z}$	2.162	4.379	5.309	5.914

裂纹长度和深度扩展特征信号的增量矩阵图像分别如图 5-21 和图 5-22 所示。观察图 5-21，当裂纹长度的扩展量不断变大时，$d_{B_{z_i}}$ 图像始终存在两个波峰（浅灰色区域）和两个波谷（深灰色区域），且随着裂纹长度的扩展其峰谷值不断增大；观察图 5-22，随着裂纹深度的不断扩展，$d_{B_{z_i}}$ 图像与 B_z 图像相似，且相应的峰谷值不断增大。综上所述，由于 $d_{B_{z_i}}$ 在裂纹长度和深度扩展时表现出截然不同的特征，因此可用 $d_{B_{z_i}}$ 来判定裂纹是长度扩展还是深度扩展。

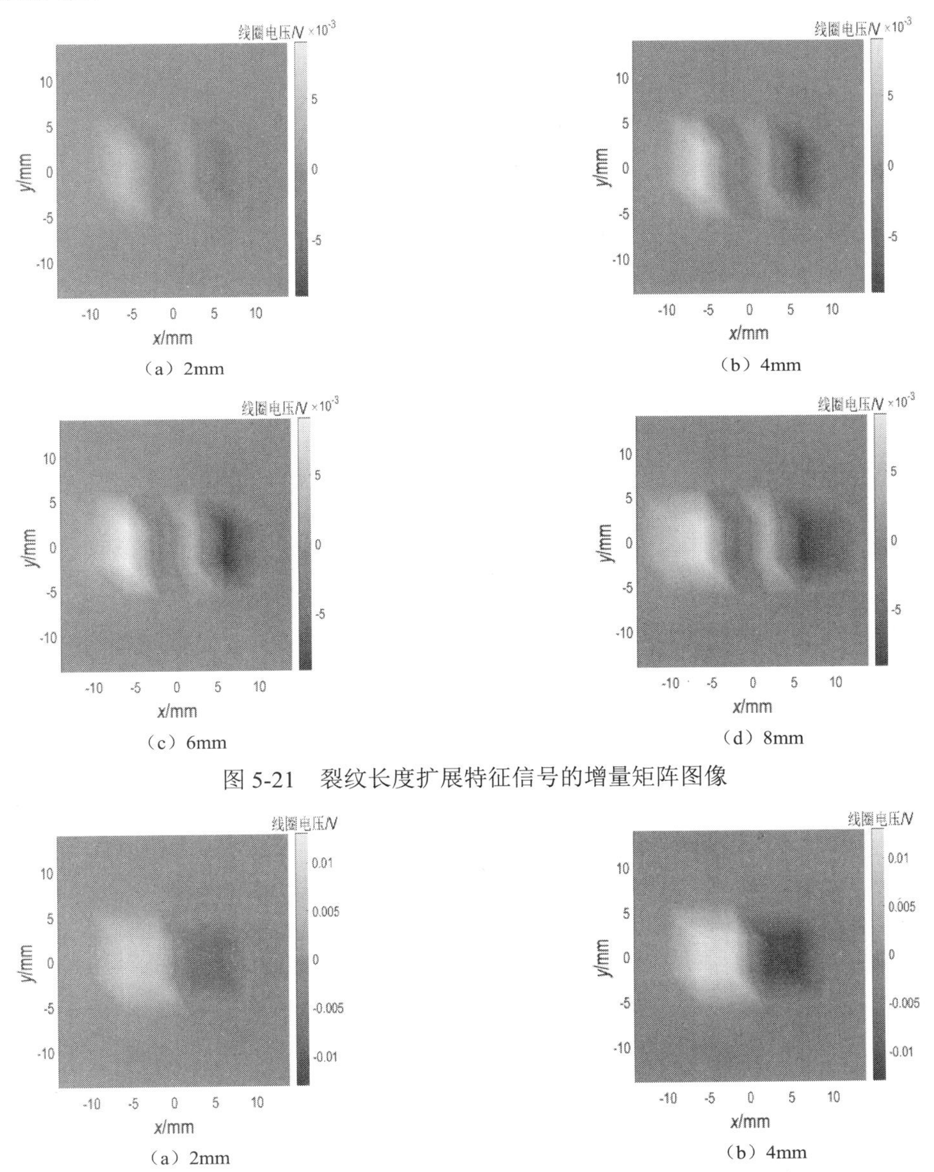

图 5-21 裂纹长度扩展特征信号的增量矩阵图像

图 5-22 裂纹深度扩展特征信号的增量矩阵图像

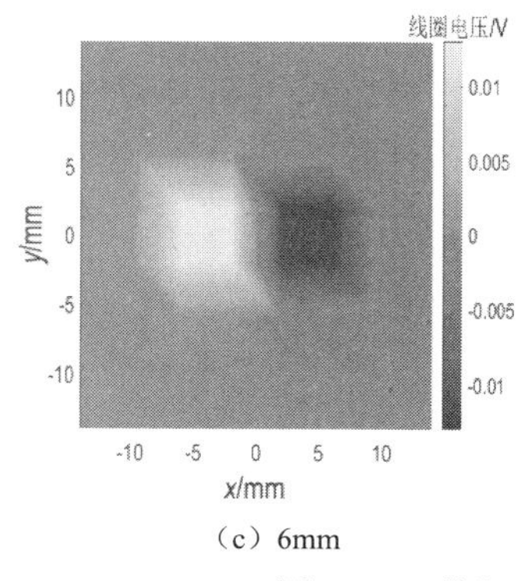

（c）6mm

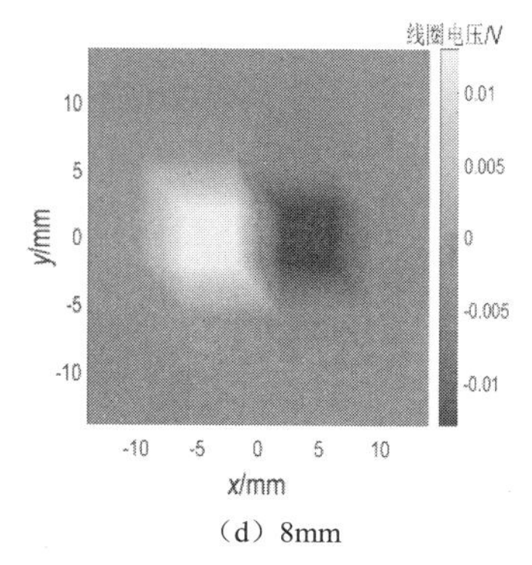

（d）8mm

图 5-22 裂纹深度扩展特征信号的增量矩阵图像（续）

进一步地对 B_z 求取绝对值，此时其图像只有两个波峰，其余位置为 0，如图 5-23（a）所示。当裂纹为长度扩展时，其增量矩阵图像如图 5-23（b）所示，存在两个波峰（灰色区域）和波谷（中间黑色区域），其余位置为 0；当裂纹为深度扩展时，其增量矩阵图像如图 5-23（c）所示，只存在波峰（灰色区域），其余位置都为 0。对比分析图 5-23（b）和图 5-23（c），得到长度扩展和深度扩展的判别方法：当 B_z 的增量矩阵存在负值（中间黑色区域）时，裂纹为长度扩展，否则为深度扩展。

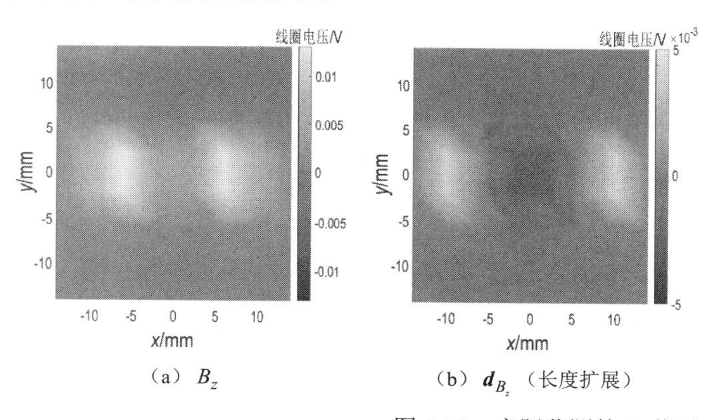

（a）B_z （b）$\boldsymbol{d}_{B_z}$（长度扩展）

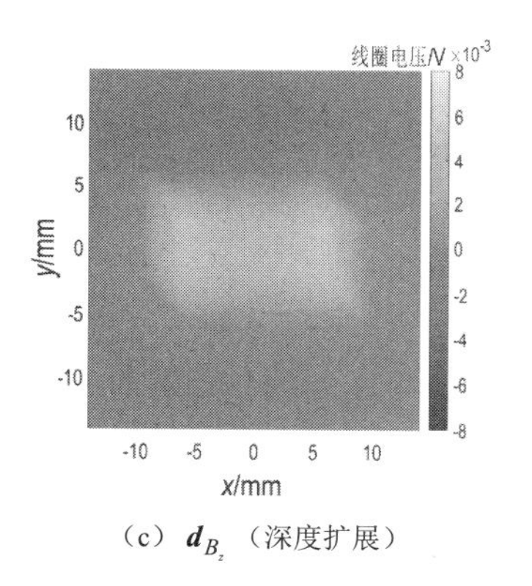

（c）$\boldsymbol{d}_{B_z}$（深度扩展）

图 5-23 实际监测的 B_z 信号

2. 裂纹定量监测方法

本节在判定裂纹已经扩展且扩展形式已知的基础上，针对裂纹进行长度扩展监测、深度扩展监测及裂纹角度监测，分别设计初步定量方法，以实现对裂纹的初步定量监测。

1）裂纹长度/裂纹角度定量方法

根据交流电磁场监测原理，B_z 磁场的波峰和波谷所处的位置与裂纹端点的位置基本重合，因此考虑从监测 B_z 信号入手。本书设计的交流电磁场监测传感阵列相邻传感器的间距为 4mm，裂纹端点有很大概率会落在没有传感器的位置，如果直接采用传感信号最大的传感器所处的位置作为裂纹的端点位置，容易造成较大的误差。质心一般是指物体质量汇集在一个点上，这个点就是质心，其位置坐标计算公式如式（5-17）和式（5-18）所示。为更加准确地确定裂纹端点的位置，本书利用求解质心的方法，确定传感信号最大的两个传感器的位置，分别提取包括最大传感信号传感器在内的周围 9 个传感器的监测信号和位置信息，利用求解质心的方法，求出监测信号的分布中心坐标，将求得的两个分布中心坐标作为裂纹两个端点的位置坐标，进而根据裂纹端点位置得到裂纹长度和裂纹角度，最终实现对裂纹长度和裂纹角度的初步量化。

$$\overline{x}=\frac{\iint x\rho(x,y)\mathrm{d}x\mathrm{d}y}{\iint \rho(x,y)\mathrm{d}x\mathrm{d}y} \tag{5-17}$$

$$\overline{y}=\frac{\iint y\rho(x,y)\mathrm{d}x\mathrm{d}y}{\iint \rho(x,y)\mathrm{d}x\mathrm{d}y} \tag{5-18}$$

式中，ρ 表示 (x,y) 点处的信号幅值。

具体操作步骤如下。

（1）寻找 B_z 信号矩阵中最大值传感器 A 和次大值传感器 B，获得二者的位置（x_1,y_1），（x_2,y_2）。

（2）提取如图 5-24 中以最大值传感器 A 为中心的 9 个传感器的信号值矩阵及位置坐标作为 a 组数据，提取如图 5-24 中以次大值传感器 B 为中心的 9 个传感器的信号值矩阵及位置坐标作为 b 组数据。

（3）按照式（5-19）、式（5-20）对 a 组数据求取其信号的分布中心坐标（x_a,y_a），以该坐标作为裂纹一个端点的坐标。

（4）同理得到 b 组数据信号的分布中心坐标，即得到裂纹另一个端点的坐标（x_b,y_b）。

（5）根据两个端点的坐标计算得到裂纹长度和裂纹角度。

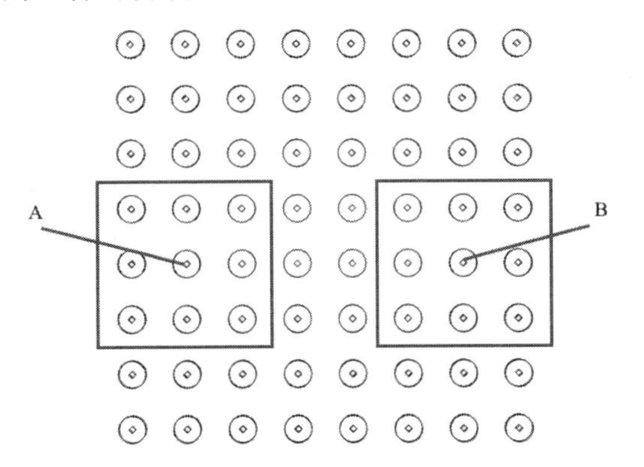

图 5-24　传感器分组示意图

$$\overline{x}=\frac{\sum x_i\times B_{z_i}}{\sum B_{z_i}} \tag{5-19}$$

$$\overline{y}=\frac{\sum y_i\times B_{z_i}}{\sum B_{z_i}} \tag{5-20}$$

按照上述方法、利用 MATLAB 编写程序，对裂纹长度从 10～20mm 共 11 组的 B_z 仿真数据进行处理，得到裂纹长度监测数据的处理结果，如表 5-6 所示。观察表 5-6，利用质心方法计算得到的裂纹长度与裂纹的真实长度最大相差 3.6mm，相对误差均控制在 20%以内，效果较好。

表 5-6　裂纹长度监测数据的处理结果

裂纹长度/mm	10	11	12	13	14	15	16	17	18	19	20
计算长度/mm	9.0	9.7	10.3	10.9	11.4	12.1	12.8	13.6	14.4	17.1	17.7
绝对误差/mm	1.0	1.3	1.7	2.1	2.6	2.9	3.2	3.4	3.6	1.9	2.3
相对误差/%	10.0	11.8	14.2	16.2	18.6	19.3	20.0	20.0	20.0	10.0	11.5

类似地，对裂纹角度从 15°～90°共 6 组的 B_z 仿真数据进行处理，得到裂纹角度监测数据的处理结果，如表 5-7 所示。观察表 5-7，利用质心方法计算得到的裂纹角度与裂纹的真实角度最大相差 2.64°，相对误差均控制在 4.83%以内，效果较好。

表 5-7　裂纹角度监测数据的处理结果

裂纹角度/(°)	15	30	45	60	75	90
计算角度/(°)	15.04	28.55	44.63	60.21	72.36	89.99
绝对误差/(°)	0.04	1.45	0.37	0.21	2.64	0.01
相对误差/%	0.27	4.83	0.82	0.35	3.52	0.01

2）裂纹深度定量方法

为实现裂纹深度的初步定量，本书采用三次多项式拟合的方法，针对 16mm 长度裂纹的深度扩展仿真结果进行分析，具体方法及步骤如下。

（1）分别提取深度为 1mm、2mm、3mm、4mm、6mm、7mm、9mm 时 B_z 信号矩阵中的最大值 B_{z_m}，以裂纹深度 d 为横坐标，B_{z_m} 为纵坐标，绘制如图 5-25 所示的裂纹深度与监测传感阵列峰值信号的关系曲线。

（2）对原曲线进行三次多项式拟合，得到图 5-25 中的拟合曲线，其函数表达式如式（5-21）所示。

$$B_{z_m}=4.66\times10^{-5}d^3-0.001d^3+0.0074d-0.0024 \tag{5-21}$$

（3）提取裂纹深度为 5mm 和 8mm 时 B_z 信号矩阵的最大值 B_{z_m}，在拟合曲线找到函数值为 B_{z_m} 时所对应的横坐标值即为裂纹深度。

按照上述方法对裂纹深度扩展的仿真结果进行处理，最终通过计算，在裂纹深度为 5mm 时，计算得到的深度为 4.89mm，裂纹深度为 8mm 时计算得到的深度为 8.14mm，绝对误差不超过 0.14mm，相对误差不超过 2.2%，拟合精度较高。

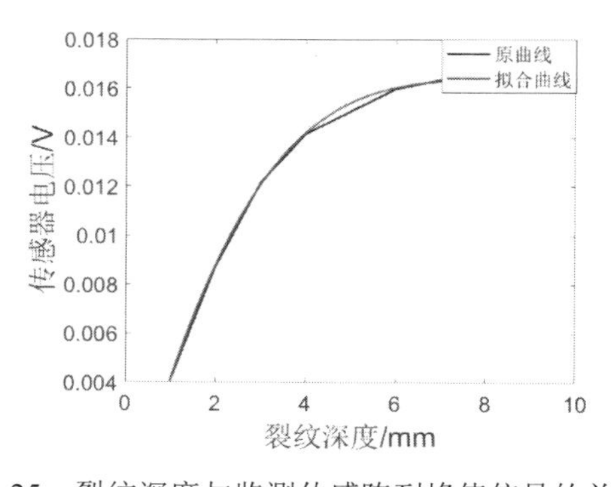

图 5-25　裂纹深度与监测传感阵列峰值信号的关系曲线

为满足交流电磁场监测系统对软件的需求，以LabVIEW为基础，搭配NI采集卡，设计如图5-26所示的集信号发生与信号采集模块、信号处理模块、信息显示与数据存储模块为一体的交流电磁场监测系统软件。

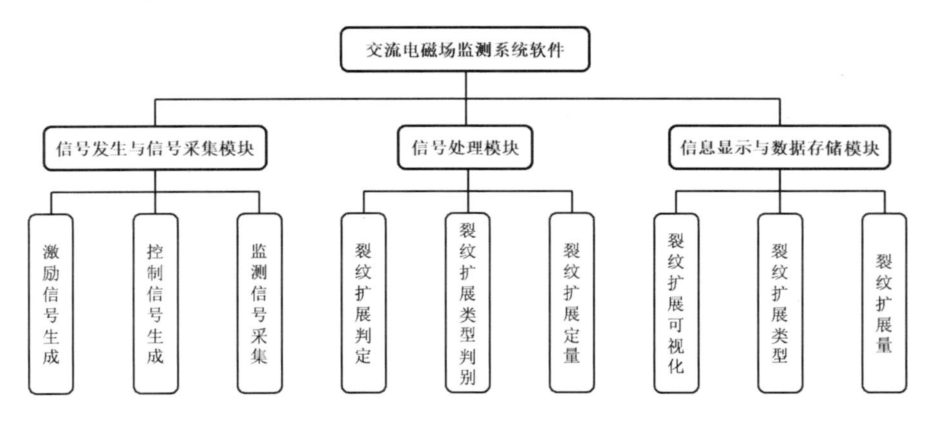

图5-26　交流电磁场监测系统软件

为得到交流电磁场监测所需的正弦激励信号，本书采用LabVIEW配合NI-usb-6361数据采集卡设计监测所需的激励信号发生模块，通过控制数据采集卡上的AO端口输出监测所需的10kHz正弦信号。信号发生模块的程序框图如图5-27所示。通过设置信号波形类型、频率、幅值和相位，可产生需要的信号。本书中交流电磁场监测的激励信号为正弦信号，将频率设置为10kHz，初始相位设置为0，信号幅值的设置要考虑功率放大电路的放大倍数，5.3.2节中设计的功率放大电路的供电电压为±12V，放大倍数为23，为在输出信号不失真的基础上尽量增加输出信号的功率，设置信号发生模块的程序产生的信号幅值为450mV，经功率放大电路放大后的信号幅值为10.35V。

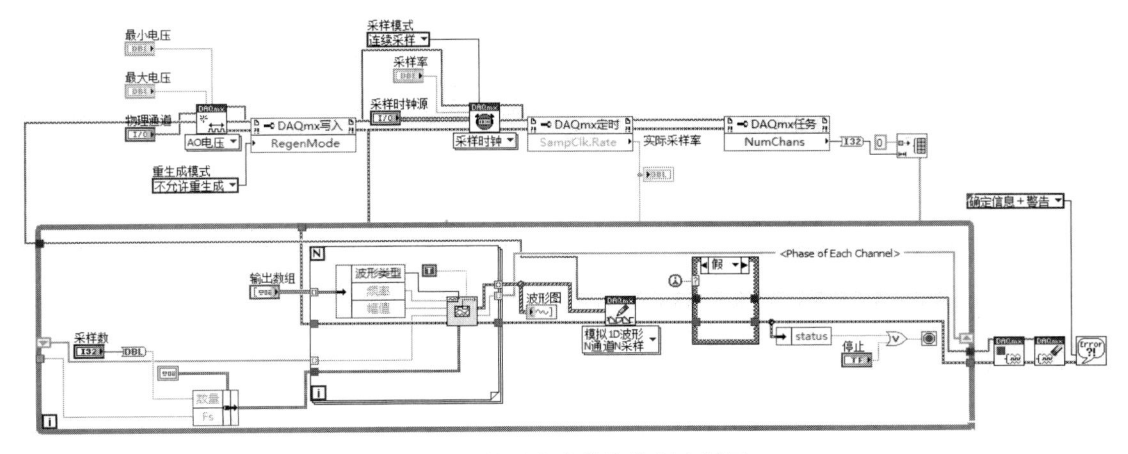

图5-27　信号发生模块的程序框图

要使5.3.2节中设计的多路复用电路正常工作，还需要为ADG1607多路复用器提供三路控制信号，本节利用LabVIEW和NI采集卡实现控制信号的产生，进而将信号采集和控制信号生成并进行搭配，搭配多路复用电路，以实现对64路信号的8路时分复用，同时对

8 路时分复用信号进行采集，结合多路复用控制信号，将采集进来的 8 路时分复用信号精准地分解成 64 路信号。

图 5-28 所示为控制信号输出与信号采集。其为对 64 路交流电磁场监测信号进行一次信号采集的程序流程图。程序初始时，循环控制变量 j=0，进行判断，如果 j<8，则将 j 的值转换为二进制数组，将该二进制数组传输给 3 个通道的数字输出程序，数字输出程序能控制采集卡上的 P0.0～P0.2 输出端口输出时对应二进制数组的高低电平，该高低电平用于控制多路复用电路的通道选择，如 j=4 时，转换后得到的二进制数组为[1,0,0]，此时多路复用电路的 8 个输出通道输出的是监测传感阵列第 5 列共 8 个传感器的数据；下一步进行 8 个通道的 A_i 采集，得到一个 8 行×n 列的矩阵，每行数据对应监测传感阵列该行第 j+1 列传感线圈的数据，如第 5 行对应监测传感阵列第 5 行第 j+1 列传感线圈的数据，依次提取每行的数据 A_{ij}，当循环控制变量 j=8 时，即完成对 64 个传感线圈的一次信号采集。

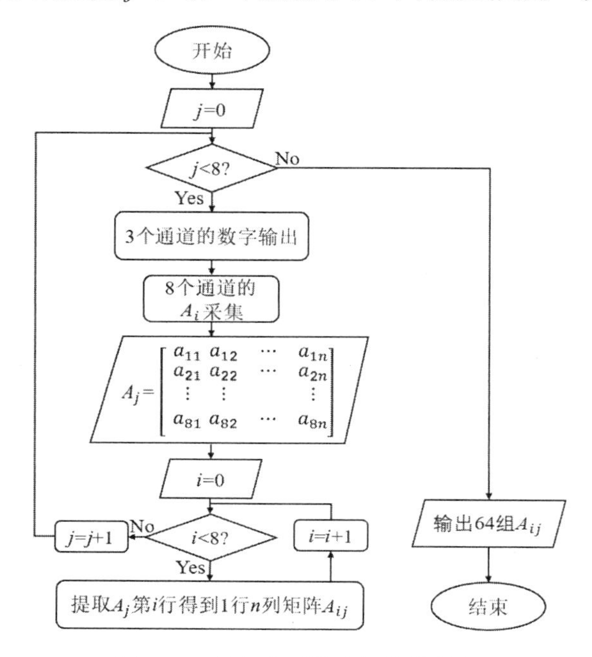

图 5-28　控制信号输出与信号采集

图 5-29 所示为信号处理模块的程序流程图。按图 5-29 的流程对图 5-28 信号采集后得到的 64 路 A_{ij} 信号进行数据处理。取无裂纹时传感信号矩阵 $\boldsymbol{B}_0$ 为背景场，裂纹扩展前 64 路传感信号矩阵与背景场矩阵 $\boldsymbol{B}_0$ 的差值 $\boldsymbol{B}_{01}$ 为初始场矩阵，裂纹扩展前的长度为 c_0、深度为 d_0，设能量阈值为 E_0，去噪阈值为 b_0。为消除噪声的影响，先对采集得到的 64 行 A_{ij} 逐行求取均值，再减去背景场 $\boldsymbol{B}_0$，得到当前场矩阵 $\boldsymbol{B}_1$，求取增量矩阵 d$\boldsymbol{B}$=$\boldsymbol{B}_1$−$\boldsymbol{B}_{01}$ 及初始场矩阵 $\boldsymbol{B}_{01}$ 的能量，进而求取能量畸变率ΔE_b，如果ΔE_b 小于设定的能量阈值 E_0，则说明裂纹未扩展，否则裂纹已扩展，要进一步对增量矩阵 d$\boldsymbol{B}$ 进行分析，若增量矩阵 d$\boldsymbol{B}$ 中存在的元素小于设定的阈值 b_0，则判断裂纹为长度扩展，否则为深度扩展，进而根据长度定量方法或深度定量方法得到当前裂纹的长度或深度，并求其与初始长度 c_0 或初始深度 d_0 的差，以得到扩展量。

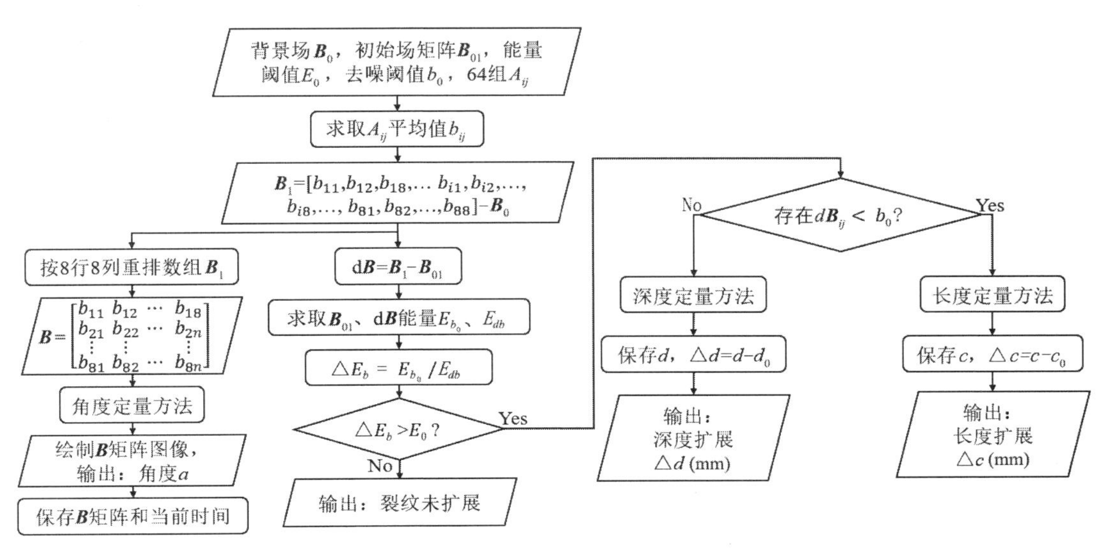

图 5-29 信号处理模块的程序流程图

交流电磁场监测系统软件界面如图 5-30 所示，主要包括激励信号生成部分、信号采集设置部分和监测可视化图像部分，程序运行前要对激励信号生成部分和信号采集设置部分进行采样率、采样数、采集通道等参数设置，运行时可实时更改激励信号的幅值、相位、能量阈值和去噪阈值，可在软件界面实时查看任意传感器传来的信号，监测前，将监测传感阵列放在铝板无缺陷区域，通过标定按钮，消除因激励产生的磁场不理想对有效信号的影响。软件的监测可视化图像能对采集到的数据进行图像绘制，较快速地响应监测传感阵列下方裂纹的变化情况，软件界面上还能显示当前的扩展类型、扩展量和裂纹角度。

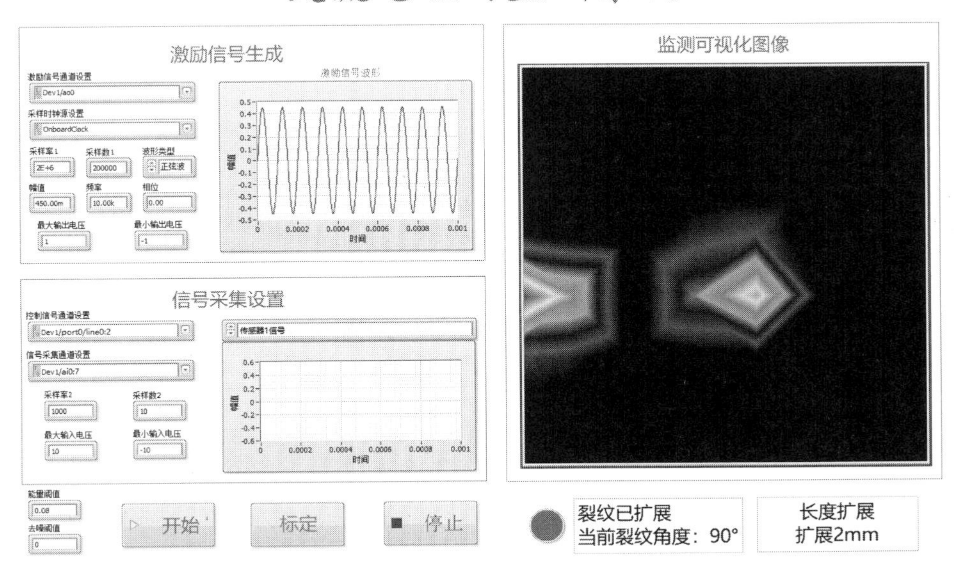

图 5-30 交流电磁场监测系统软件界面

5.4 交流电磁场监测系统实验

本实验融合交流电磁场监测系统，搭配三轴台架，展开模拟监测。实验包括四部分：

（1）结构裂纹长度扩展的监测实验。

（2）结构裂纹深度扩展的监测实验。

（3）不同角度裂纹的监测实验。

（4）远处裂纹端点扩展的监测实验。

实验主要待测试件如图 5-31 所示。该试件表面设有矩形开口裂纹共 10 个，第一排裂纹的深度均为 4mm，宽度均为 0.5mm，长度依次为 8mm、12mm、16mm、20mm、24mm；第二排裂纹的长度均为 16mm，宽度均为 0.5mm，深度依次为 1mm、3mm、5mm、7mm、9mm（贯穿裂纹）。

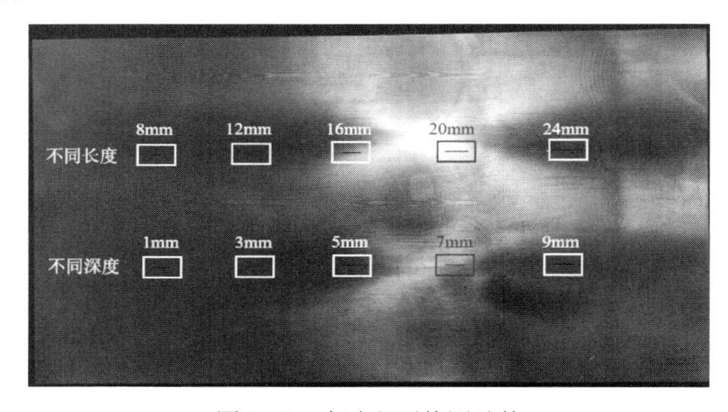

图 5-31 实验主要待测试件

5.4.1 系统监测能力测试

为测试系统对不同位置裂纹的监测能力，分析裂纹位置对监测效果的影响，利用交流电磁场监测系统对铝板上长为 16mm、宽为 0.5mm、深为 4mm 的矩形开口裂纹进行实验。首先进行背景场 B_{z_0} 的提取：将交流电磁场监测传感模组放在远离试件边缘且无裂纹的位置，提取此时的 64 路监测信号，即 B_{z_0}。裂纹端点与传感器的相对位置如图 5-32 所示。从 0～3mm 逐步改变裂纹端点与传感器的距离 d，每次增加 1mm，得到 4 组监测信号 B_z，B_z 经软件处理得到去背景后的有效信号 b_z。实验得到的监测可视化图像如图 5-33 所示。

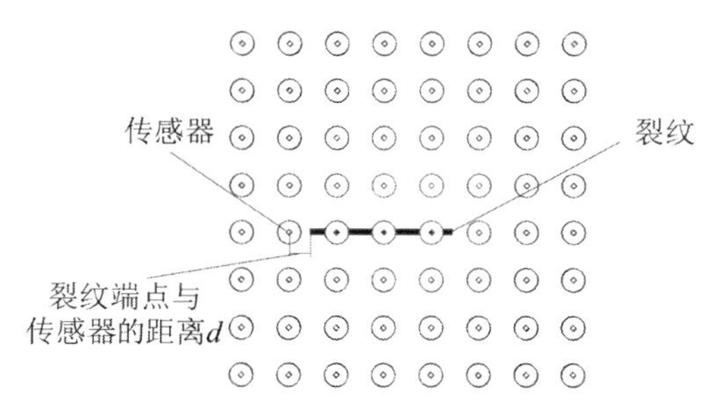

图 5-32 裂纹端点与传感器的相对位置

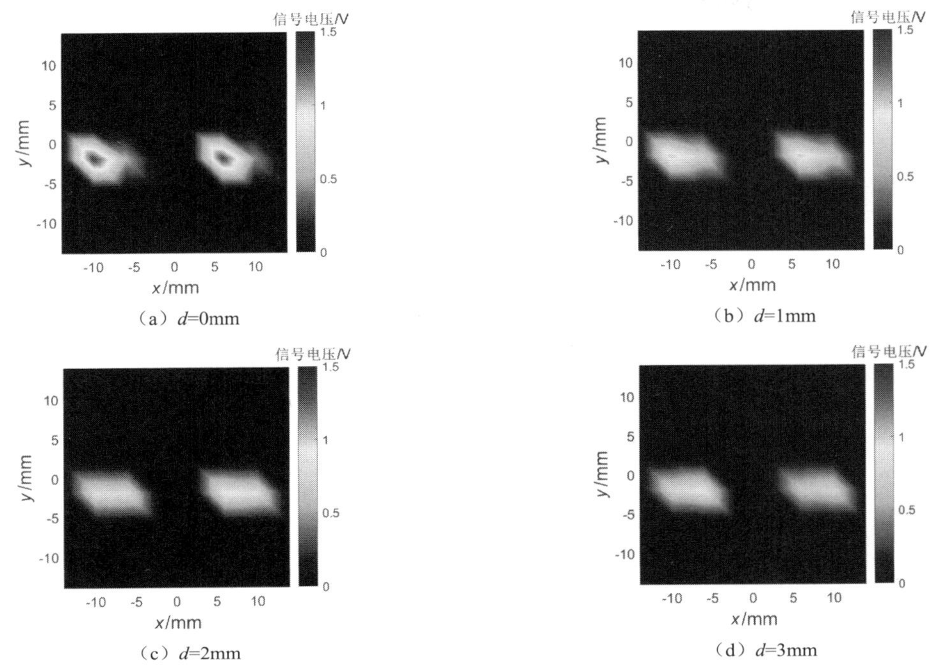

（a）d=0mm （b）d=1mm

（c）d=2mm （d）d=3mm

图 5-33 实验得到的监测可视化图像

分析图 5-33，对于裂纹端点与传感器间的不同相对位置，本书开发的交流电磁场监测系统都可以实现可视化监测。当 d=0 时，表征裂纹端点的两个信号峰值最大，监测效果最好；当 d=2mm 时，表征裂纹端点的两个信号峰值减小，此时监测效果最差，但其可视化效果没有受到较大影响。随着裂纹端点与传感器的距离 d 的不断增大，两个波峰逐渐向左移动，说明裂纹端点正在不断向左移动，这与实际实验的情况相符。

5.4.2 结构裂纹扩展监测实验

1. 结构裂纹长度扩展监测实验

利用交流电磁场监测系统对图 5-31 中试件上不同长度的裂纹进行监测实验。首先进行背景场 B_{z_0} 的提取：将交流电磁场监测传感模组放在远离试件边缘且无裂纹的位置，提取此时的 64 路监测信号，即 B_{z_0} 。以 8mm 作为裂纹扩展前的初始长度，为模拟实际监测过程中结构裂纹的长度扩展，从左到右依次对 8mm、12mm、16mm、20mm、24mm 的不同长度裂纹进行监测，得到监测信号 B_z，B_z 经软件处理得到去背景后的有效信号 b_z。为了使裂纹扩展可视化图像更明显，在对每个裂纹进行监测时将监测传感阵列的左侧边界与裂纹的左端点重合。实验得到的监测可视化图像及信号能量畸变率的变化曲线如图 5-34 所示。

从图 5-34（a）～（e），裂纹长度依次为 8mm、12mm、16mm、20mm、24mm，即表示裂纹长度从 8mm 依次扩展了 4 次，每次扩展量为 4mm、8mm、12mm、16mm，随着裂纹长度的扩展，表征裂纹端点的两个波峰之间的距离越来越大，单凭肉眼就可以判断裂纹是在扩展，实现了对裂纹长度扩展监测的可视化，同时通过交流电磁场监测系统的软件进行判定，4 次裂纹的扩展都为长度扩展，判断结果正确率为百分之百。通过长度定量方法，计算得到的裂纹长度扩展实验数据的处理结果如表 5-8 所示。可知，经过长度定量方法计算得到的长度相比实际裂纹长度的最大绝对误差为 1.5mm，最大相对误差为 6.5%，有效实现了对裂纹长度的量化。

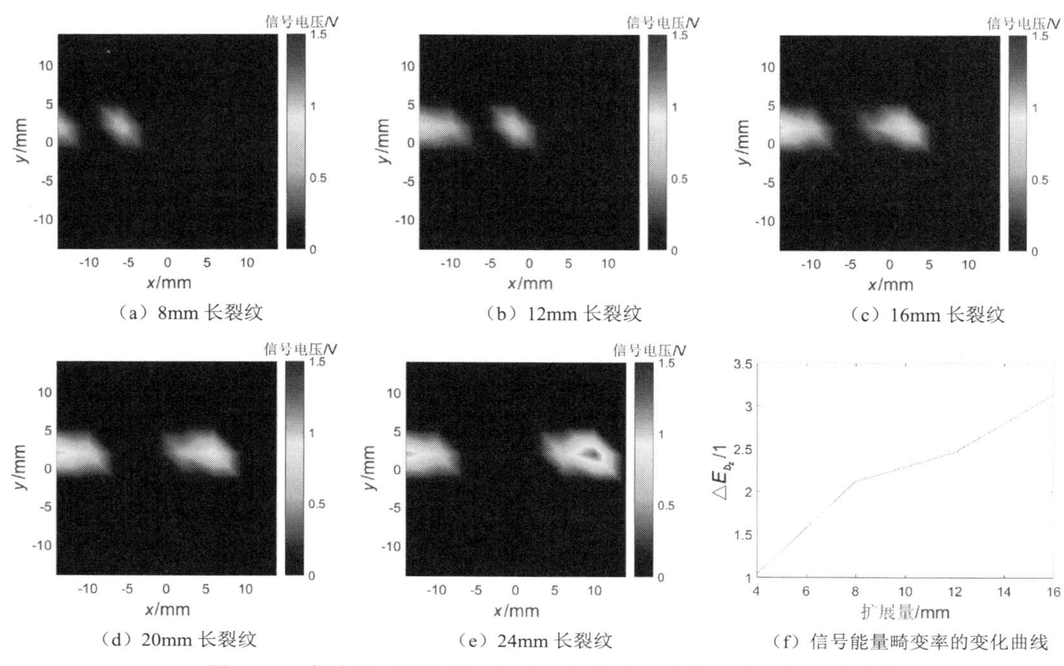

图 5-34　实验得到的监测可视化图像及信号能量畸变率的变化曲线

表 5-8　裂纹长度扩展实验数据的处理结果

裂纹长度/mm	8	12	16	20	24
计算长度/mm	8	11.3	15.2	18.7	22.5
绝对误差/mm	0	0.7	0.8	1.3	1.5
相对误差/%	0	5.8	5.0	6.5	6.3

2. 结构裂纹深度扩展监测实验

利用交流电磁场监测系统对图 5-31 所示的试件上的不同深度裂纹进行监测。首先将交流电磁场监测传感模组放在远离试件边缘且无裂纹的位置，提取背景场信号 B_{z_0}。从左到右依次对 1mm、3mm、5mm、7mm、9mm（贯穿裂纹）的不同深度裂纹进行监测，以 1mm 深度作为裂纹的初始深度，为模拟结构裂纹深度扩展的实际监测效果，每次监测时交流电磁场监测传感模组和裂纹相对位置均保持一致。图 5-35 所示为本实验得到的不同深度裂纹的监测可视化图像及信号能量畸变率的变化曲线。

观察图 5-35，裂纹深度从 1mm 依次扩展了 4 次，每次扩展量分别为 2mm、4mm、6mm、8mm，图中颜色与信号强度对应，白色表示信号强度最大，黑色表示信号强度极弱。随着裂纹深度的扩展，表征裂纹端点位置的两个特征信号的波峰位置始终无明显变化，但波峰处的信号强度逐渐增强，且波峰的区域逐渐增大，这表示随着裂纹深度的增加，其 b_z 磁场信号不断增大，视觉上表现为信号对监测传感阵列的影响区域不断扩大，直观地展现了裂纹深度的扩展，实现了裂纹深度扩展的可视化，同时经交流电磁场监测系统的软件判定，4次裂纹扩展均为深度扩展，判定结果正确率为百分之百。进一步利用深度定量方法对被测裂纹的深度进行计算，取深度为1mm、3mm、7mm、9mm的裂纹监测结果作为拟合数据，利用5mm深裂纹进行检测，最终得到5mm深裂纹的计算深度为4.91mm，绝对误差为0.09mm，相对误差为1.8%，有效实现了对裂纹深度的量化。

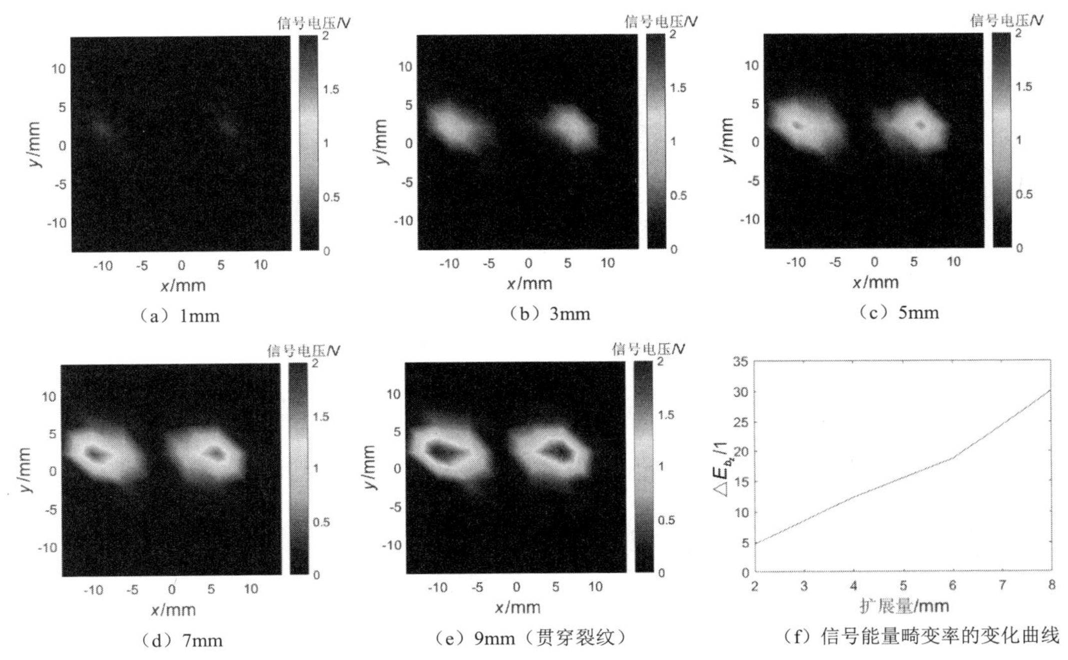

图5-35 本实验得到的不同深度裂纹的监测可视化图像及信号能量畸变率的变化曲线

3. 远处裂纹端点扩展监测实验

考虑到实际监测中可能出现裂纹从远处扩展至监测传感阵列下方的情况。裂纹端点扩展监测示意如图5-36所示。此时裂纹端点逐渐进入监测传感阵列的覆盖区域，继而在监测传感阵列的覆盖区域继续扩展，利用交流电磁场监测系统搭配三轴台架对长为50mm、宽为1mm、深为4mm的长裂纹进行监测。首先将交流电磁场监测传感模组放在远离待测试件边缘且无裂纹的位置，提取监测背景场B_{z_0}。初始状态下，裂纹端点位于监测传感阵列区域外，裂纹左侧端点距离监测传感阵列右侧边缘4mm，为模拟裂纹扩展，用操纵台架夹持交流电磁场监测传感模组向裂纹端点方向运动22mm，即模拟裂纹扩展了22mm，实验期间台架每前进2mm，记录一次实验结果。

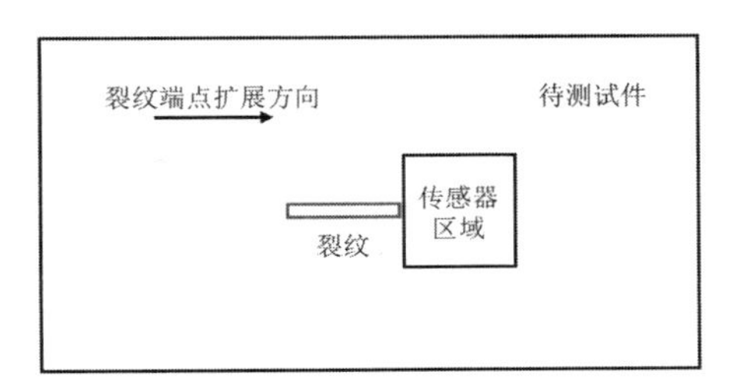

图5-36 裂纹端点扩展监测示意

图5-37所示为本次实验得到的裂纹端点扩展的监测可视化图像。当裂纹端点距离监测传感阵列边缘小于2mm时［见图5-37（a）］，交流电磁场监测系统无法监测到裂纹的存在，当裂纹端点逐渐扩展至距离监测传感阵列边缘2mm处时［见图5-37（b）］，交流电磁场监

测系统开始监测到裂纹端点，进而裂纹端点不断向右扩展，可以明显观察到表征裂纹端点位置的 b_z 信号的波峰不断向右移动，同时，进一步分析图 5-37，若以图 5-37（c）为裂纹监测的初始状态，当裂纹端点向左扩展 2mm 时，其可视化图像如图 5-37（d）所示，肉眼即可明显分辨出裂纹已发生扩展，据此判断交流电磁场监测系统能够监测出 2mm 以上的裂纹扩展，本实验结果充分表明，本书设计的交流电磁场监测系统能够实现对裂纹端点扩展的可视化监测。

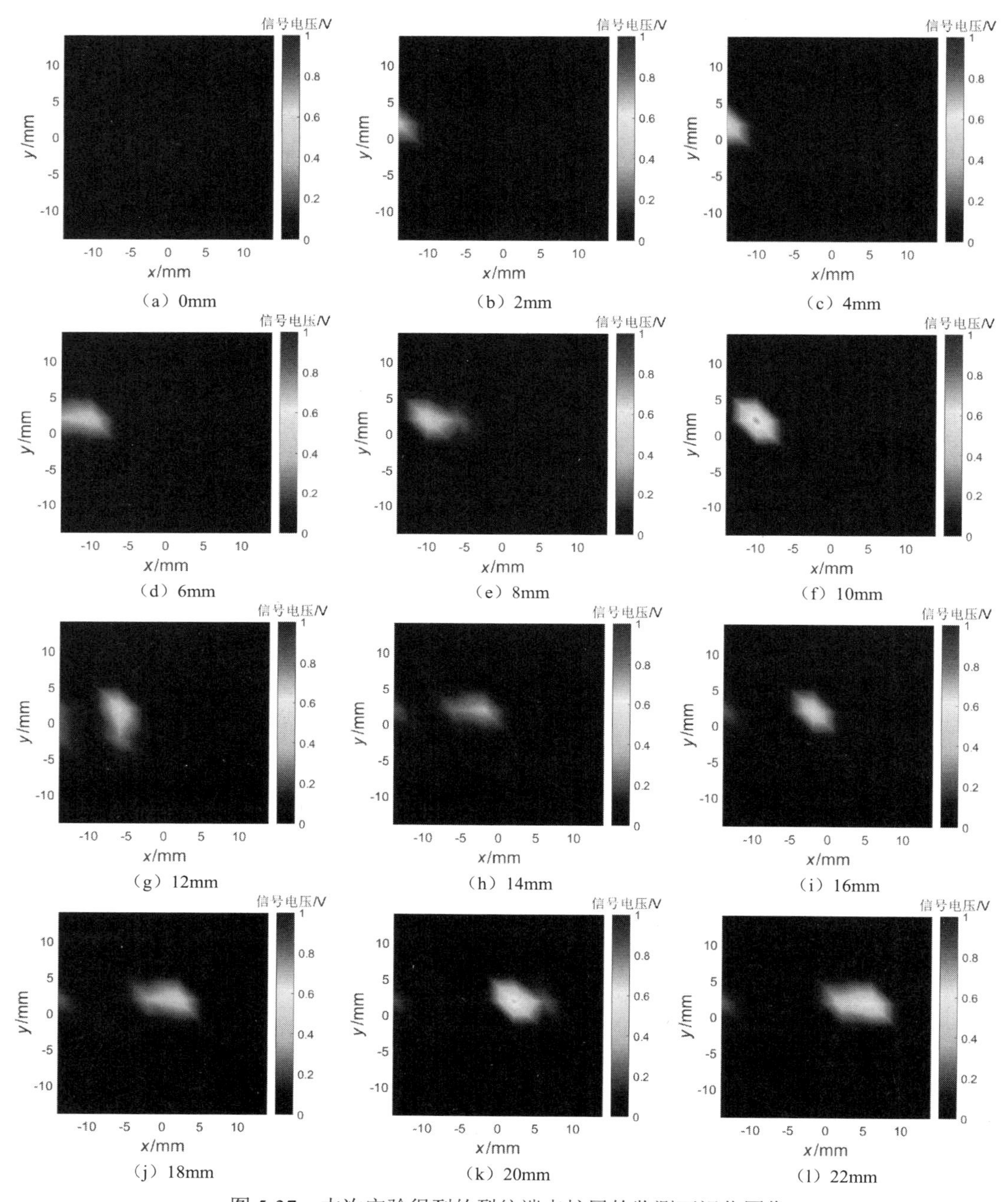

图 5-37　本次实验得到的裂纹端点扩展的监测可视化图像

5.4.3 不同角度裂纹监测实验

利用交流电磁场监测系统进行不同角度的监测实验，分析裂纹角度对交流电磁场监测的影响。首先将交流电磁场监测传感模组放在远离试件边缘且无裂纹的位置，提取背景场信号 B_{x_0}。被测裂纹长为16mm、宽为0.5mm、深为4mm，对被测裂纹长度方向与激励电流方向依次为0°、15°、30°、45°、60°、75°、90°的裂纹夹角 α（见图 5-38）进行监测实验，为模拟结构裂纹的实际监测效果，实验过程中使交流电磁场监测传感模组与裂纹的相对位置始终保持不变。图 5-39 所示为本次实验得到的不同角度裂纹的可视化监测图像，本实验中的激励电流方向为竖直方向。

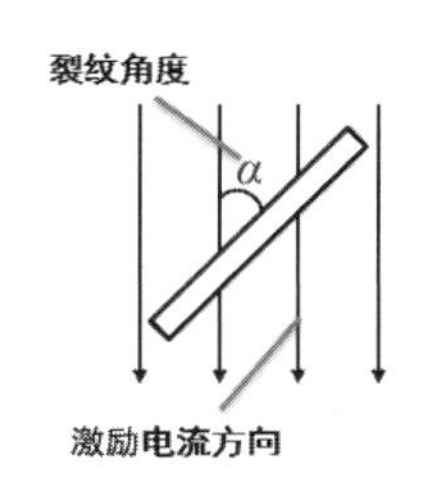

图 5-38 裂纹角度 α

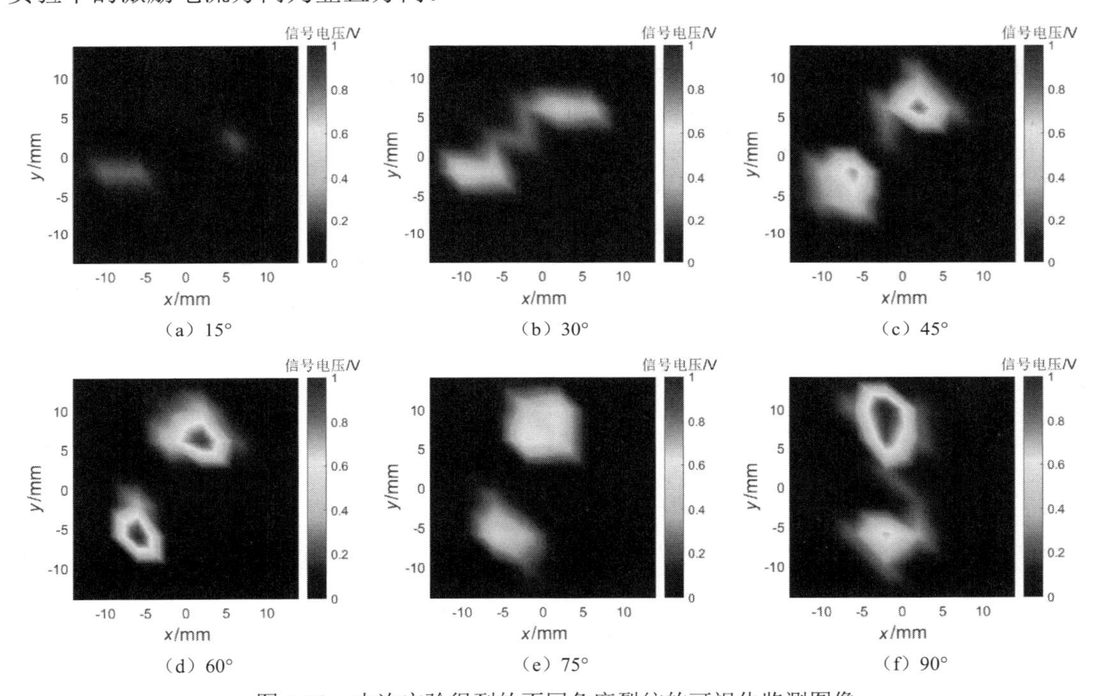

图 5-39 本次实验得到的不同角度裂纹的可视化监测图像

当裂纹角度 α 为0°时，采集到的信号较差，无法分辨裂纹端点的位置。当 α 为15°时，可以明显发现表征裂纹端点的两个波峰，两个波峰连线与竖直方向的夹角近似为十几度，随着裂纹角度 α 逐渐增大，表征裂纹端点的两个波峰信号的强度逐渐增强，影响区域不断扩大，且二者之间的连线与竖直方向的夹角也逐渐增大，最终达到90°，这与裂纹的实际角度的变化完全吻合，因此本书设计的交流电磁场监测系统能够对裂纹角度大于 15°的裂纹进行良好的可视化监测，且裂纹角度 α 越大，监测信号越强，监测效果越好。

利用质心方法对不同角度裂纹的监测结果进行裂纹端点坐标确定，并进一步计算裂纹角度，将计算角度和绝对误差列入表 5-9 中。观察表 5-9，经过角度定量方法计算得到的角度与实际角度相比最大相差 4.7°，实现了对裂纹角度的有效定量。

表 5-9　裂纹角度监测实验数据的处理结果

裂纹角度/(°)	15	30	45	60	75	90
计算角度/(°)	15.9	34.7	48.1	58.9	72.2	88.5
绝对误差/(°)	0.9	4.7	3.1	1.1	2.8	1.5

参考文献

[1] 王鹏聪. 我国长输管道内外检测技术应用研究现状[J]. 化工技术与开发, 2020, 49(11): 46-49, 62.

[2] 袁慎芳. 结构健康监控[M]. 北京: 国防工业出版社, 2007.

[3] 杨志勃, 田绍华, 张兴武, 等. 小波有限元方法及其在结构健康监测中的应用[M]. 武汉: 武汉理工大学出版社, 2019.

[4] TAO Y, PENG L, LI X, et al. Eddy Current Probe with Integrated Tunnel Magnetoresistance Array Sensors for Tube Inspection[J]. IEEE Transactions on Magnetics, 2020, PP(99): 1.

[5] LIU L, CHEN D, PAN M, et al. Planar Eddy Current Sensor Array With Null-Offset[J]. IEEE Sensors Journal, 2019: 1.

[6] 方毅均. 无损检测技术及其在航空维修中的应用探讨[J]. 电子技术与软件工程, 2014, (23): 106.

[7] 黄华斌, 彭智伟, 王竹林, 等. 飞机铆接壁板疲劳损伤的声发射检测[J]. 无损检测, 2020, 42(12): 12-14, 75.

[8] 何攀. 直升机桨毂裂纹声发射信号特性仿真研究[D]. 南昌: 南昌航空大学, 2020.

[9] 庆光蔚, 岳林, 冯月贵, 等. 声发射信号特征分析中的小波变换应用方法[J]. 无损检测, 2012, 34(11): 48-51, 65.

[10] LI Y, YI-CHUN Z. Wavelet Analysis of Acoustic Emission Signals from Thermal Barrier Coatings[J]. Transactions of Nonferrous Metals Society of China, 2006, 16(z1): s270-s275.

[11] WANG Q, CHU F. Experimental Determination of the Rubbing Location by Means of Acoustic Emission and Wavelet Transform[J]. Journal of Sound & Vibration, 2001, 248(1): 91-103.

[12] 刘慎水, 董丽虹, 王海斗, 等. 基于声发射/机器视觉的再制造曲轴弯曲疲劳裂纹监测[J]. 内燃机学报, 2015, 33(6): 562-568.

[13] 殷雪峰, 刘红军, 崔建杰. 脉冲涡流检测技术新进展[J]. 广州化工, 2020, 48(23): 16-18.

[14] 徐德衍, 丁亚萍, 孟鹤, 等. 轨道车辆焊缝缺陷远场涡流检测系统设计及试验研究[J]. 中国测试, 2021, 47(1): 96-104.

[15] 陈朝晖. 基于涡流探伤原理的焊缝疲劳裂纹监测系统设计[D]. 南昌: 华东交通大学, 2013.

[16] 焦胜博, 何宇廷, 丁华, 等. 小波变换在飞机结构疲劳裂纹监测信号处理中的应用[J]. 组合机床与自动化加工技术, 2013, (5): 60-63.

[17] 丁华, 何宇廷, 焦胜博, 等. 基于涡流阵列传感器的金属结构疲劳裂纹监测[J]. 北京航空航天大学学报, 2012, (12): 66-70.

[18] PEYTON B A J. Evaluating the Conductivity Distribution in Isotropic Polycrystalline Graphite Using Spectroscopic Eddy Current Technique for Monitoring Weight loss in Advanced Gas Cooled Reactors[J]. NDT & E International, 2012.

[19] MA X, PEYTON A J. Feature Detection and Monitoring of Eddy Current Imaging Data by Means of Wavelet Based Singularity Analysis[J]. Ndt & E International, 2010, 43(8): 687-694.

[20] WANG W, SHAO H, CHEN L, et al. Investigation on the Turbine Blade Tip Clearance Monitoring Based on Eddy Current Pulse-Trigger Method[C]//Asme Turbo Expo: Turbomachinery Technical Conference & Exposition. Seoul：ASME, 2016.

[21] BUTUSOVA Y N, MISHAKIN V V. On Monitoring the Incubation Stage of Stress Corrosion Cracking in Steel by the Eddy Current Method[J]. International Journal of Engineering Science, 2020, 148: 103212.

[22] 王文娟, 薛景锋, 张梦杰. 光纤传感在飞机结构健康监测中的应用进展和展望[J]. 航空科学技术, 2020, 31(7): 95-101.

[23] 陈江, 肖遥王戈, 张继武. 偏振对于光纤光栅传感器工作性能影响的研究[J]. 仪器仪表用户, 2021, 28(2): 91-95.

[24] 郝艳捧, 曹航宇, 韦杰, 等. 准分布式光纤光栅监测复合绝缘子非耐酸芯棒脆断过程[J]. 高电压技术, 2021, 1-11.

[25] A T S , A T I . Development of Fiber Bragg Grating Strain Sensor with Temperature Compensation for Measurement of Cryogenic Structures[J]. Cryogenics, 2021, 113: 103233.

[26] 师琪, 任亮, 尤润州, 等. 基于光纤光栅传感器的智能螺栓开发及应用[J]. 仪表技术与传感器, 2020, (12): 10-15.

[27] 朱鸿鹄, 周谷宇, 齐贺, 等. 光纤光栅应变计在结构健康监测中的温度效应研究[J]. 应用基础与工程科学学报, 2020, 28(6): 1420-1432.

[28] 张善好. 基于光纤光栅的飞机结构损伤识别方法研究[D]. 沈阳: 沈阳航空航天大学, 2018.

[29] TAO C, YUTING H, JINQIANG D. A High-Sensitivity Flexible Eddy Current Array Sensor for Crack Monitoring of Welded Structures Under Varying Environment[J]. Sensors, 2018, 18(6): 1780-1795.

[30] SUN H, WANG T, LIU Q, et al. A Novel Eddy Current Array Sensing Film for Quantitatively Monitoring Hole-edge Crack Growth of Bolted Joints[J]. Smart Materials and Structures, 2019, 28(1): 015018.

[31] A Q M,A B G,B G Y T A,et al.High Sensitivity Flexible Double Square Winding Eddy Current Array for Surface Micro-defects Inspection - ScienceDirect[J].Sensors and Actuators A: Physical,2020,2020:111844.

[32] CHAUDHURI S, CRUMP J, REED P A S, et al. High-resolution 3D Weld toe Stress Analysis and ACPD Method for Weld toe Fatigue Crack Initiation[J]. Welding in the World, Le Soudage Dans Le Monde, 2019, 63: 1787-1800.

[33] ZILBERSTEIN V, SCHLICKER D, WALRATH K, et al. MWM Eddy Current Sensors for Monitoring of Crack Initiation and Growth During Fatigue Tests and in Service[J]. International Journal of Fatigue, 2001, 23(supp-S1): 477-485.

[34] LIU Q, SUN H, WANG T, et al. On-Site Health Monitoring of Composite Bolted Joint Using Built-In Distributed Eddy Current Sensor Network[J]. Materials, 2019, 12(17): 2785.

[35] LI P, CHENG L, HE Y, et al. Sensitivity Boost of Rosette Eddy Current Array Sensor for Quantitative Monitoring crack[J]. Sensors & Actuators A Physical, 2016, 246: 129-139.

[36] HE Y, CHEN T, DU J, et al. Temperature-compensated Rosette Eddy Current Array Sensor (TC-RECA) Using a Novel Temperature Compensation Method for Quantitative Monitoring Crack in Aluminum alloys[J]. Smart Materials and Structures, 2017, 26(6): 065019.

[37] 李超. 导电薄膜在桥梁结构表面应变及裂缝监测中的应用[D]. 长春: 吉林大学, 2016.
[38] 丁华, 焦胜博, 何宇廷, 等. 花萼状涡流阵列传感器裂纹扰动半解析模型构建[J]. 中国电机工程学报, 2014, 34(3): 495-502.
[39] 侯波, 何宇廷, 崔荣洪, 等. 基于 Ti/TiN 薄膜传感器的飞机金属结构裂纹监测[J]. 航空学报, 2014, 35(3): 878-884.
[40] 安寅, 陈棣湘, 田武刚. 基于 TMR 的平面电磁传感器仿真设计[J]. 无损检测, 2016, 38(4): 33-37.
[41] 李培源, 何宇廷, 杜金强, 等. 基于柔性涡流传感器疲劳裂纹监测试验研究[J]. 传感器与微系统, 2015, 34(1): 24-27, 31.
[42] 陈棣湘, 潘孟春, 田武刚, 等. 基于柔性电磁传感器的发动机叶片微缺陷检测[J]. 中国测试, 2018, 044(1): 65-68.

交流电磁场新技术

随着电子信息技术、信号处理方法的不断进步，交流电磁场在激励方式、传感器类型、探头结构等方面也在不断发展，出现了旋转 ACFM 技术、脉冲 ACFM 技术、多频 ACFM 技术、异形结构探头等，有力推动了 ACFM 技术在内部缺陷检测、管道缺陷检测及阵列传感成像领域的发展。本章 6.1 节讲述为了解决 ACFM 存在方向性的问题而研究的旋转 ACFM 技术，6.2 节讲述针对管道等曲面结构的周向电磁场检测技术，6.3 节与 6.4 节讲述检测埋深缺陷的脉冲 ACFM 技术和多频 ACFM 技术。

6.1 旋转 ACFM 技术

6.1.1 概述

传统 ACFM 技术的激励具有单一方向性，产生的感应电流方向是固定的，即感应电流方向仅垂直于探头移动方向，而在实际应用当中，缺陷走向是未知的，这就容易造成感应电流方向与缺陷走向成一定角度。根据 ACFM 原理，探头单次扫描拾取缺陷引起的磁场畸变信号仅会在电场线垂直于裂纹时有较高的检测灵敏度［见图 6-1（a)]，此时缺陷引起的磁场扰动畸变量最大，有利于裂纹的检出；而对于其他方向，裂纹的检测灵敏度较低，甚至可能出现漏检。电场线平行于裂纹如图 6-1（b）所示。此时电场几乎不发生偏转，缺陷引起的磁场扰动畸变量也很微小，容易被背景磁场信号覆盖，不利于缺陷的检出，降低了 ACFM 技术的可靠性。而在 ACFM 技术中引入旋转电磁场就能有效地避免裂纹走向对检测结果的影响，从而提高 ACFM 技术的检测灵敏度与可靠性。

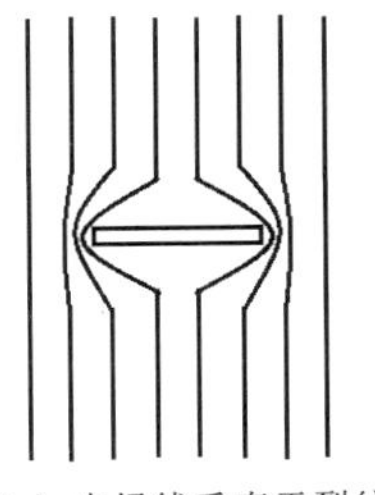
（a）电场线垂直于裂纹

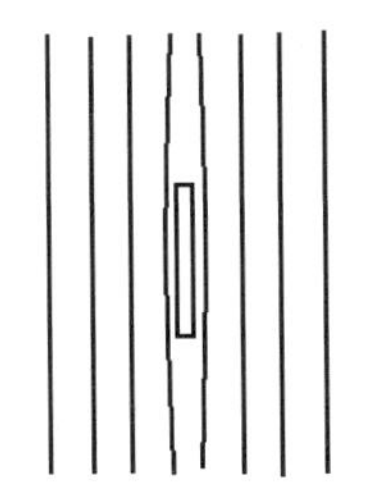
（b）电场线平行于裂纹

图 6-1　试件表面的感应电场

6.1.2 旋转电磁场理论分析

空间位置相互垂直的两组线圈 X 与 Y 分别加载电流幅值、频率相等且相位差为 90°的交流电，能够在空间感应产生旋转电磁场。基于以上理论，中国石油大学团队研发了基于 ACFM 的双 U 形正交激励探头，其结构图如图 6-2 所示。

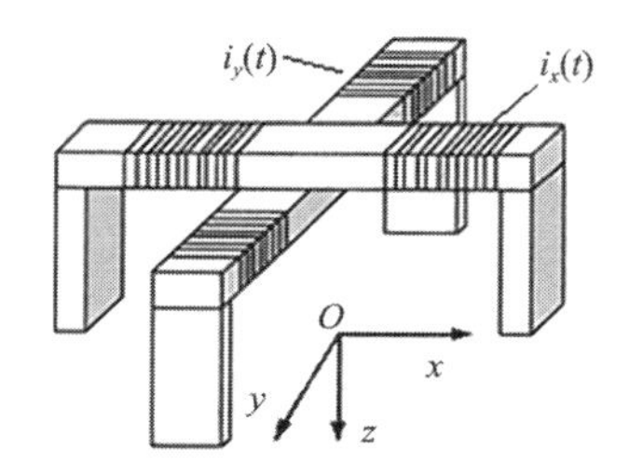

图 6-2　基于 ACFM 的双 U 形正交激励探头结构图

在图 6-2 中，正交放置的两个 U 形 Mn-Zn 磁芯上分别缠绕了激励线圈 X、Y，并分别加载了电流幅值、频率相等，相位差为 90°的交流电 i_x 和 i_y，其大小分别如式（6-1）和式（6-2）所示。

$$i_x = I_0 \sin(\omega t + \alpha_0) \tag{6-1}$$

$$i_y = I_0 \sin(\omega t + \alpha_0 + 90°) = I_0 \cos(\omega t + \alpha_0) \tag{6-2}$$

式中，$\omega = 2\pi f$，f 为电流频率；I_0 为电流幅值；α_0 为初始相位；t 为时间。

由电磁感应原理可知，此相互垂直的两组线圈分别在空间产生两组电磁场。由安培环路定律可知，当缠绕线圈的长度远大于线圈的直径时，激励线圈 X、Y 在空间产生的磁通密度 $B_x(t)$ 和 $B_y(t)$ 分别如式（6-3）与式（6-4）所示。

$$B_x(t) = \mu_0 \mu_\mathrm{r} n I_0 \sin(\omega t + \alpha_0)\vec{X} \tag{6-3}$$

$$B_y(t) = \mu_0 \mu_\mathrm{r} n I_0 \cos(\omega t + \alpha_o)\vec{Y} \tag{6-4}$$

式中，n 为激励线圈的匝数；$\vec{X}$、$\vec{Y}$ 仅代表激励线圈 X、Y 在空间产生感应电磁场的方向，不代表数值大小。

由电磁感应定律可知，当双 U 形正交激励探头足够靠近导磁试件表面时，该导磁试件可以看作一个半无限大的平板，因此给激励线圈通电会在试件表面产生感应电磁场。根据电磁传播原则及集肤效应，试件表面的感应电磁场强度会随着试件的深度 z 呈指数衰减。由激励线圈 X、Y 在试件表面产生的感应电场强度分别为 $H_x(z,t)$、$H_y(z,t)$，如式（6-5）与式（6-6）所示；集肤层厚度 d 如式（6-7）所示。

$$H_x(z,t) = \sqrt{2} k H_\mathrm{p} \mathrm{e}^{-\frac{z}{d}} \cos\left(\omega t + \alpha_0 - \frac{z}{d}\right)\vec{X} \tag{6-5}$$

$$H_y(z,t) = \sqrt{2} k H_\mathrm{p} \mathrm{e}^{-\frac{z}{d}} \cos\left(\omega t + \alpha_0 + 90° - \frac{z}{d}\right)\vec{Y} \tag{6-6}$$

$$d = \sqrt{2/\omega\sigma\mu} \tag{6-7}$$

式中，H_{p} 为感应磁场总强度值；k 为试件表面感应磁场强度值与感应磁场总强度值的比值；μ 为材料的磁导率，$\mu=\mu_{\mathrm{r}}\mu_0$；$\sigma$ 为电导率。

结合麦克斯韦方程组与感应电磁场强度的表达式，激励线圈 X、Y 在试件表面产生的感应电流密度分别为 $J_{ex}(z,t)$、$J_{ey}(z,t)$。激励线圈 X、Y 在试件表面产生的感应电场的分布图如图 6-3 所示。

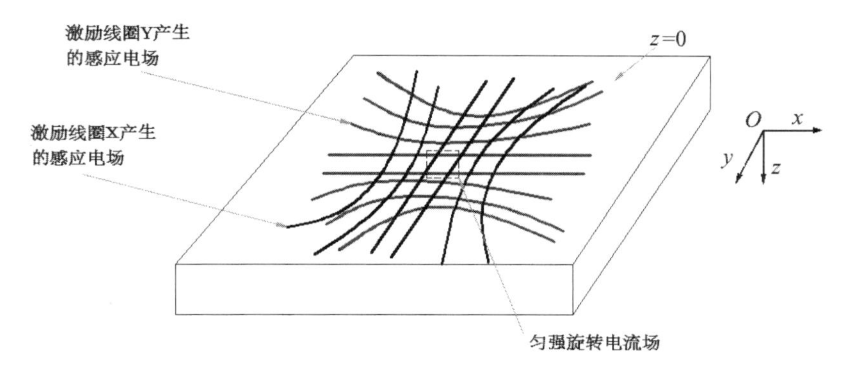

图 6-3　激励线圈 X、Y 在试件表面产生的感应电场的分布图

$J_{ex}(z,t)$、$J_{ey}(z,t)$ 的表达式分别如式（6-8）、式（6-9）所示。

$$J_{ex}(z,t)=\frac{2kH_{\mathrm{p}}}{d}\mathrm{e}^{-\frac{z}{d}}\cos\left(\omega t+\alpha_0-\frac{z}{d}+\frac{\pi}{4}\right)\vec{X} \tag{6-8}$$

$$J_{ey}(z,t)=\frac{2kH_{\mathrm{p}}}{d}\mathrm{e}^{-\frac{z}{d}}\cos\left(\omega t+\alpha_0-\frac{z}{d}+\frac{3\pi}{4}\right)\vec{Y} \tag{6-9}$$

根据矢量合成定理，试件表面的感应电流总密度 $J_{\mathrm{e}}(z,t)$ 可以看作由两个正交的电流密度 $J_{ex}(z,t)$、$J_{ey}(z,t)$ 叠加而成，$J_{\mathrm{e}}(z,t)$ 的大小与方向分别为 $A_J(z)$、$\theta_J(z)$，如式（6-10）、式（6-11）所示。

$$A_J(z)=\sqrt{J_{ex}(z,t)^2+J_{ey}(z,t)^2}=\frac{2kH_{\mathrm{p}}}{d}\mathrm{e}^{-\frac{z}{d}} \tag{6-10}$$

$$\theta_J(z)=\arctan\left(\frac{J_{ex}(z,t)}{J_{ey}(z,t)}\right)=\omega t+\alpha_0-\frac{z}{d}+\frac{3\pi}{4} \tag{6-11}$$

由式（6-10）、式（6-11）可知，双 U 形正交激励探头在试件表面产生的合成电场大小也随深度 z 呈指数衰减，而对于给定深度所在表面，感应电场的大小是一个固定值，电场方向随着时间做周期性旋转，其旋转周期与激励电流周期相等。试件表面感应电场的周期分布变化图如图 6-4 所示。

理论研究表明，该双 U 形正交激励探头能在试件表面感应出大小不变、方向随时间做周期性旋转的电磁场。与传统的 ACFM 单激励探头相比，双 U 形正交激励探头能突破 ACFM 技术的单一方向性，即探头无论以何种路径扫过缺陷，基于旋转电磁场的 ACFM 都能检测出裂纹的存在，且能配合阵列检测传感器，单次扫描即能获得任意走向裂纹的尺寸信息，大大降低了漏检的可能性，且提高了裂纹的检出率。

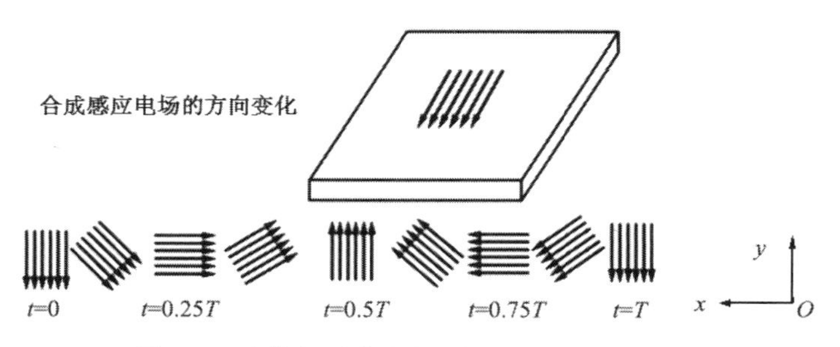

图 6-4　试件表面感应电场的周期分布变化图

6.1.3　旋转电磁场仿真分析

1．模型建立

借助 ANSYS 有限元分析软件，建立双 U 形正交激励探头的旋转交流电磁场仿真模型，如图 6-5 所示。

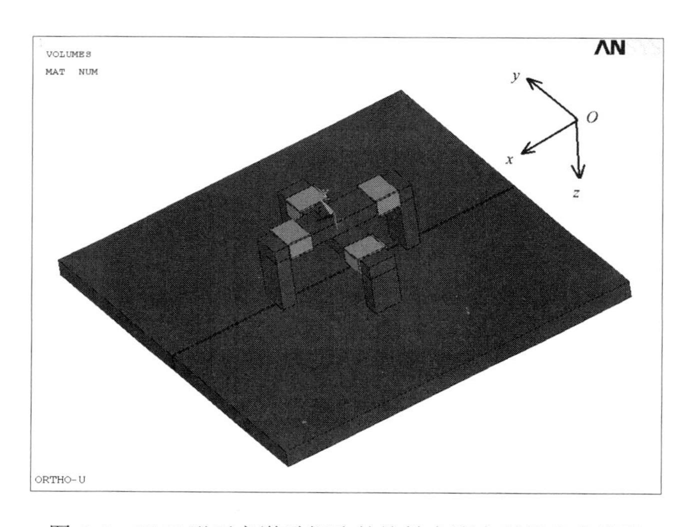

图 6-5　双 U 形正交激励探头的旋转交流电磁场仿真模型

在模型中选取 SOLID117 单元，考虑到电磁场在空气中的衰减，建立整体空气模型，并在此空气模型中建立双 U 形正交激励探头与试件模型；缺陷模型为矩形，位于试件模型表面的中心；裂纹长度和裂纹宽度分别关于 *YZ* 平面与 *XZ* 平面对称。旋转交流电磁场仿真模型的尺寸参数和特征参数分别如表 6-1 与表 6-2 所示。

表 6-1　旋转交流电磁场仿真模型的尺寸参数

模型名称	长/mm	宽/mm	厚/mm	高/mm
试件	200	200	—	10
激励线圈	13	—	1	—
磁芯 1	80	15	8	30（腿）
磁芯 2	80	15	8	22（腿）
空气层	200	200	—	88
裂纹	15	1	—	8

表 6-2 旋转交流电磁场仿真模型的特征参数

线圈匝数	试件材料	加载电压/V	频率/Hz
500	铝	5	6000

在旋转交流电磁场仿真模型中，为避免铁磁性材料在仿真运算中产生的漏磁场对特征信号的干扰，影响检测结果的精度，试件材料选取非磁性材料铝。

2. 网格划分

为保证模型精度，采用扫略划分与自由划分相结合的方式对模型进行网格划分。对磁芯、激励线圈、试件等较规则的几何体采用扫略划分的方式生成六面体单元，如图 6-6（a）所示。对靠近裂纹处的试件与空气层，采用细化网格处理以得到较高的计算精度，如图 6-6（b）所示。周围空气层采用自由划分的方式，如图 6-6（c）所示，以减少仿真计算量。

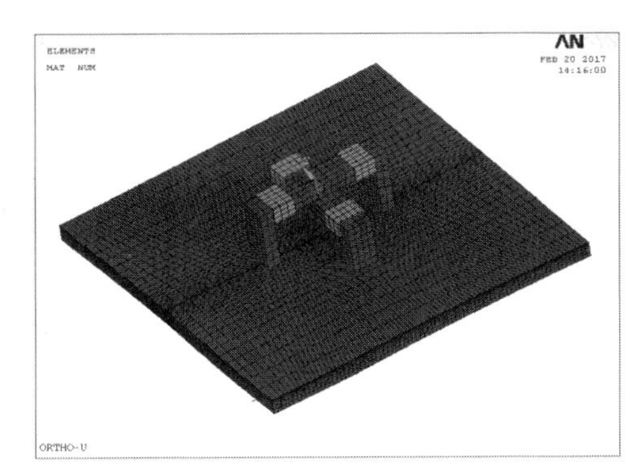

（a）扫略划分

（b）细化网格处理

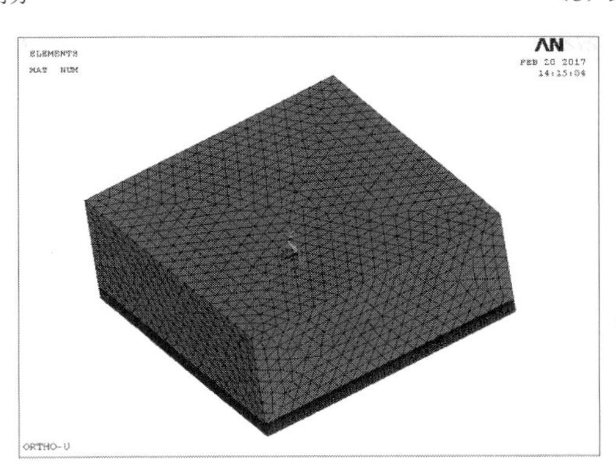

（c）自由划分

图 6-6 模型网格划分

3. 边界条件及参数加载

在模型中，需要满足的边界条件为外层空气矢量磁位 $\boldsymbol{A}_X$、$\boldsymbol{A}_Y$、$\boldsymbol{A}_Z$ 皆为 0，节点电压自由度 VOLT=0，交界面处的磁力线垂直，如图 6-7（a）所示。在本模型中，由于电流加载受线圈匝数的影响，因此线圈中加载了电流密度值（电流值×线圈匝数/线圈横截面面积）。电流加载效果如图 6-7（b）所示。正交结构激励线圈中加载交流电的幅值较大，能得到较大信号，以便进行数据分析。

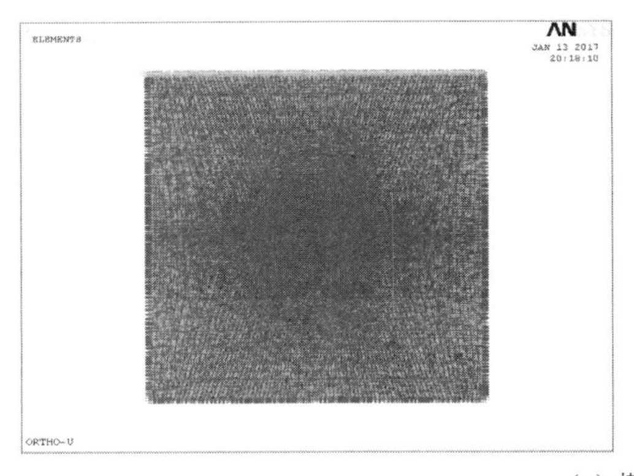

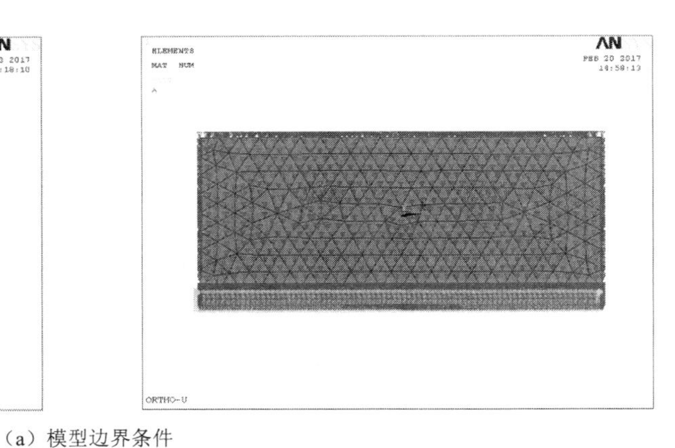

（a）模型边界条件

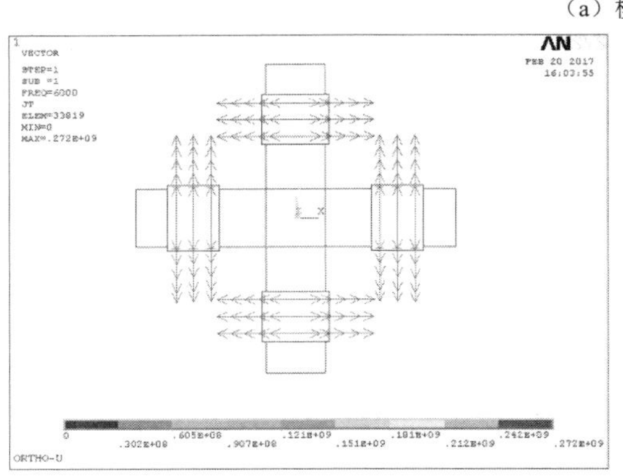

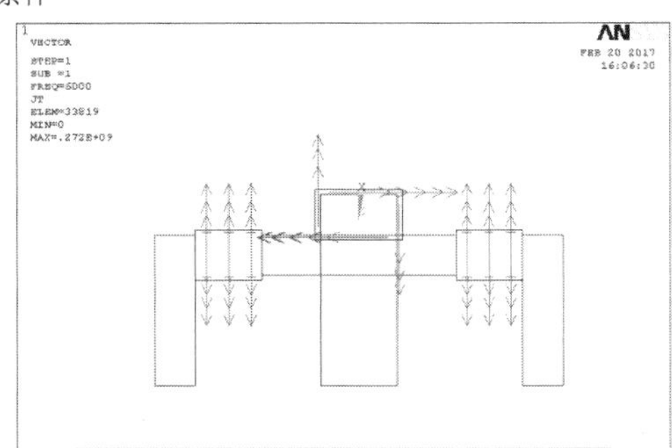

（b）电流加载效果

图 6-7　模型边界条件与电流加载效果

4．求解与结果分析

为探究试件表面的电磁场分布情况，当试件表面无缺陷时，可借助瞬态分析技术得到试件表面的感应电场分布。图 6-8（a）～（h）所示为在双 U 形正交激励探头下，每 $\frac{1}{8}T$ 试件表面的感应电场分布。可以明显看出，双 U 形正交激励探头能在试件表面感应并产生随时间做周期性旋转的电场，即得到的感应磁场方向也是呈周期性变化的。

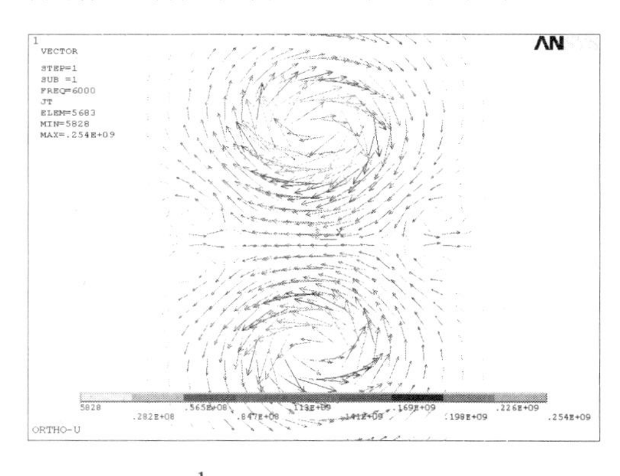

（a）$\frac{1}{8}T$ 时刻感应电场的瞬态分布

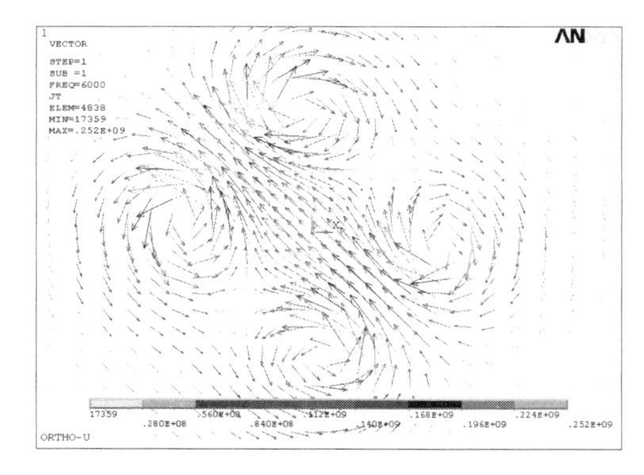

（b）$\frac{2}{8}T$ 时刻感应电场的瞬态分布

图 6-8　一个周期内各时间段的感应电场分布

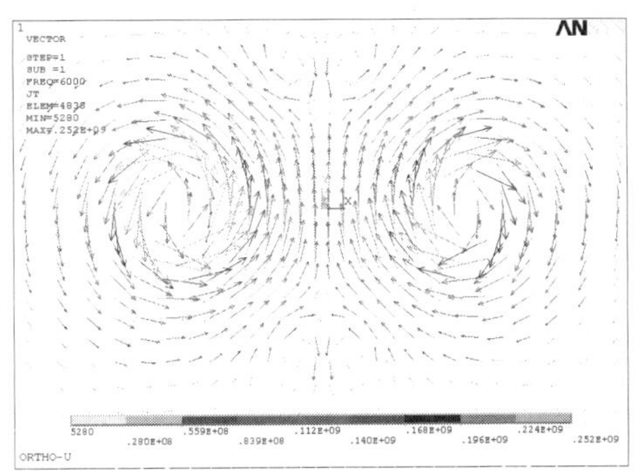

（c）$\frac{3}{8}T$ 时刻感应电场的瞬态分布

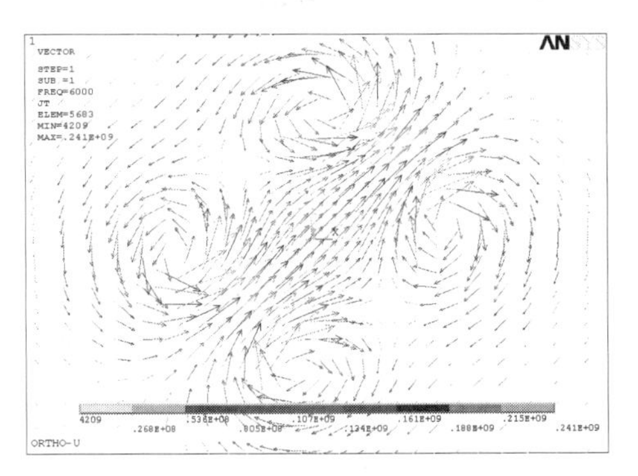

（d）$\frac{4}{8}T$ 时刻感应电场的瞬态分布

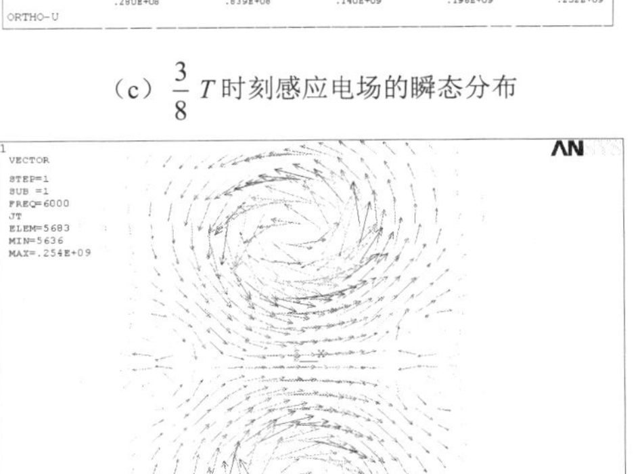

（e）$\frac{5}{8}T$ 时刻感应电场的瞬态分布

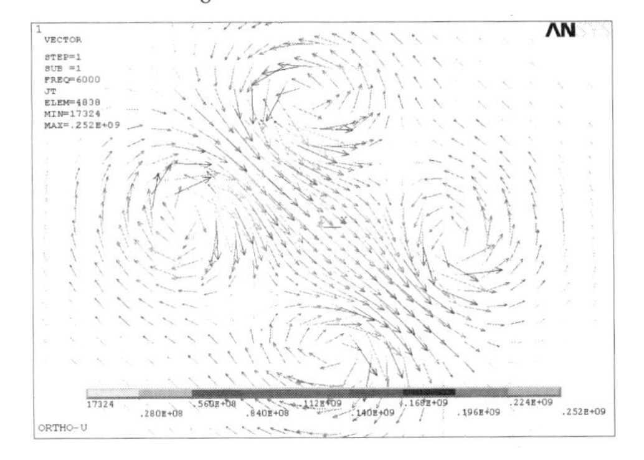

（f）$\frac{6}{8}T$ 时刻感应电场的瞬态分布

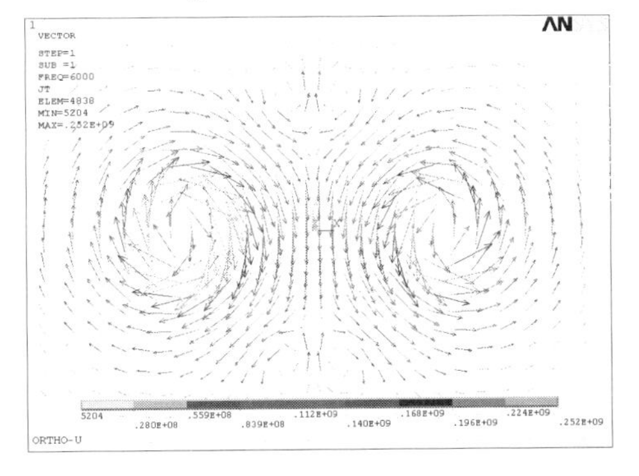

（g）$\frac{7}{8}T$ 时刻感应电场的瞬态分布

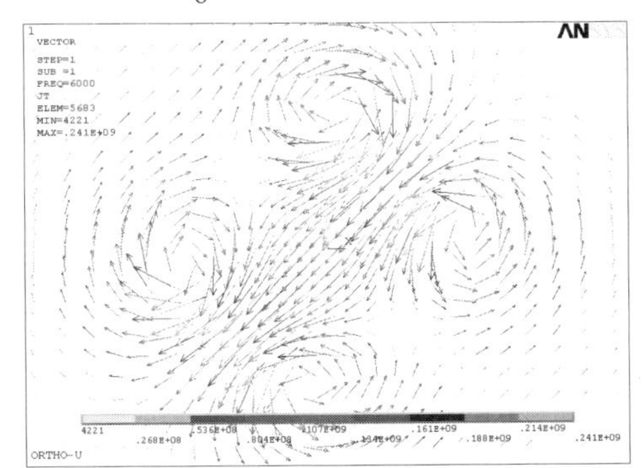

（h）$\frac{8}{8}T$ 时刻感应电场的瞬态分布

图 6-8　一个周期内各时间段的感应电场分布（续）

旋转 ACFM 技术不仅要求磁场方向做周期性变化，还要求磁场大小保持不变。为验证试件表面感应磁场的强度值是否保持不变，本实验提取了试件表面中心 15mm×15mm 范围内一定数量采样点的磁场值。感应磁场强度均值如表 6-3 所示。

表 6-3　感应磁场强度均值

时间	$\frac{1}{4}T$	$\frac{2}{4}T$	$\frac{3}{4}T$	T
感应磁场强度均值（$\times10^{-3}$T）	1.9749	1.9197	2.0371	2.0795

由表 6-3 中的数据可知，该范围内采样点的感应磁场强度均值的相对误差小于 5%，可认为感应磁场强度均值在一个周期内大小保持不变。ANSYS 仿真结果表明，该探头能在试件表面感应并产生旋转电磁场，磁场强度在周期内保持不变，满足旋转电磁场检测技术的需求。

5．缺陷对旋转感应电流分布的影响

由于在实际工程应用中，缺陷走向未知，而传统的 ACFM 技术检测时具有方向性，严重时还可能出现漏检的情况，限制了其在实际工程中的应用。利用本节建立的模型，在试件表面建立裂纹模型。一个周期内缺陷对感应电场的扰动分布如图 6-9 所示。

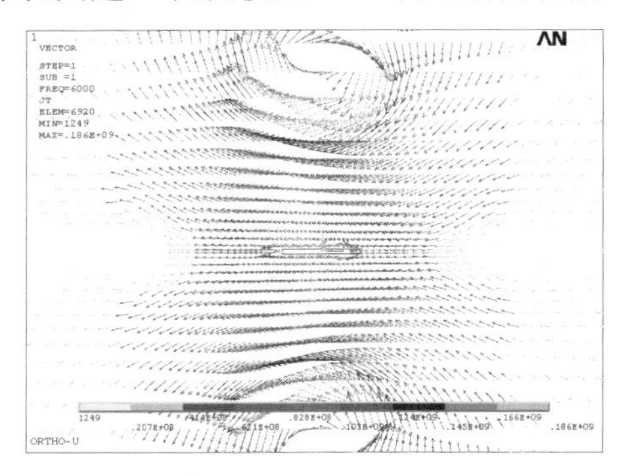

（a）$\frac{1}{8}T$ 时刻感应电场的瞬态分布

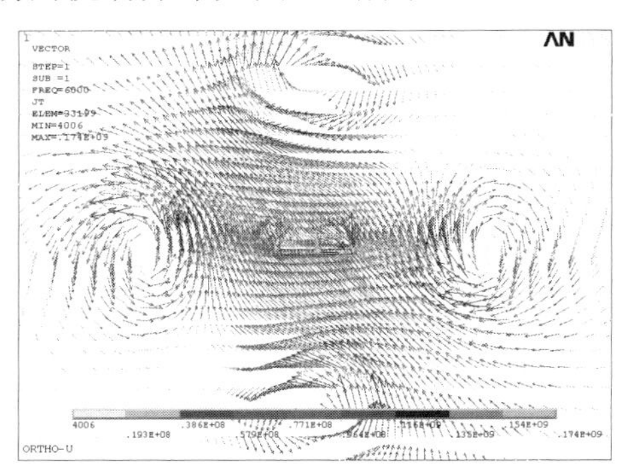

（b）$\frac{2}{8}T$ 时刻感应电场的瞬态分布

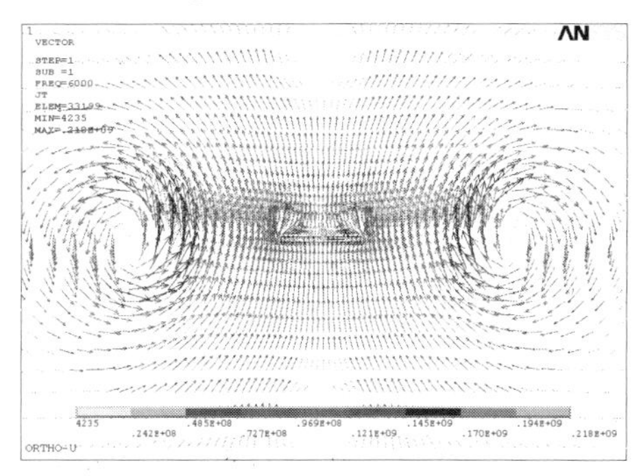

（c）$\frac{3}{8}T$ 时刻感应电场的瞬态分布

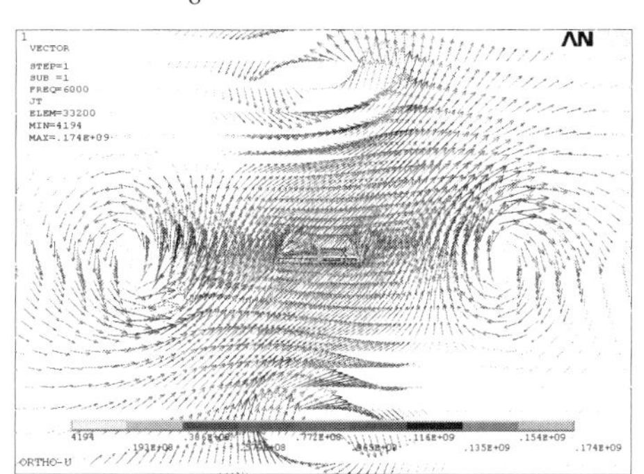

（d）$\frac{4}{8}T$ 时刻感应电场的瞬态分布

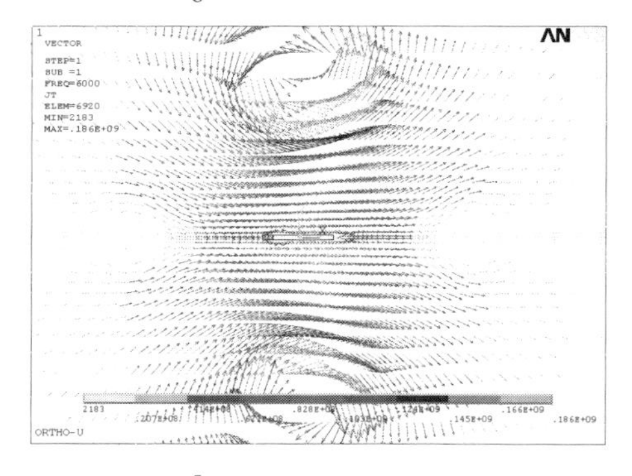

（e）$\frac{5}{8}T$ 时刻感应电场的瞬态分布

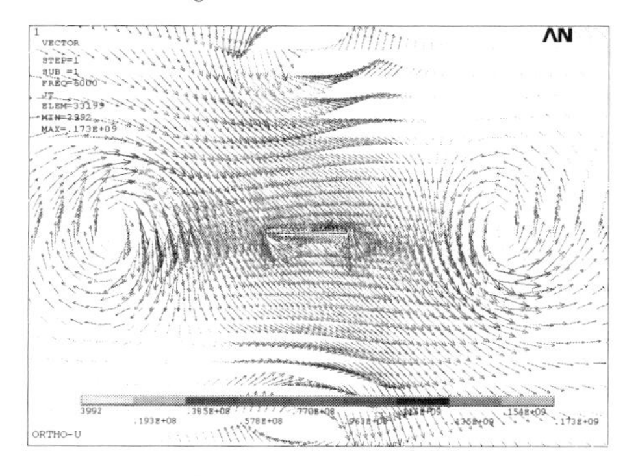

（f）$\frac{6}{8}T$ 时刻感应电场的瞬态分布

图 6-9　一个周期内缺陷对感应电场的扰动分布

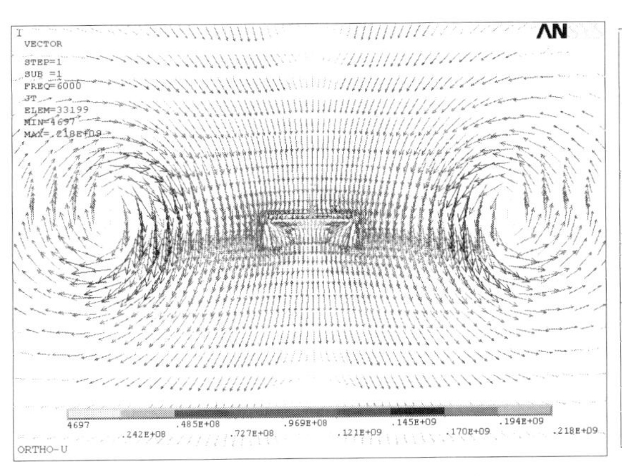

(g) $\frac{7}{8}T$时刻感应电场的瞬态分布

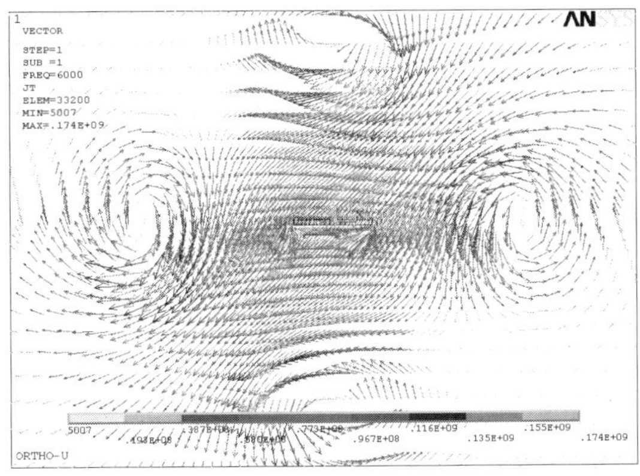

(h) $\frac{8}{8}T$时刻感应电场的瞬态分布

图 6-9 一个周期内缺陷对感应电场的扰动分布（续）

由图 6-9 可知，试件表面缺陷的存在会使原本匀强分布的电场发生扰动，即电场会从缺陷两端绕过，造成缺陷两端的电场汇聚，从而引起缺陷周围的感应磁场发生畸变。而由于试件表面的感应电场是呈周期性旋转的，即总会存在某一个时刻，裂纹走向与感应电场方向是垂直的，而根据 ACFM 技术的检测原理，此时缺陷周围扰动磁场的畸变值最大，能避免发生裂纹走向与感应电场方向一致时造成的漏检情况。

6. 缺陷检测仿真结果分析

在旋转交流电磁场仿真模型中，在对模型求解以后，保持缺陷在试件表面相对位置不变，通过路径控制命令，改变双 U 形正交激励探头提取特征信号的运动路径，从而达到对任意走向裂纹的检测。将裂纹与扫描路径间的夹角定义为裂纹角度 θ，其示意图如图 6-10（a）所示，每个角度的扫描路径都会从裂纹中心处经过。由于试件表面电场方向的变化具有周期性，即电场方向从 0°到 360°做周期性变化，且书中建立的缺陷模型为直线裂纹，因此裂纹走向与扫描路径间的夹角只能在 0°～90°之间变化，即 $0°\leqslant\theta\leqslant90°$。

为达到阵列检测的效果，要提取到足够的磁场强度值，本书中每个角度的扫描路径都要往其左右两边各偏移 5 次，每两条扫描路径的间隔为 2mm，即扫描覆盖宽度为 20mm。这样，即使裂纹角度为 90°时，也能保证裂纹整体在扫描覆盖范围内［见图 6-10（b）］，且探头每次扫描路径的长度为 30mm。同时，扫描路径的角度间隔为 30°，每隔 30°会完成一次阵列检测。通过提取特征信号 B_z，即缺陷在垂直于试件表面 z 方向上引起的磁场畸变量，绘制三维特征信号 B_z 的平面俯视图，如图 6-11 所示。

由图 6-11 中特征信号 B_z 的仿真结果可知，双 U 形正交激励线圈在试件表面产生的旋转电磁场满足 ACFM 技术的原理，即旋转电磁场会在裂纹两端汇聚，产生磁场畸变。该检测方法突破了传统 ACFM 技术检测方向单一性的限制，不但对于任何角度裂纹都具有较高的检测灵敏度，而且阵列检测结果能直观地反映裂纹角度的变化。

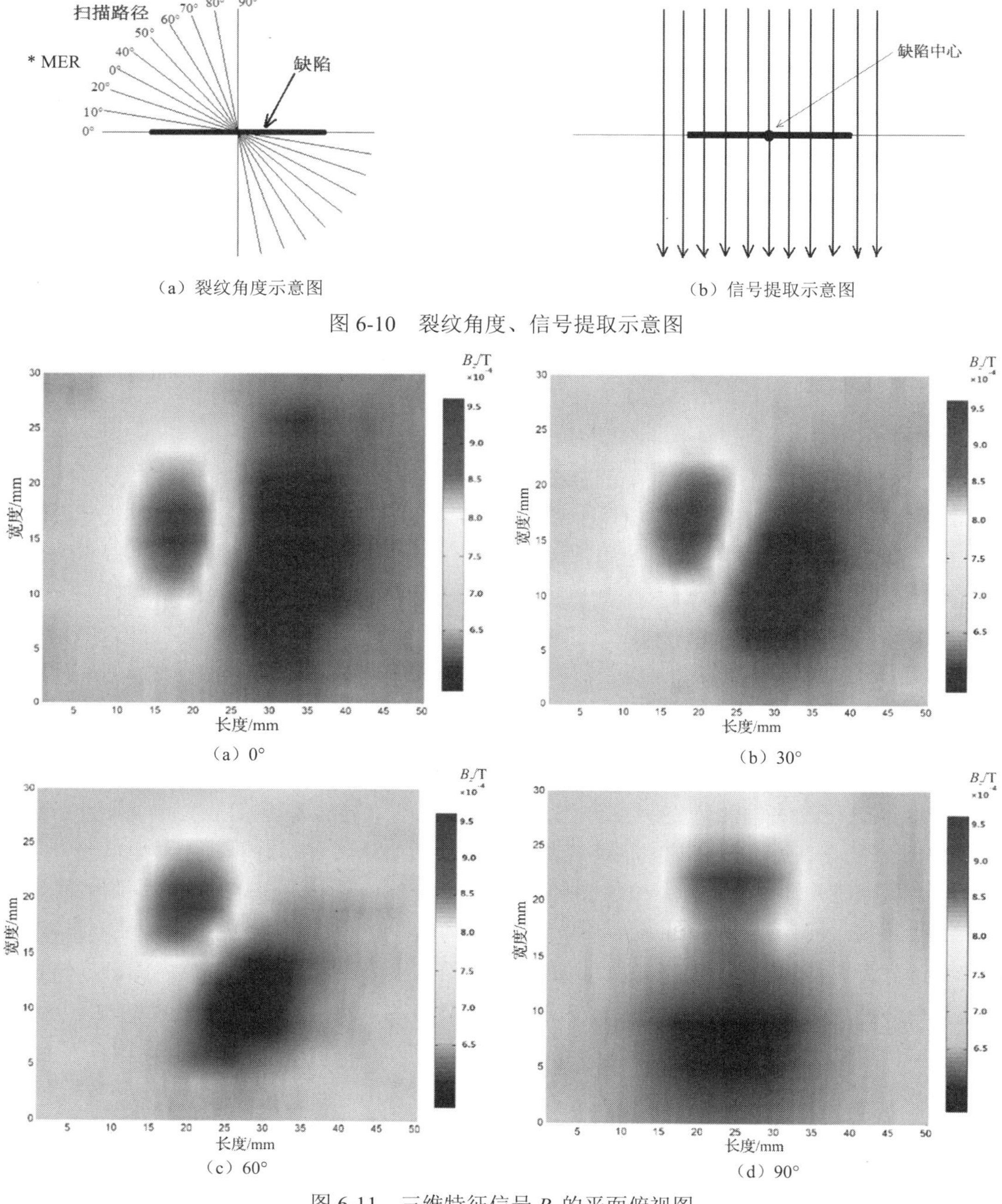

（a）裂纹角度示意图

（b）信号提取示意图

图 6-10　裂纹角度、信号提取示意图

（a）0°

（b）30°

（c）60°

（d）90°

图 6-11　三维特征信号 B_z 的平面俯视图

6.1.4　实验验证及结果分析

旋转 ACFM 系统包括硬件系统与软件系统，利用该系统并借助三轴控制台架，开展裂纹角度为 0°、15°、30°、45°、60°、75°、90°的检测实验。实验中所用的试件材料为铝材，缺陷采用电火花加工而成，裂纹长度为 10mm、宽度为 1mm。旋转 ACFM 系统及实验所用试件和裂纹如图 6-12 所示。

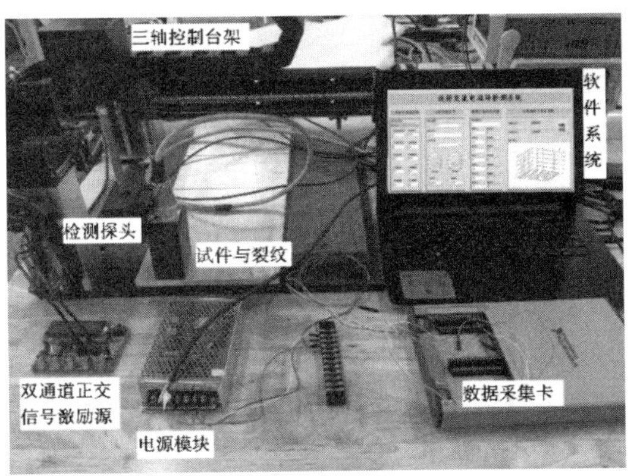

（a）旋转 ACFM 系统

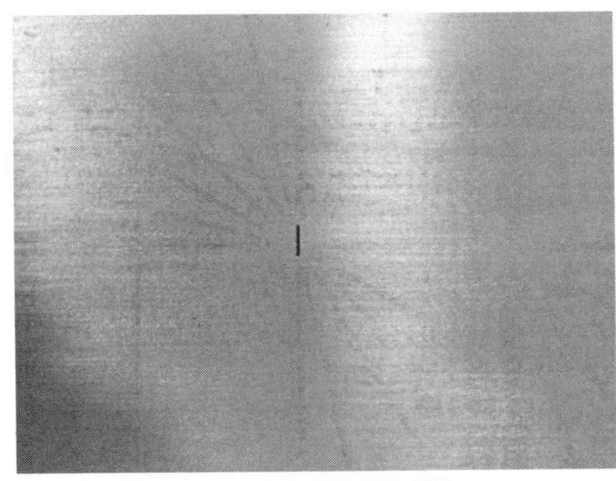
（b）实验所用试件和裂纹

图 6-12 旋转 ACFM 系统及实验所用试件和裂纹

将双 U 形正交激励线圈分别加载幅值为 8V、5V，频率为 6kHz，相位差为 90°的正弦激励信号。三轴控制台架控制探头的扫描路径长度为 60mm、宽度为 38mm。不同角度裂纹的三维特征信号 B_z 图如图 6-13 所示。

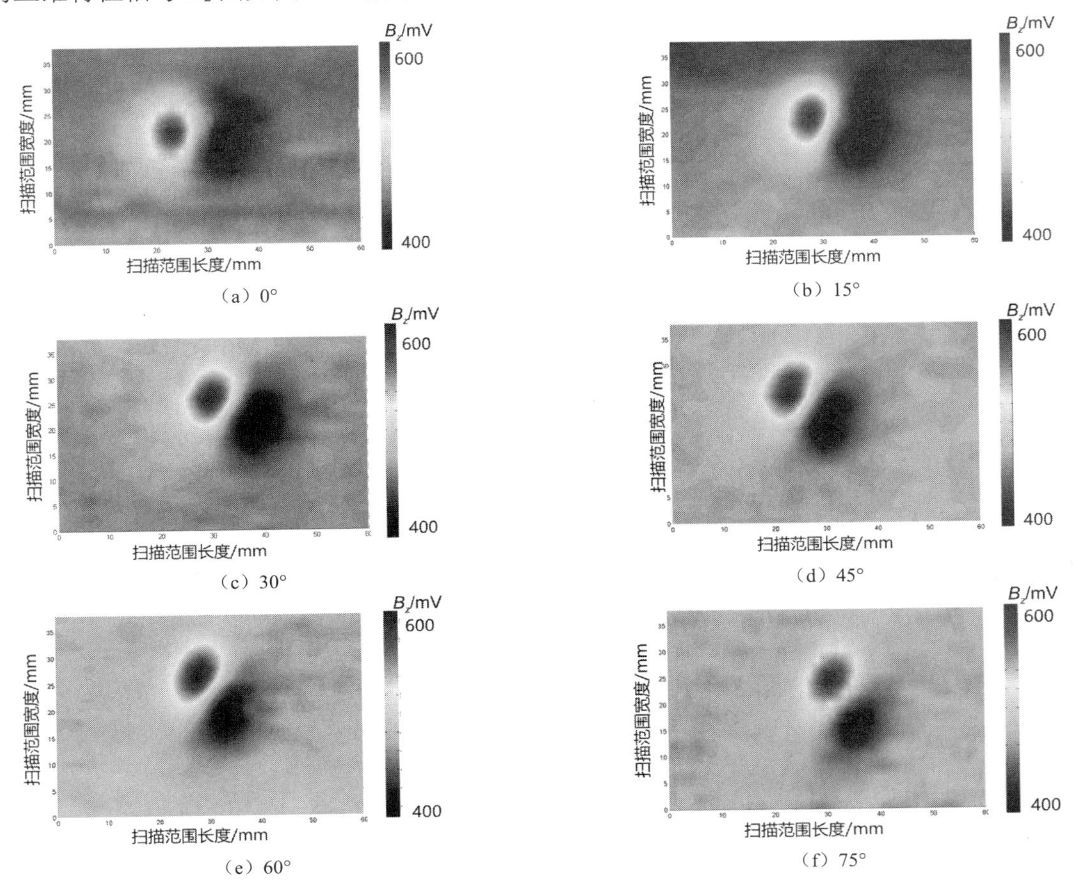

（a）0°
（b）15°
（c）30°
（d）45°
（e）60°
（f）75°

图 6-13 不同角度裂纹的三维特征信号 B_z 图

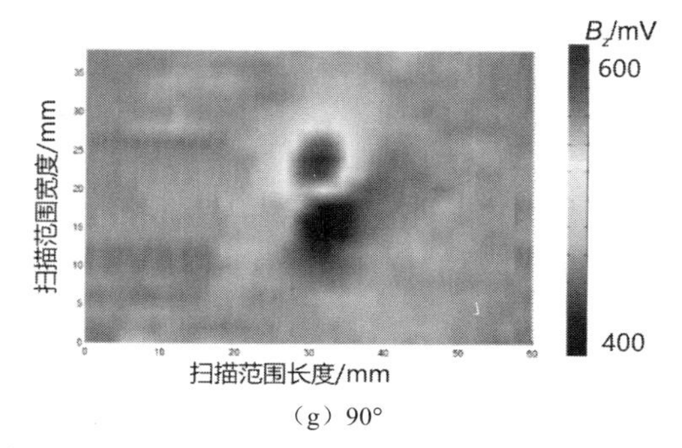

（g）90°

图 6-13　不同角度裂纹的三维特征信号 B_z 图（续）

由实验所得的三维特征信号 B_z 图，结合旋转电磁场检测所得的仿真结果可以初步得出结论：在三维特征曲面图中，B_z 的波峰与波谷随扫描方向的变化呈现一定的分布规律，即波峰与波谷在试件表面的投影方向和裂纹走向是一致的。与传统的 ACFM 技术相比，旋转 ACFM 技术能完成对任意走向裂纹的角度量化检测，且检测结果直观、立体。

6.2　周向电磁场检测技术

6.2.1　概述

ACFM 技术是借助感应匀强电场的扰动来实现对缺陷的测量的，检测传感器测量的是电场扰动引起的空间磁场的畸变量。周向电磁场检测技术融合了 ACFM 技术的特点，利用与管道同轴的激励线圈在管道表面感应出 360°匀强周向电场，由电场的扰动实现对表面裂纹的定量测量。

6.2.2　周向电磁场理论分析

周向电磁场检测技术理论模型如图 6-14 所示。加载有正弦交流信号的螺线管可在内部产生交变磁场，根据电磁感应原理，交变磁场可在螺线管内的管柱表面感应出 360°周向涡电流。以管柱的轴线为 z 方向、径向方向为 r 方向建立圆柱坐标系。

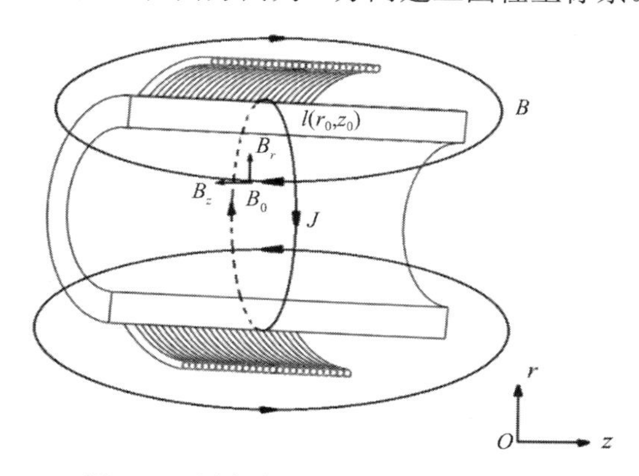

图 6-14　周向电磁场检测技术理论模型

设螺线管内部加载的交流激励信号为$y=A\sin(\omega t)$，螺线管为长直密型螺线管，其内部的磁场和电场可分别表示为

$$\boldsymbol{B}(r,t)=\boldsymbol{B}(r)\exp(-\mathrm{i}\omega t)=\boldsymbol{B}\exp(-\mathrm{i}\omega t) \tag{6-12}$$

$$\boldsymbol{E}(r,t)=\boldsymbol{E}(r)\exp(-\mathrm{i}\omega t)=\boldsymbol{E}\exp(-\mathrm{i}\omega t) \tag{6-13}$$

将式（6-12）和式（6-13）代入麦克斯韦方程组，可得到长直密型螺线管内部磁感应强度的亥姆霍兹方程：

$$\Delta^2\boldsymbol{B}+k^2\boldsymbol{B}=0 \tag{6-14}$$

式中，$k=\omega\sqrt{u_0\varepsilon_0}=\dfrac{\omega}{c}$，$u_0$为真空磁导率，$\varepsilon_0$为真空电容率。

就各向同性媒介而言，在电磁场的作用下，媒介内部电荷产生的运动及其相互作用会导致媒介的极化、磁化与宏观电流产生。对线性各向同性导体媒介来说，电子在电场的相互作用下会发生定向移动，形成宏观电流，该电流与导体媒介中的电场成正比。

由于螺线管内部插入了铁磁性管柱，因此螺线管内的磁感应强度变为$\boldsymbol{B}_0$，$\boldsymbol{B}_0=\boldsymbol{B}+\boldsymbol{B}_\mathrm{m}$，其中$\boldsymbol{B}_\mathrm{m}$为插入铁磁性管柱后螺线管内部磁通密度的改变量。以与铁磁性管柱同轴的$l(r_0,z_0)$圆环为研究对象，圆环半径为r_0，轴向位置为z_0，根据楞次定律，圆环截面内的磁通密度发生变化，会产生感应电动势。圆环整体的感应电动势方程为

$$\varepsilon(r_0,z_0)=-\frac{\mathrm{d}\phi}{\mathrm{d}t}=-\frac{\mathrm{d}\boldsymbol{B}_z}{\mathrm{d}t}\pi r_0^{\ 2} \tag{6-15}$$

式中，$\boldsymbol{B}_0=\boldsymbol{B}_r+\boldsymbol{B}_z$，$\boldsymbol{B}_r$为磁感应强度$\boldsymbol{B}_0$的径向分量，$\boldsymbol{B}_z$为磁感应强度$\boldsymbol{B}_0$的轴向分量。设圆环线的电导率为$\gamma$，得到铁磁性管柱圆环上的涡电流强度$\boldsymbol{J}(r,z)$的方程，如式（6-16）所示。

$$\begin{aligned}\boldsymbol{J}(r,z)&=\frac{\varepsilon(r,z)}{2\pi r_0\gamma}\\&=-\frac{\mathrm{d}\boldsymbol{B}_z}{\mathrm{d}t}\pi r_0^{\ 2}\cdot\frac{1}{2\pi r_0\gamma}\\&=-\frac{\mathrm{d}\boldsymbol{B}_z}{\mathrm{d}t}\cdot\frac{r_0}{2\gamma}\end{aligned} \tag{6-16}$$

由以上分析可知，通交流电的螺线管可在内部轴向方向产生交变磁场，在螺线管中部区域，交变磁场可对内部铁磁性管柱局部进行均匀磁化。与此同时，由于楞次定律的作用，管柱表面会产生一定区域的均匀周向电流。但由于集肤效应，在正弦信号激励下，感应电流大部分集中在管柱表面。由此可见，利用与管柱同轴的螺线管可在管柱表面形成周向匀强电流区域，当匀强电流区域经过裂纹时会发生偏转，偏转电流会引起空间磁场畸变，利用传感器检测空间磁场畸变量可获得缺陷尺寸信息的特征信号，实现对缺陷的定量检测。

6.2.3　周向电磁场仿真分析

1．模型建立

周向电磁场仿真模型的电磁场频率较低，属于谐波分析的范畴。为了提升计算精度和模型的准确性，采用谐性棱边法（EDGE），选取SOLID117单元，建立基于周向电磁场的

管柱表面缺陷检测仿真模型，如图 6-15 所示。由于激励线圈和被测管柱属于对称圆柱体，因此为了减少单元计算量，本节建立了该仿真模型的一半，其尺寸参数和特征参数如表 6-4 与表 6-5 所示。管柱与激励线圈同轴，仿真模型周围的介质为空气。缺陷为矩形裂纹，位于管柱外弧面中心，裂纹宽度关于 *XZ* 平面对称，裂纹长度关于 *YZ* 平面对称。

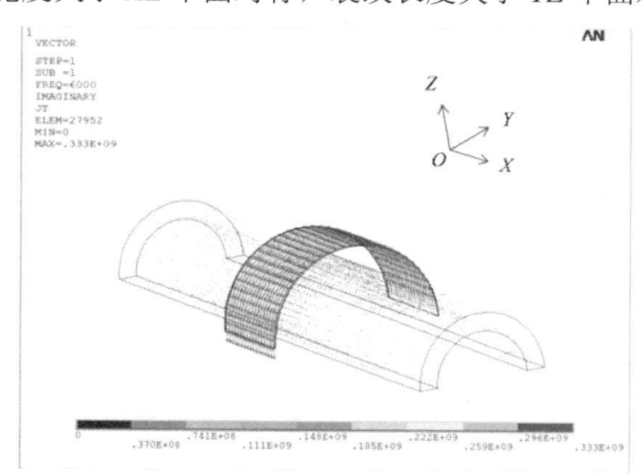

图 6-15　基于周向电磁场的管柱表面缺陷检测仿真模型

表 6-4　基于周向电磁场的管柱表面缺陷检测仿真模型的尺寸参数

模型名称	直径/mm	长/mm	宽/mm	深/mm
管柱（外/内）	65/47	300	—	—
激励线圈	85	50	—	—
空气层	145	300	—	—
缺陷	—	20	0.5	6

表 6-5　基于周向电磁场的管柱表面缺陷检测仿真模型的特征参数

导线直径/mm	线圈匝数	试件材料	加载电流/A	频率/Hz
0.15	350	低碳钢	0.5	1000

2. 网格划分

基于周向电磁场的管柱表面缺陷检测仿真模型的每个有限单元均为六面体，对称的仿真模型的每个体也为六面体，适宜用扫略（SWEEP）方式划分网格。激励线圈和管柱体用扫略方式划分网格的结果如图 6-16（a）所示。为保证计算精度，裂纹区域采用细化网格处理，如图 6-16（b）所示。模型周围对介质空气的计算精度要求不高，采用自由网格划分方式，如图 6-16（c）所示。

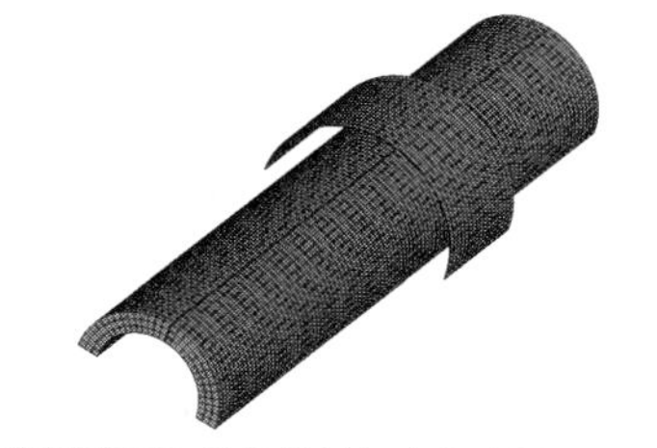

（a）激励线圈和管柱体用扫略方式划分网格的结果

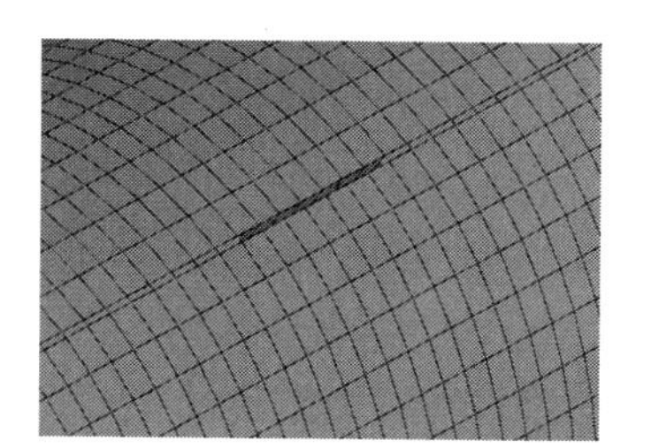

（b）细化网格处理

图 6-16　模型网格划分

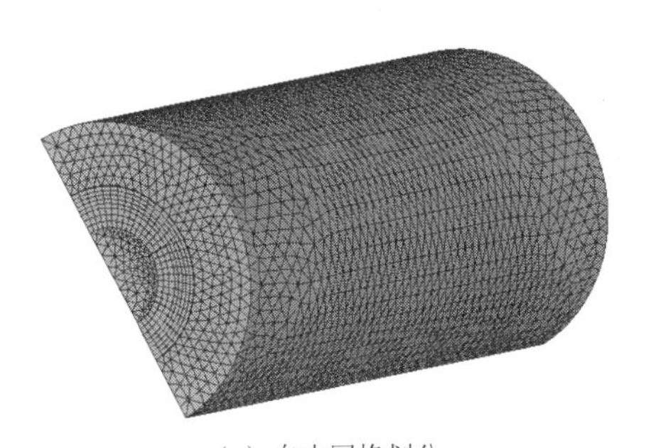

（c）自由网格划分

图 6-16 模型网格划分（续）

3．边界条件及参数加载

在周向电磁场边界条件约束中，选择与线圈内部磁场平行的圆弧表面和底面施加磁力线平行边界条件 AZ=0，如图 6-17（a）所示；在管柱的一侧底面位置施加角节点处的电动势的边界条件 VOLT=0，如图 6-17（b）所示。

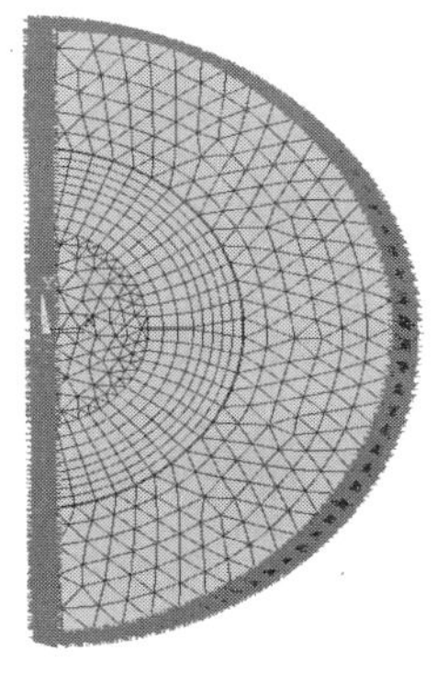

（a）AZ=0

（b）VOLT=0

图 6-17 基于周向电磁场的管柱表面缺陷仿真模型的边界条件

激励线圈加载电流分为加载电流密度载荷和加载总电流载荷。加载总电流载荷之前需要耦合节点 VOLT 的自由度。由于基于周向电磁场的管柱表面缺陷检测仿真模型需要考虑线圈匝数的影响，可简化为一圈圈的电流密度，因此本书的激励线圈选择加载电流密度载荷。电流加载效果如图 6-15 所示，激励线圈内部有若干圈电流通过。

4．求解与结果分析

由于基于周向电磁场的管柱表面缺陷检测仿真模型的电流激励频率为 1000Hz，属于低频电磁场，因此选择谐波电磁场分析方法。为保证计算精度和效率，选用稀松（Sparse）矩阵求解器和斜坡（Ramped）加载模式进行求解。仿真模型的求解结果以实部、虚部形式输出。

依据理论分析，同轴激励线圈可在管柱表面感应出均匀的周向电场。在 ANSYS 仿真模型的后处理中，提取管柱弧面电流密度的分布图，如图 6-18 所示。图 6-18（a）展示了裂纹不存在时，管柱表面总的电流密度的分布情况。同轴激励线圈下方的电流密度大小呈周向环形梯度分布（周向均匀电流），激励线圈中心下方出现了较大范围的均匀区域，该均匀区域向激励线圈两端以梯度形式逐渐减小。

图 6-18（b）展示了裂纹存在时，管柱裂纹区域电流密度的分布图。可以看出，管柱表面有均匀流动的电流；周向电流沿着弧面垂直穿过轴向裂纹；周向电流在裂纹两端发生方向相反的偏转；电流密度在裂纹两端出现明显的畸变。同时，电流从裂纹中心底部绕过空气间隙，使电流密度在裂纹中心区域变得稀疏。

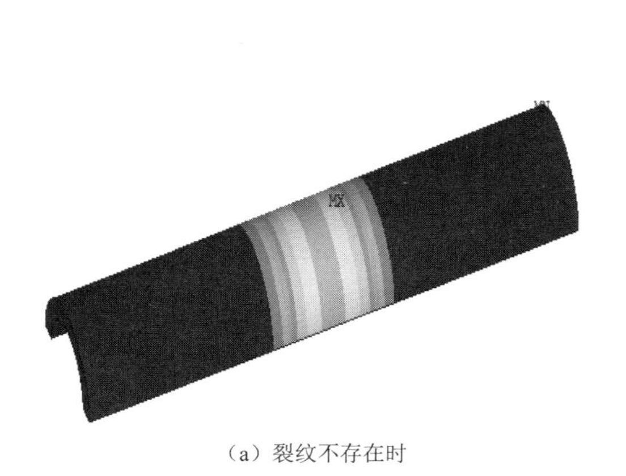

（a）裂纹不存在时

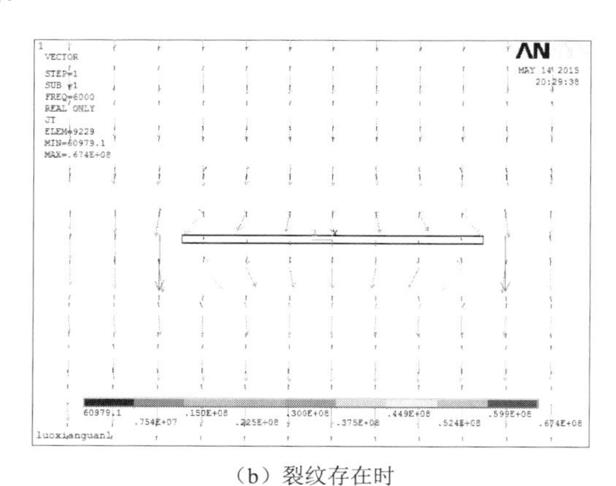

（b）裂纹存在时

图 6-18　管柱弧面电流密度的分布图

同时，为了直观地观察裂纹区域电流密度的畸变情况，本节提取了裂纹区域弧面的电流密度，如图 6-19（a）所示。电流密度在两侧非缺陷区域大小一致，在缺陷区域发生明显的畸变。在裂纹两端位置，电流密度出现了明显的峰值；在裂纹中心处，电流密度急剧变小。采用 ANSYS 仿真模型中的路径命令，沿着管柱表面裂纹中心建立一条路径，同时在管柱表面非缺陷区域的同样位置建立另一条路径，分别提取这两条路径上的电流密度，并绘制电流密度曲线，如图 6-19（b）所示。可以看出，在没有裂纹时，电流密度在-0.06m 和 0.06m 处基本一致，可视为匀强电流区域，验证了 6.1 节中的理论分析结果。当裂纹存在时，电流密度在裂纹两端［-0.01m 和 0.01m（近似值）］产生了峰值，裂纹中心区域的电流密度有明显的减小。由此得出以下结论：同轴激励线圈可在管柱表面产生匀强电流，匀强电流在裂纹两端聚集，并在裂纹中心处明显减小。

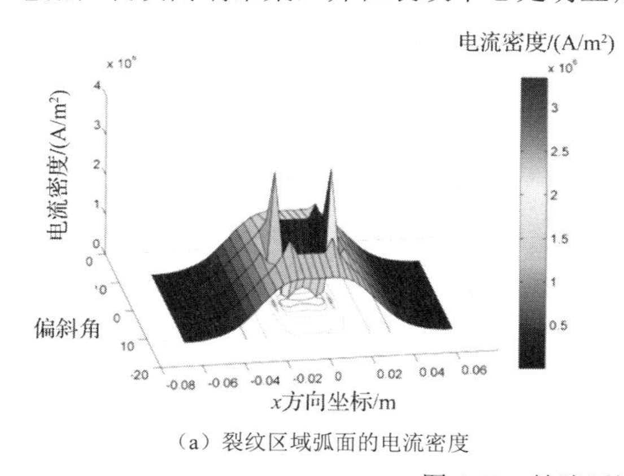

（a）裂纹区域弧面的电流密度

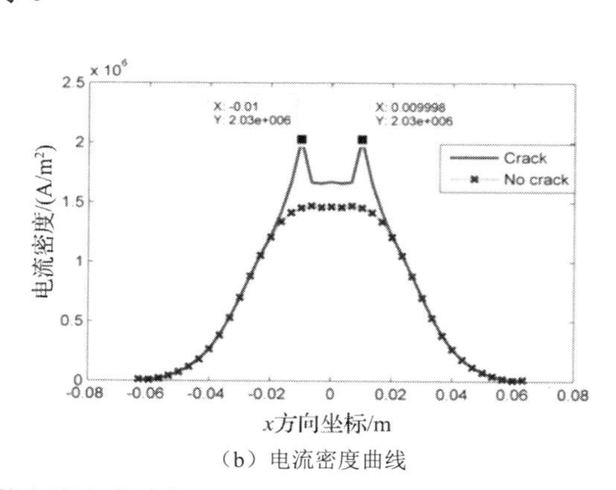

（b）电流密度曲线

图 6-19　缺陷区域的电流密度畸变

根据麦克斯韦电磁场理论和毕奥-萨伐尔定律，电流扰动会引起空间磁场的畸变。为了探究矩形裂纹周围磁通密度的畸变规律，本节提取了管柱表面矩形裂纹区域的磁通密度的畸变量，如图 6-20 所示。可以看出，管柱表面裂纹周围 x 方向的磁通密度（B_x）在裂纹中心区域较小，在裂纹两端较大。管柱表面裂纹周围 z 方向的磁通密度（B_z）在裂纹两端出现了一个较小和一个较大的峰值区域。同时可以看出，B_x 由于背景磁场较大（激励线圈内部的磁通密度方向沿 x 方向）而沿着一个方向减小；B_z 在一个相对均匀的区域内变化，且裂纹两端的电流密度变化方向相反。

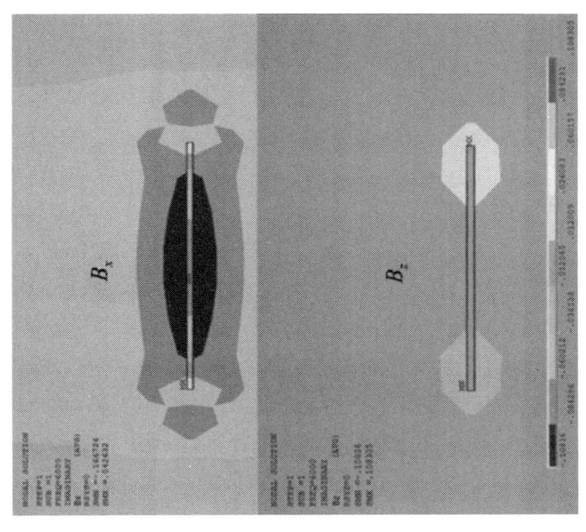

图 6-20　管柱表面矩形裂纹区域的磁通密度的畸变量

对比图 6-19 所示的电流密度畸变情况，可以看出磁通密度的畸变情况与电流扰动位置相吻合。管柱表面矩形裂纹两端偏转方向相反的电流在裂纹两端上方垂直于管柱弧面方面（z 方向的磁通密度为 B_z），形成方向相反的磁通密度峰值。管柱表面矩形裂纹中心区域电流密度的减小造成 B_x 在裂纹中心处减小。由以上分析可知，管柱表面裂纹周围磁通密度的畸变主要是由裂纹区域的电流畸变造成的。

由图 6-18（a）可以看出，周向电磁场在管柱表面产生的匀强电流区域成梯度向两端衰减。同轴激励线圈下方的均匀电场最强，均匀区域最大，最有利于裂纹的检测和定量分析。为了模拟检测过程中周向电磁场探头扫过裂纹并拾取裂纹上方磁通密度的情况，本节建立了周向电磁场检测探头的运动仿真模型。在运动仿真模型中，将同轴激励线圈按照一定步长（1mm）沿管柱 x 方向从−0.04m 位置移动到 0.04m 位置，并提取每个位置激励线圈中心下方的磁通密度 B_x 和 B_z。为了直观地显示管柱表面裂纹周围空间磁场的畸变情况，在每次激励线圈移动位置处沿着管柱周向方向间隔 5°提取一组磁通密度数据，提离高度为 2mm，绘制的管柱裂纹上方空间的磁通密度如图 6-21 所示。

由图 6-21 可以看出，B_x（沿着裂纹方向）在裂纹区域（−0.01～0.01m）出现波谷。同时，B_z 在裂纹两端位置（−0.01m 和 0.01m）处产生了一个波峰和一个波谷。对比图 6-19（a），由于裂纹中心区域的电流密度较小，因此 B_x 沿裂纹方向相对周围的磁通密度呈现一个较深的波谷。同样电流密度在裂纹两端较大，但由于电流绕过裂纹的方向相反，因此，根据安培定则，B_z 在裂纹两端会产生波峰和波谷。由图 6-21（a）可以看出，B_x 相对周围的磁场减小，呈现波谷，B_z 周围非裂纹区域的磁通密度为 0，裂纹两端是方向相反的峰值，B_x 和 B_z 的变化趋势与图 6-20 描述的规律一致。

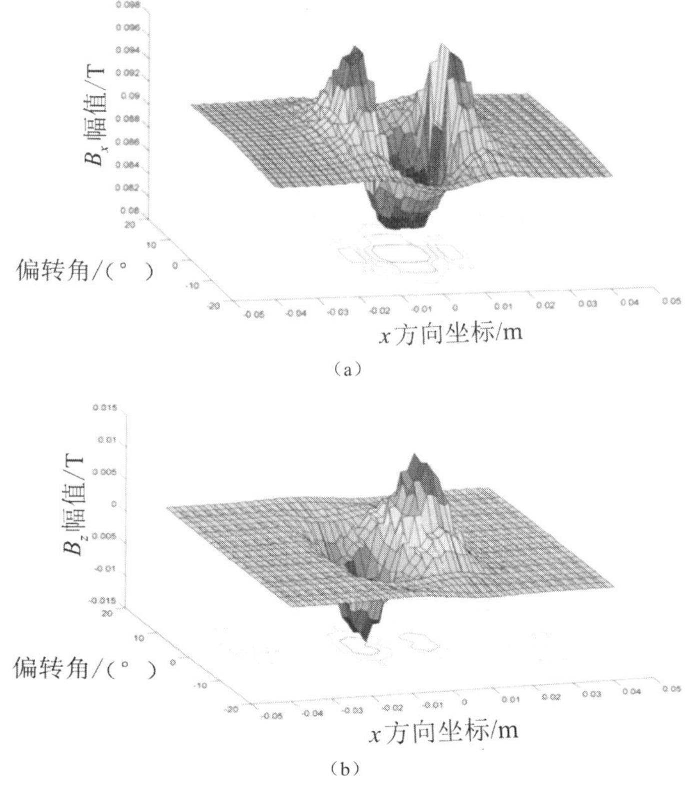

图 6-21　管柱裂纹上方空间的磁通密度

在无损检测的实际测量过程中，通常以特征信号来描述缺陷。为了准确描述裂纹的特征信号，利用运动仿真模型提取裂纹正上方区域 2mm 处的畸变磁通密度 B_x 和 B_z，如图 6-22 所示。B_x 在裂纹区域出现了一个波谷，B_z 在裂纹两端附近产生了方向相反的峰值。可见，利用周向电磁场检测技术可以检测管柱表面裂纹的特征信号。

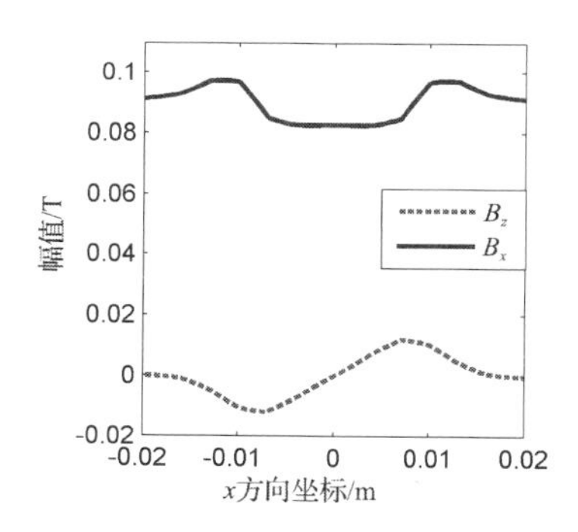

图 6-22　畸变磁通密度 B_x 和 B_z

6.2.4　实验验证及结果分析

为了实现自动化检测，本节设计了周向电磁场管柱裂纹检测实验台架，如图 6-23 所示。实验台架主要由伺服电机、滚轮、压轮、调节装置和夹具组成。利用 PLC 控制伺服电机转动，伺服电机带动滚轮转动。滚轮采用特氟龙耐磨塑料加工而成，增大了管柱和滚轮侧面的摩擦力。为防止管柱在滚轮上打滑，在滚轮驱动轮上方增加了两个弹性压轮，以保证管柱与滚轮弧面紧密接触。由于滚轮弧面和压轮之间有一定的可变空间，因此本实验台架可满足一定直径范围内管柱表面的裂纹检测（适用于管柱直径范围为

50～100mm）。滚轮带动管柱沿着直线方向匀速穿过探头，为保证管柱全部穿过探头，探头后侧也设有一个驱动轮。整套实验台架的 3 个驱动轮依靠同步带连接，以保证管柱连续、匀速进行直线运行。

周向电磁场的探头安装在夹具上，夹具可调节垂直方向的高低，以适用不同直径的管柱。已知滚轮弧面和管柱外径，很容易求得管柱的中心高度。依靠调节装置上的刻度实现周向电磁场探头与管柱的同心配合。管柱能被滚轮匀速带动穿过周向电磁场探头，使检测传感器拾取管柱表面裂纹上方的畸变电磁场。为了确定裂纹位置，采用滚轮的转速实时记录管柱相对于周向电磁场探头的位移信息。

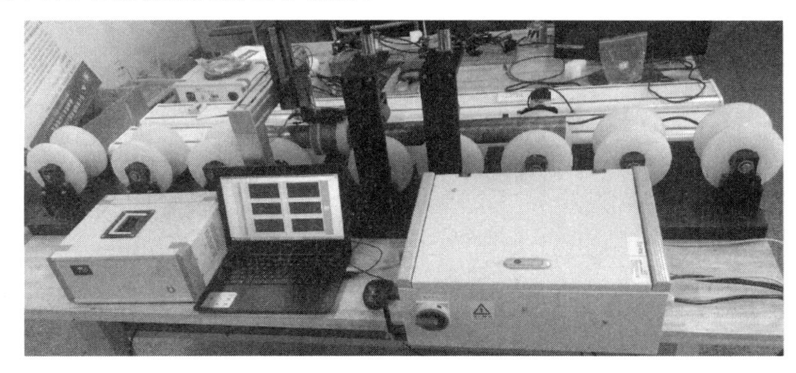

图 6-23　周向电磁场管柱裂纹检测实验台架

测试试件为带有轴向裂纹的管柱，试件材料和裂纹尺寸与仿真模型的一致。试件的外径为 65mm、壁厚为 9mm，材料为低碳钢；裂纹用电火花技术加工在管柱表面，裂纹长为 20mm、宽为 0.5mm、深为 6mm。待测试件和裂纹如图 6-24 所示。

图 6-24　待测试件和裂纹

首先开启基于周向电磁场的管柱表面缺陷检测系统的机箱，用 USB 线缆将计算机和机箱连在一起，同时将探头的数据线航空插头插在机箱上。设置好实验参数，主要为激励信号参数（激励频率为 1000Hz，电流为 0.5A）和采样频率。将待测试件安放到实验台架上，利用滚轮带动管柱从周向电磁场探头内部匀速穿过。激励线圈在管柱表面形成周向电场，周向电场经过缺陷时会产生扰动，引起空间磁场的畸变。安装在管柱弧面周围的阵列检测传感器能提取管柱裂纹周围不同位置的磁通密度 B_x 和 B_z。缺陷信号经过放大、采集和软件处理，最终在计算机上绘制出各信号通道的 B_x 和 B_z 曲线。当管柱匀速通过探头内部时，计算机显示出管柱表面裂纹上方传感器 2～5 通道内的特征信号。不同通道内的 B_x 和 B_z 曲线如图 6-25 所示。依据不同通道内的 B_x 和 B_z，计算不同通道内缺陷信号的幅值畸变量，如表 6-6 所示。

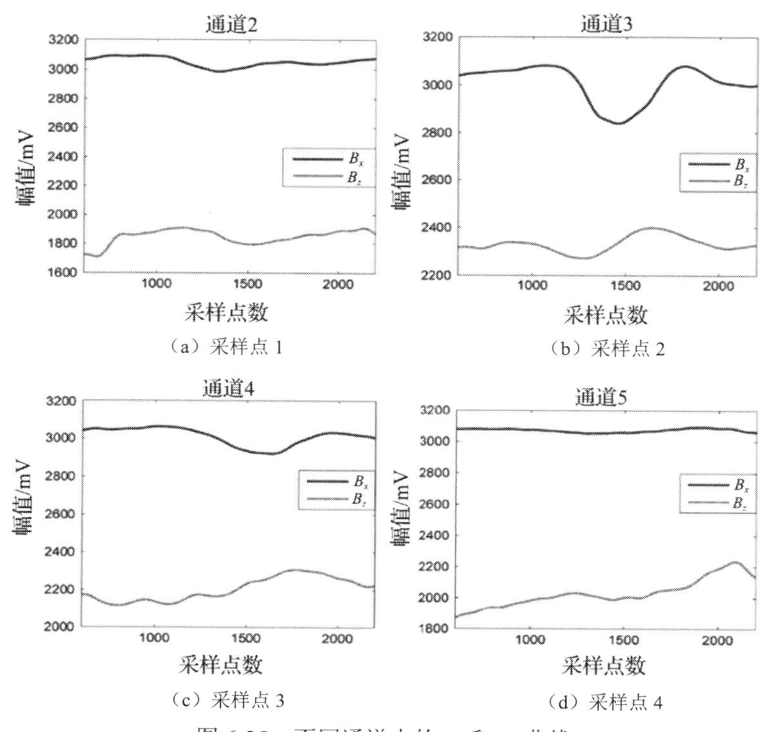

图 6-25　不同通道内的 B_x 和 B_z 曲线

表 6-6　不同通道内缺陷信号的幅值畸变量

通道	ΔB_x/mV	ΔB_z/mV
2	107.85	185.45
3	278.97	264.64
4	141.29	193.96
5	47.15	71.34

从图 6-25 和表 6-6 中可以看出，在通道 3 中，B_x 出现了明显的波谷，B_z 出现了波峰和波谷，符合周向电磁场检测技术的基本原理。通道 2、5 内 B_x 和 B_z 未出现明显畸变，信号较杂乱。在通道 4 内，B_x 和 B_z 呈现一定的特征，但较微弱。由此可以表明，管柱表面裂纹位于通道 3 和 4 的检测线圈附近，更接近通道 3。

根据表 6-6 中通道 2～5 内 B_x 和 B_z 的幅值畸变量，拟合不同通道内的磁场畸变量，B_x 和 B_z 的幅值畸变量如图 6-26 所示。图 6-26（a）所示为不同通道内 B_x 的幅值畸变量，图 6-26（b）所示为不同通道内 B_z 的幅值畸变量。可以看出，B_x 的幅值畸变量位于通道 3 和 4 之间，确切位置点为 3.14。B_z 的幅值畸变量位于通道 3 和 4 之间，确切位置点为 3.23。用 B_x 和 B_z 的幅值畸变量的确切位置点求平均值，得到信号畸变最大点位于 3.19。根据通道 3 和 4 之间的距离为 10°，可求得该缺陷位于通道 3 和 4 之间，偏离通道 3 约 1.9°。实验结果表明，本节设计的基于周向电磁场的管柱表面缺陷检测系统可实现对管柱表面轴向裂纹的定位检测。

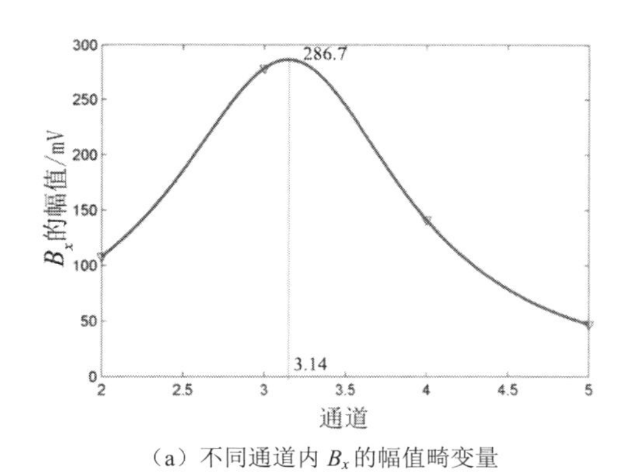

（a）不同通道内 B_x 的幅值畸变量

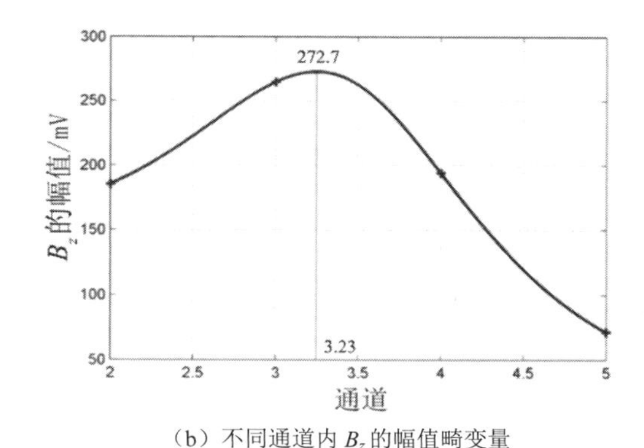

（b）不同通道内 B_z 的幅值畸变量

图 6-26 不同通道内 B_x 和 B_z 的幅值畸变量

6.3 脉冲 ACFM 技术

6.3.1 概述

常规 ACFM 技术受集肤效应的影响，大部分能量集中在表面，因此很难检测诸如管道、飞机多层结构的深层缺陷。为了弥补常规 ACFM 技术对深层缺陷检测的缺点，脉冲交流电磁场检测（Pulsed Alternating Current Field Measurement，PACFM）技术出现。PACFM 将低周期脉冲激励技术融合到 ACFM 技术中，该技术不仅具有与 ACFM 技术同样的表面缺陷检测能力，还具有对深层缺陷进行识别及定量评估的能力。

6.3.2 脉冲交流电磁场理论分析

PACFM 遵守麦克斯韦方程组规定的电磁场在导体中的传播规律，由于在低频情况下，位移电流 $\frac{\partial \boldsymbol{D}}{\partial t}$ 可以忽略，而 $\boldsymbol{D}=\varepsilon \boldsymbol{E}$ ，因此 $\frac{\partial \boldsymbol{E}}{\partial t}=0$，计算得到式（6-17）。

$$\nabla\times\nabla\times\boldsymbol{A}=-\mu\sigma\left(\nabla V+\frac{\partial \boldsymbol{A}}{\partial t}\right) \tag{6-17}$$

根据库伦规范式和矢量恒等式：

$$\nabla\times(\nabla\times\boldsymbol{A})=\nabla(\nabla\cdot\boldsymbol{A})-\nabla^2\boldsymbol{A} \tag{6-18}$$

可得

$$\nabla^2\boldsymbol{A}=-\mu\boldsymbol{J}_{\mathrm{s}}+\mu\sigma\frac{\partial \boldsymbol{A}}{\partial t} \tag{6-19}$$

式中，$\boldsymbol{J}_{\mathrm{s}}=-\sigma\nabla V$，代表外加激励电流密度，对于脉冲方波信号，其可以看成由无数个正弦信号叠加而成，正弦信号函数为

$$\boldsymbol{A}=A_{\mathrm{m}}\mathrm{e}^{\mathrm{j}\omega t} \tag{6-20}$$

因此脉冲方波信号函数可以表示为

$$\boldsymbol{A}=\sum_{N=-\infty}^{\infty}A_{\mathrm{m}}\mathrm{e}^{jn\omega t} \tag{6-21}$$

式中，A_{m}为信号峰值；ω为信号的角频率。

对于管道，其模型是轴对称的，矢量磁势$\boldsymbol{A}$仅有圆周方向分量$\boldsymbol{A}_\theta$，则在圆柱坐标系中，式（6-19）可以简化为

$$\frac{\partial^2\boldsymbol{A}_\theta}{\partial r^2}+\frac{1}{r}\frac{\partial\boldsymbol{A}_\theta}{\partial r}+\frac{\partial^2\boldsymbol{A}_\theta}{\partial z^2}-\frac{\boldsymbol{A}_\theta}{r^2}=-\mu\boldsymbol{J}_{\mathrm{s}\theta}+\mu\sigma\sum_{N=-\infty}^{\infty}\mathrm{j}n\omega\boldsymbol{A}_\theta \tag{6-22}$$

据此，便可求得脉冲交流电磁场管道检测中的各场量：

$$\boldsymbol{B}_r=-\frac{\partial\boldsymbol{A}_\theta}{\partial z} \tag{6-23}$$

$$\boldsymbol{B}_z=\frac{\boldsymbol{A}_\theta}{r}+\frac{\partial\boldsymbol{A}_\theta}{\partial r} \tag{6-24}$$

$$\boldsymbol{J}_{\mathrm{e}\theta}=-\mu\sigma\sum_{N=-\infty}^{\infty}\mathrm{j}n\omega\boldsymbol{A}_\theta \tag{6-25}$$

脉冲方波信号$x(t)$的时域表达式如式（6-26）所示。

$$\begin{cases}x(t)=x(t+nT_0)\\ x(t)=\begin{cases}A,\ 0<t<\dfrac{T_0}{2}\\ -A,\ -\dfrac{T_0}{2}<t<0\end{cases}\end{cases} \tag{6-26}$$

式中，T_0为方波信号的周期；A为周期方波信号的幅值。将该周期方波信号进行傅里叶级数展开，如式（6-27）所示。

$$x(t)=\frac{4A}{\pi}(\sin\omega_0 t+\frac{1}{3}\sin3\omega_0 t+\frac{1}{5}\sin5\omega_0 t+\cdots) \tag{6-27}$$

式中，$\omega_0=\dfrac{2\pi}{T_0}$。由此可知，周期方波信号由一系列幅值、频率不等，相位为零的正弦信号叠加而成。式（6-27）可以写成如式（6-28）所示的形式。

$$x(t)=\frac{4A}{\pi}\left(\sum_{n=1}^{\infty}\frac{1}{n}\sin\omega t\right) \tag{6-28}$$

式中，$\omega=n\omega_0$，n=1,3,5,⋯。

当有交流电磁场存在时，导体内部的电流会分布不均，大多数集中在导体表面，这就是集肤效应。而当电流密度衰减到表面值的 1/e 时的深度称为标准渗透深度，其表达式如式（6-29）所示。

$$\delta=\sqrt{\frac{1}{\pi f\mu\sigma}} \tag{6-29}$$

式中，$f=\frac{1}{T_0}$。可知，对于指定材料，渗透深度是与激励信号频率相关的物理量。式（6-29）为单一激励信号频率下渗透深度的计算公式。联立式（6-28）与式（6-29），得到脉冲方波信号激励下的渗透深度公式，如式（6-30）所示。

$$\delta_n=\sqrt{\frac{1}{n\pi f\mu\sigma}} \tag{6-30}$$

6.3.3　脉冲交流电磁场仿真分析

1．模型建立

PACFM 管道内外壁缺陷实体模型包括管道、缺陷、外围空气层和内穿式检测探头四部分，其中内穿式检测探头采用亥姆霍兹线圈，其结构如图 6-27 所示。它是一对平行共轴的相同载流线圈，当给线圈通以相同方向的电流，且两个线圈的间距等于线圈的半径时，线圈的总磁场在轴的中心附近会呈均匀分布的状态。实体模型的尺寸参数和实体模型缺陷的尺寸参数分别如表 6-7 与表 6-8 所示。其中，管道、内穿式检测探头使用圆柱体几何特征，缺陷使用长方体几何特征，外围空气层使用球体几何特征。利用 COMSOL 建立的 PACFM 管道三维模型如图 6-28 所示，图中的缺陷为管道外壁裂纹的缺陷，内穿式检测探头处于管道内部。

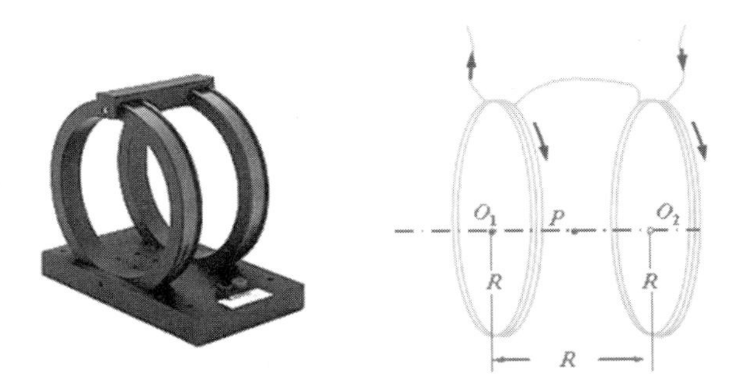

图 6-27　亥姆霍兹线圈结构

表 6-7　实体模型的尺寸参数

模型名称	外径/mm	内径/mm	长/mm
管道	65	45	200
线圈	44	40	10

表 6-8　实体模型缺陷的尺寸参数

模型名称	长度/mm	宽度/mm	深度/mm
外壁缺陷	10	1	5
内壁缺陷	10	1	5

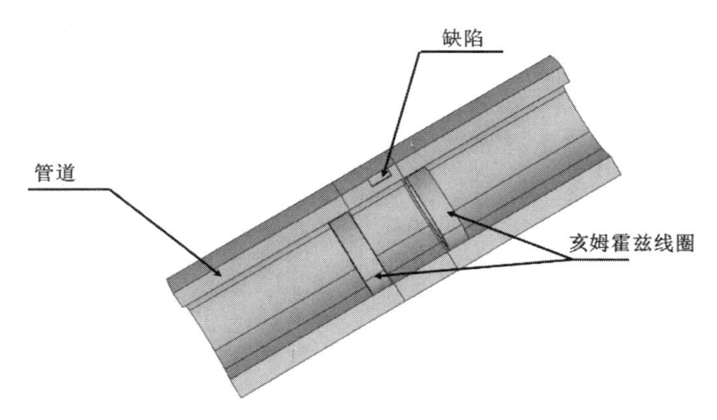

图 6-28　利用 COMSOL 建立的 PACFM 管道三维模型

2．材料属性

模型所需的材料属性如表 6-9 所示。因材料均为常见材料，所以赋予材料属性时，直接选用了内置材料库中的材料，即选择“空气”“铝合金”“铜”三种材料，并选中相关模型完成对材料的属性定义。

表 6-9　模型所需的材料属性

模型名称	材料名称	相对磁导率	电导率/（S/m）
管道	铝合金	1	2.5×10^7
线圈	铜	1	5.9×10^7
外围空气层	空气	1	50
缺陷	空气	1	50

3．边界条件及参数加载

考虑到 PACFM 技术与 ACFM 技术类似，它们均是利用匀强磁场区域检测缺陷的，对激励线圈施加单周期脉冲信号，即对激励线圈施加电流密度为 $J_{s0}=1\times\text{an}1(t)$ A/m 的电流，方向为周向方向，其中，an1(t)为脉冲方波信号的方程，t 为脉冲方波信号的周期。在 COMSOL 中，利用 magnetic field 命令能完成对边界的定义，定义模型所有表面都满足安培定律。设置实体模型外表面的初始值为 0，以完成对边界条件的定义。

4．网格划分

在网格划分中，主要采用自由划分方式，为保证计算精度和计算效率，对于缺陷附近区域，包括线圈，因为后期需要提取该区域的信号进行分析，所以单独定义了其网格大小。网格尺寸精细，在管道无缺陷区域和外围空气层，因对计算结果的精度影响小，所以外围空气层的网格较粗糙。网格划分如图 6-29 所示。

5．求解

由 PACFM 原理可知，PACFM 利用脉冲方波信号作为激励，并需要脉冲信号周期内各个时间点的特征值作为后续分析。因此，对于 PACFM 模型的仿真计算，应采用瞬态分析方式，设置脉冲方波的频率为 100Hz，即脉冲周期为 0.01s，载荷步为 500 步，使用瞬态求解器中的 MUMPS 求解器全部耦合，运行程序求解结果。

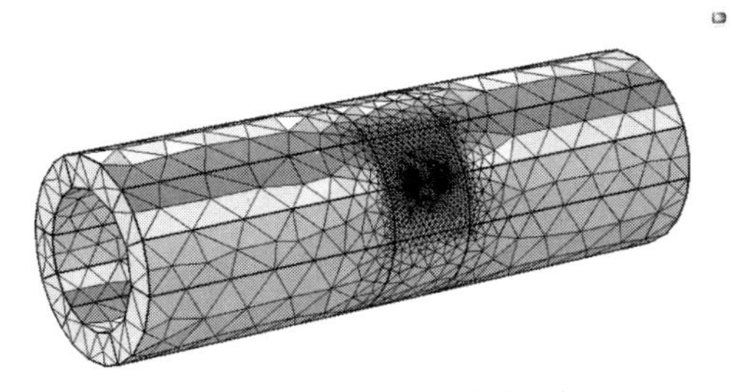

（a）管道内外壁模型网格划分结果

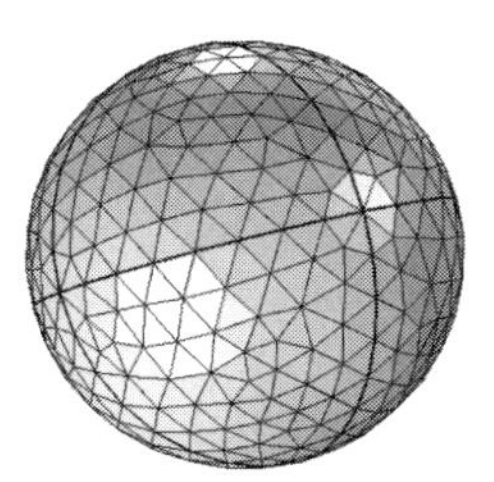

（b）外围空气层网格划分结果

图 6-29 网格划分

6．管道缺陷附近的磁场分布规律

根据 PACFM 原理，当试件无缺陷存在时，感应电场会均匀地流过试件；当试件存在表面缺陷时，感应电场会从缺陷边缘与缺陷底部绕过，即在缺陷边缘与缺陷底部出现电流聚集；当试件存在埋深缺陷时，感应电场会从缺陷边缘与缺陷上端绕过，即在缺陷边缘与缺陷上端出现电流聚集。对于 PACFM 管道内穿式检测，管道外壁缺陷相当于埋深缺陷，管道内壁缺陷相当于表面缺陷。

1）管道无缺陷时的磁场分布规律

单周期脉冲激励信号如图 6-30（a）所示，单周期感应信号如图 6-30（b）所示。图 6-30（b）中的曲线为管道无缺陷位置处的瞬态磁通密度变化曲线，曲线缓慢上升至峰值后下降。提取峰值时刻管道的磁通密度云图，如图 6-31 所示。可以看出，使用亥姆霍兹线圈作为激励探头，感应电流主要分布在线圈附近，即感应磁场的最大值在线圈附近，但强度分布不均匀。在两个线圈的中间位置，呈现一片均匀感应电流区域，该处的磁场强度略弱于线圈位置处的磁场强度，但磁场分布均匀，强度大小几乎无差别，这与 ACFM 的要求一致，在探头中间位置存在均匀的感应磁场。因此，检测传感器将放置于该均匀区域。

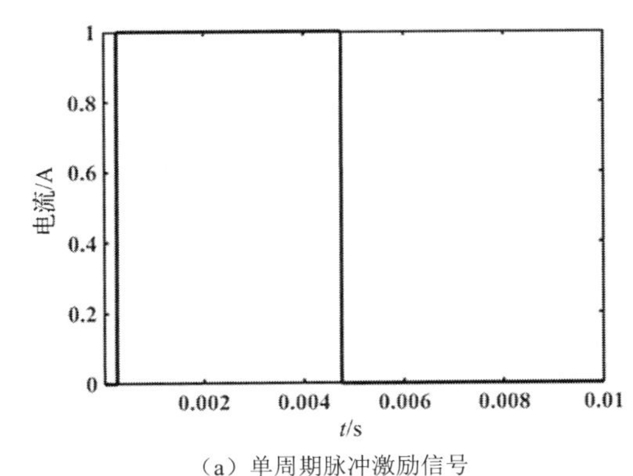

（a）单周期脉冲激励信号

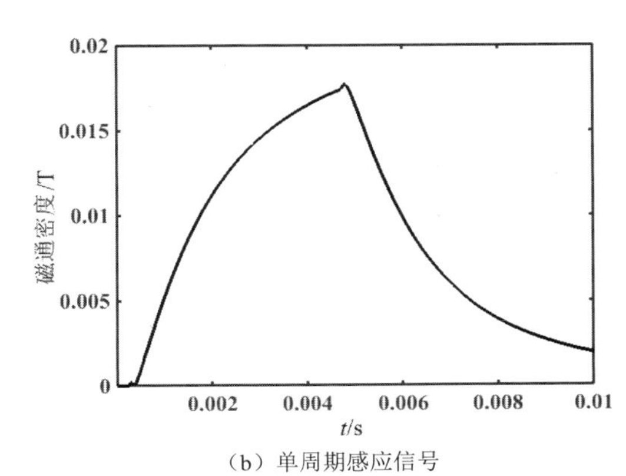

（b）单周期感应信号

图 6-30 一个周期内磁通密度的变化情况

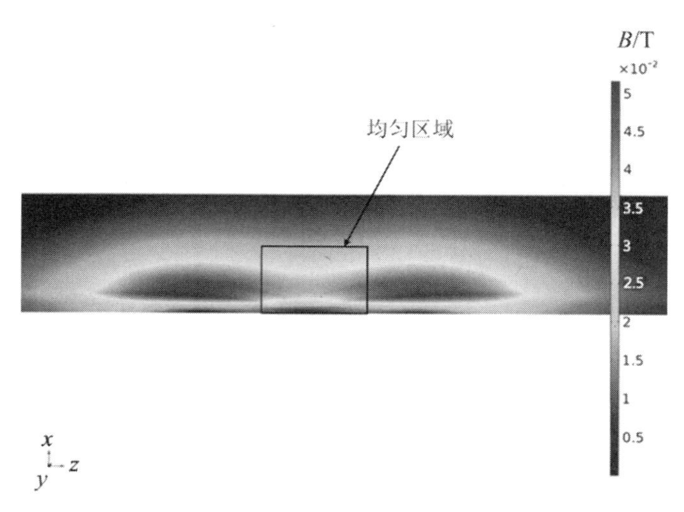

图 6-31　峰值时刻管道的磁通密度云图

2）管道内表面缺陷附近的磁场分布规律

利用已建立的 PACFM 模型研究仿真管道存在内表面缺陷时，感应电磁场的变化情况。设置内表面缺陷为长 10mm、宽 1mm、深 5mm 的轴向裂纹缺陷，如图 6-32 所示，其中激励探头位于缺陷正下方。在后处理中，提取三维磁场的感应强度云图，以及原始瞬态感应信号的数据，观察变化规律，对于管道检测，B_z 信号相当于平板检测中的 B_x 信号，B_r 信号相当于平板检测中的 B_z 信号。

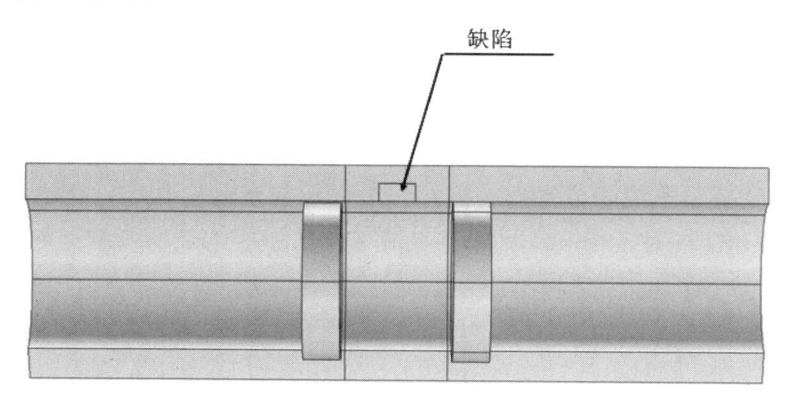

图 6-32　内表面缺陷

图 6-33 所示为在内表面缺陷下方感应磁场的磁通密度瞬态图，与无缺陷时类似，信号变化规律仍是先缓慢增大后减小。提取不同时刻的感应磁场云图，图 6-34 所示为 0.001s、0.003s、0.005s 和 0.007s 时的感应磁场云图。可以看出，在感应信号初期，感应电流主要集中在管道内壁表面，即感应磁场主要在管道内壁表面，随着时间的延长，感应磁场逐渐向管道深层扩散，并在内壁缺陷顶部与两端聚集，即感应电流从内壁缺陷顶部与两端绕过使感应磁场增大［见图 6-34（c）］，t=0.005s 时缺陷顶部的感应电流比其他时刻的感应电流明显，之后感应磁场随着时间的延长逐渐减小，直至周期结束。

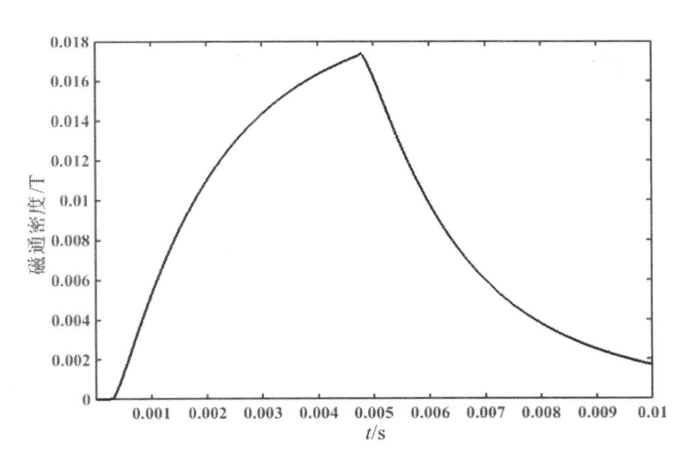

图 6-33　在内表面缺陷下方感应磁场的磁通密度瞬态图

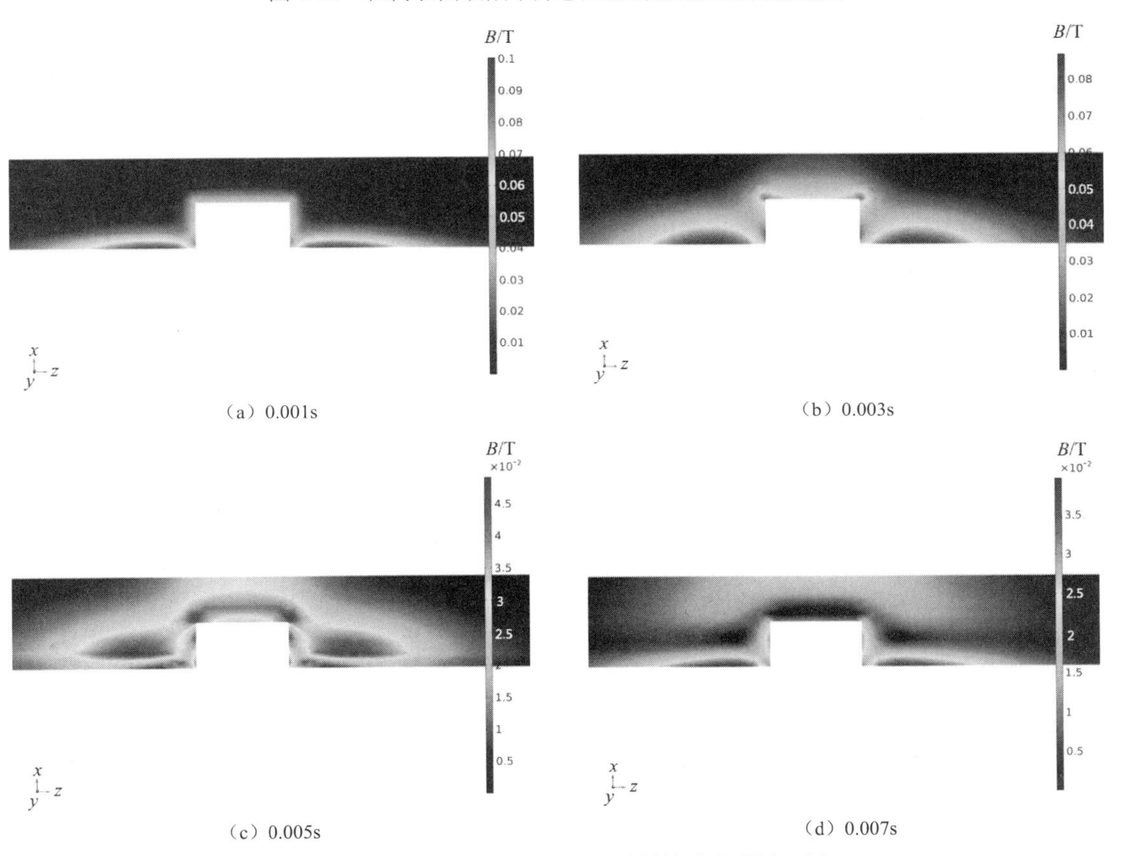

图 6-34　管道内壁缺陷处不同时刻的感应磁场云图

提取缺陷下方的轴向磁场瞬态响应信号和径向磁场瞬态响应信号，如图 6-35 所示。从检测原理也可知，在理论上，径向磁场分量在无缺陷处几乎为 0，仅在缺陷边缘处会出现畸变，所以图 6-35（b）所示的径向磁场的形状无规律，径向磁场分量几乎为 0。提取缺陷边缘位置处的径向磁场瞬态响应信号，如图 6-36 所示。缺陷边缘处的径向磁场分量大于缺陷正下方处的径向磁场分量，信号先迅速增大，达到峰值再缓慢减小。当到达 1/2 周期时，信号会迅速减小至最小值，最后趋于平缓，近似于脉冲方波信号。

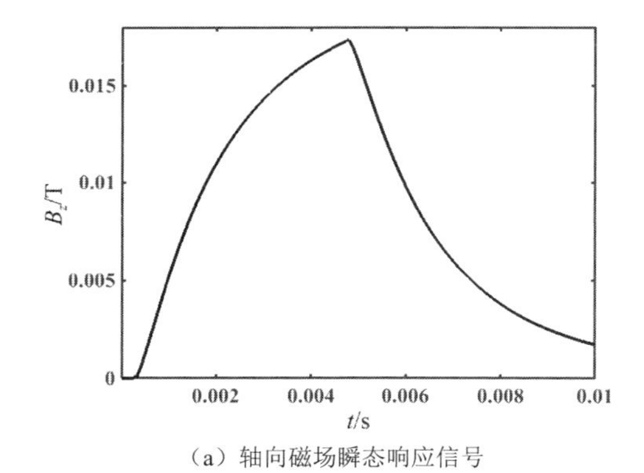

（a）轴向磁场瞬态响应信号

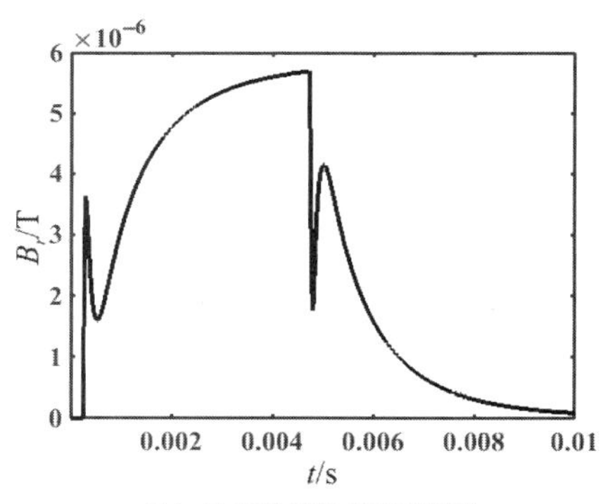

（b）径向磁场瞬态响应信号

图 6-35 磁场瞬态响应信号

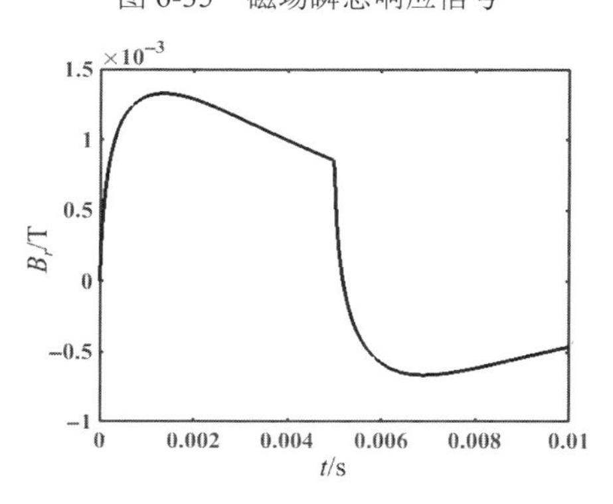

图 6-36 缺陷边缘位置处的径向磁场瞬态响应信号

3）管道外表面缺陷附近的磁场分布规律

设置管道外表面缺陷为长 10mm、宽 1mm、深 5mm 的轴向裂纹缺陷，位置在管道轴向方向的中心处，探头位于缺陷正下方，如图 6-37 所示。提取三维磁场的感应强度云图，以瞬态感应信号数据作为分析依据。

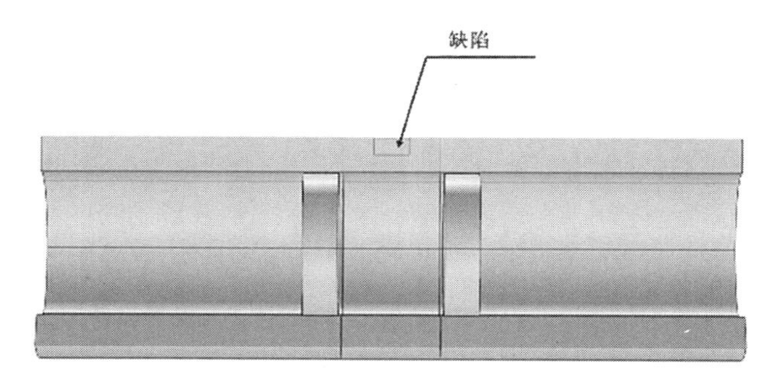

图 6-37 外表面缺陷

图 6-38 所示为缺陷中心位置处的磁通密度变化情况。可以看出，曲线变化规律与无缺陷及内表面缺陷的趋势相同。提取管道外壁缺陷不同时刻的感应磁场云图，如图 6-39 所示，图中为切面图。可以得知，在脉冲信号周期初始时刻，感应电流主要集中在管道内表面，随着时间的延长，感应电流慢慢向管道深层扩散，即感应磁场随着时间推移，慢慢向管道外壁扩散。当管道外壁存在缺陷时，在信号周期初始时刻，缺陷并不会对感应电流造成扰动，随着时间推移，感应磁场会扩散至缺陷位置［见图 6-39（c）和（d）］，因感应电流从缺陷底部绕过，造成图中缺陷底部的感应电流加大；从激励信号图（见图 6-38）可知，0.007s 时激励信号开始减弱，但减弱过程需要时间扩散，因此在图 6-39（d）中，外壁缺陷下方仍有感应电流存在，且缺陷两端的感应电流也开始聚集，感应磁场开始增大，该现象与管道内壁缺陷不同，在同一时刻，管道内壁缺陷顶部的感应磁场已经无聚集，说明当检测管道外壁缺陷时，提取激励信号波峰后时刻的感应磁场仍可获得缺陷信息。

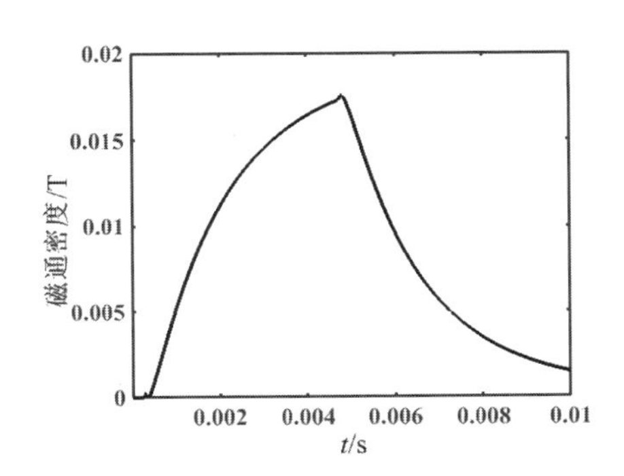

图 6-38　缺陷中心位置处的磁通密度变化情况

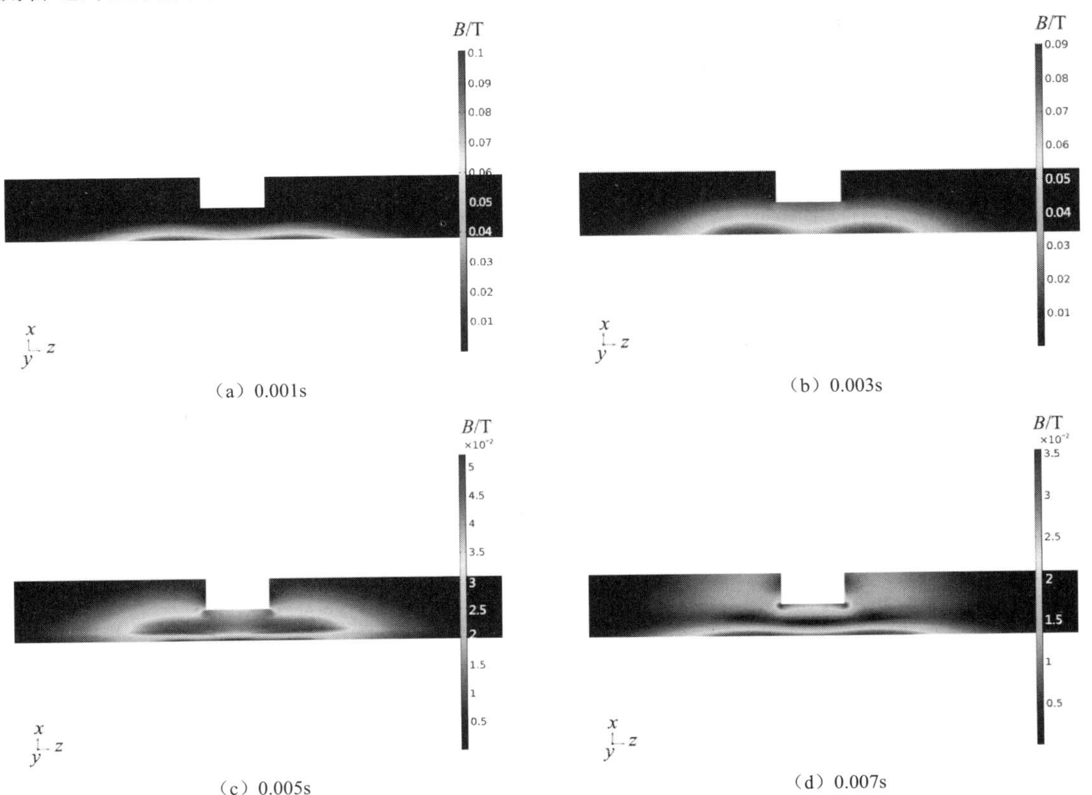

图 6-39　管道外壁缺陷不同时刻的感应磁场云图

提取管道外壁缺陷正下方的轴向磁场和径向磁场的瞬态图，如图 6-40 所示。与管道内壁缺陷的瞬态图一样，B_z 瞬态信号与整体磁通密度接近，且与无缺陷时的 B_z 瞬态信号差距不大，B_r 瞬态信号在缺陷正下方位置几乎为 0。仍然提取缺陷边缘位置的 B_r 瞬态信号，如图 6-41 所示。边缘位置的 B_r 瞬态信号明显大于缺陷正下方位置的 B_r 瞬态信号。

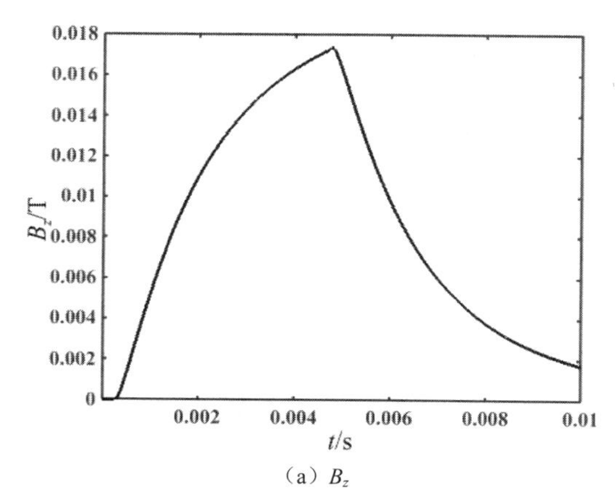

（a）B_z

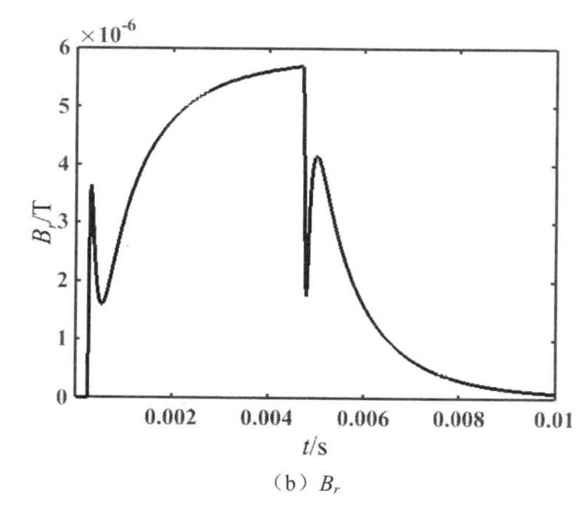

（b）B_r

图 6-40　管道外壁缺陷正下方的轴向磁场和径向磁场的瞬态图

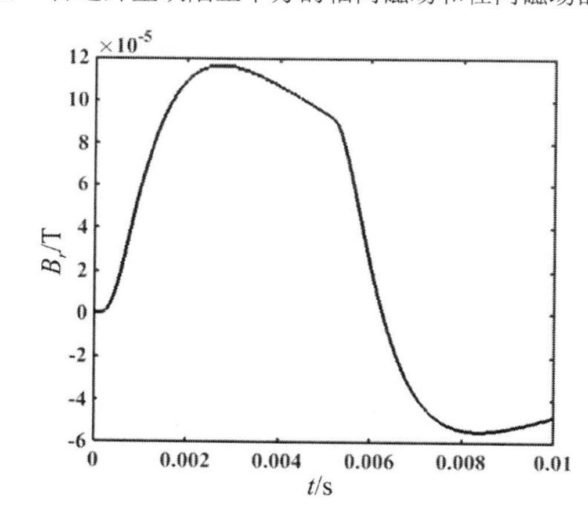

图 6-41　缺陷边缘位置的 B_r 瞬态信号

7. 管道内外壁缺陷检测信号的变化情况

为进一步研究管道内外壁缺陷对磁场的影响，本节仿真了检测探头沿管道轴向方向运动时磁场信号的变化情况，提取峰值作为信号特征量，设置探头移动步数为 48 步，绘制特征量变化曲线。

从不同时刻的感应磁场云图可知，在峰值时管道内壁缺陷的顶部磁场聚集程度明显，管道外壁缺陷也是如此，因此提取峰值绘制 B_z 和 B_r 信号的变化曲线（见图 6-42 和图 6-43）。在该时刻，管道内外壁缺陷的 B_z 信号的曲线具有一个波峰，但 B_r 信号的曲线具有一个波峰和一个波谷。

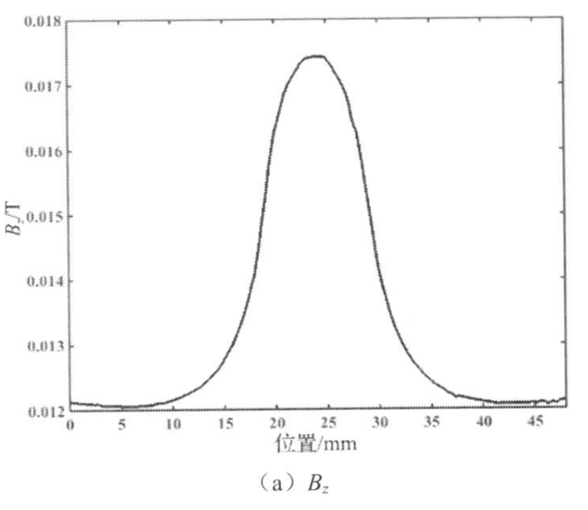

(a) B_z

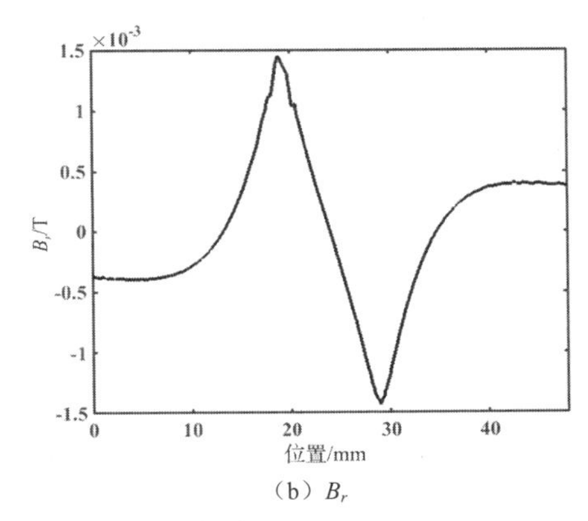

(b) B_r

图 6-42 PACFM 管道内壁缺陷的特征信号图

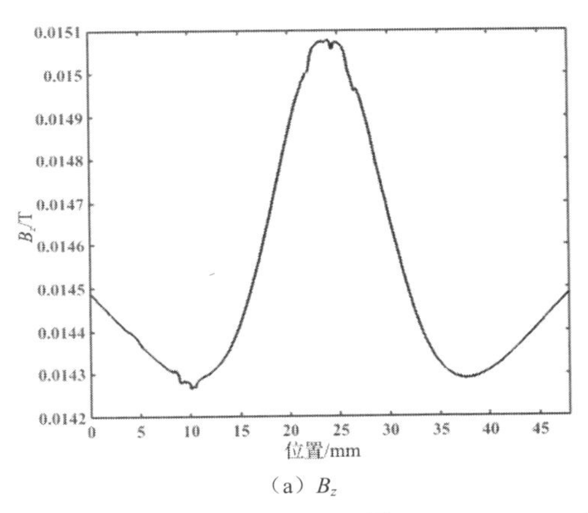

(a) B_z

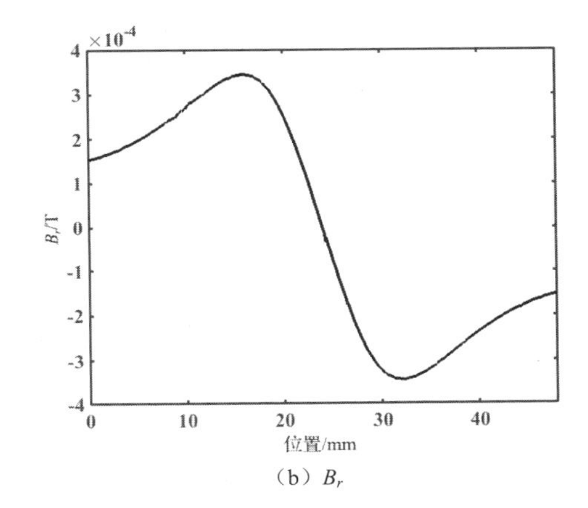

(b) B_r

图 6-43 PACFM 管道外壁缺陷的特征信号图

6.3.4 实验验证及结果分析

PACFM 管道内外壁缺陷定量识别检测系统如图 6-44 所示。检测时首先要设置台架运动参数和信号采集参数；其次将检测探头放置于管道内，运行程序，台架便可带动检测探头在管道内部匀速运动。当有缺陷存在时，从 PC（计算机）显示端可以观察到等值线彩色图出现颜色变化，通过提取所需的特征量，可以判断缺陷为内壁缺陷或为外壁缺陷。

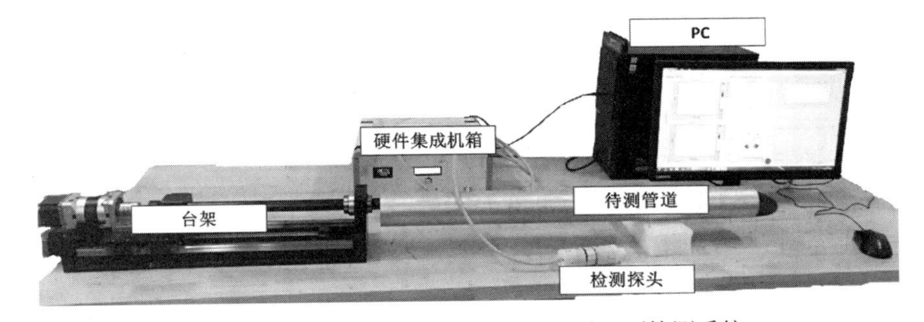

图 6-44 PACFM 管道内外壁缺陷定量识别检测系统

测试试件为带有人工裂纹缺陷的铝合金管，第一种为内外壁带有不同长度轴向裂纹的管道，如图 6-45 所示。管道长度为 1100mm，外径为 65mm，内径为 45mm，管道外壁的裂纹深度为 6mm，管道内壁的裂纹深度为 4mm，裂纹宽为 0.8mm。管道外壁共有 6 条裂纹缺陷，长度分别为 30mm、35mm、40mm、45mm、50mm 和 55mm；管道内壁共有 4 条裂纹缺陷，长度分别为 10mm、20mm、30mm 和 40mm。管道各条裂纹位置如图 6-45（a）所示；管道实物图如图 6-45（b）所示。定义该管道为 1 号管道。

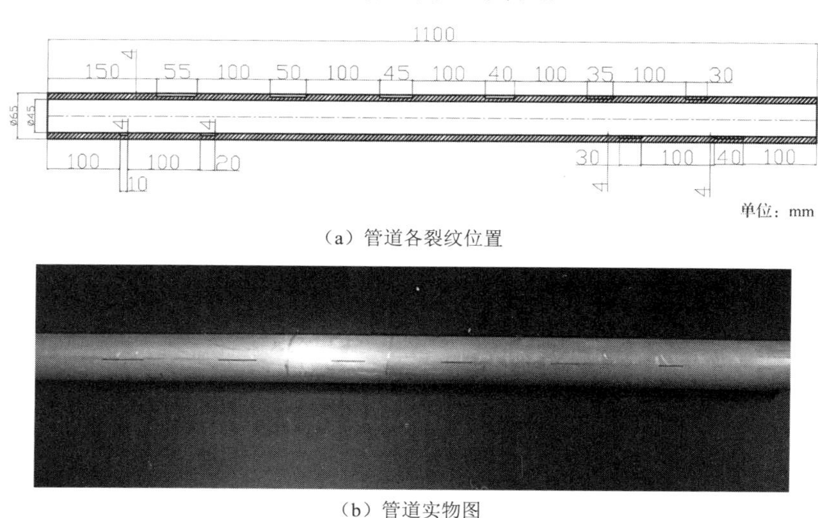

（a）管道各裂纹位置

（b）管道实物图

图 6-45　内外壁带有不同长度轴向裂纹的管道

第二种为内外壁带有不同深度裂纹缺陷的管道，如图 6-46 所示。管道长度为 850mm，外径为 65mm，内径为 45mm，管道外壁共加工了 5 条裂纹缺陷，长度均为 30mm，宽度均为 0.8mm，将深度设为 2mm、4mm、6mm、8mm、10mm，在内穿式检测时，对应的埋藏深度依次为 8mm、6mm、4mm、2mm 和 10mm。管道内壁设有 4 条裂纹缺陷，长度为 30mm，宽度为 0.8mm，深度分别为 2mm、4mm、6mm、8mm。裂纹缺陷位置如图 6-46（a）所示，管道实物图如图 6-46（b）所示。定义该管道为 2 号管道。

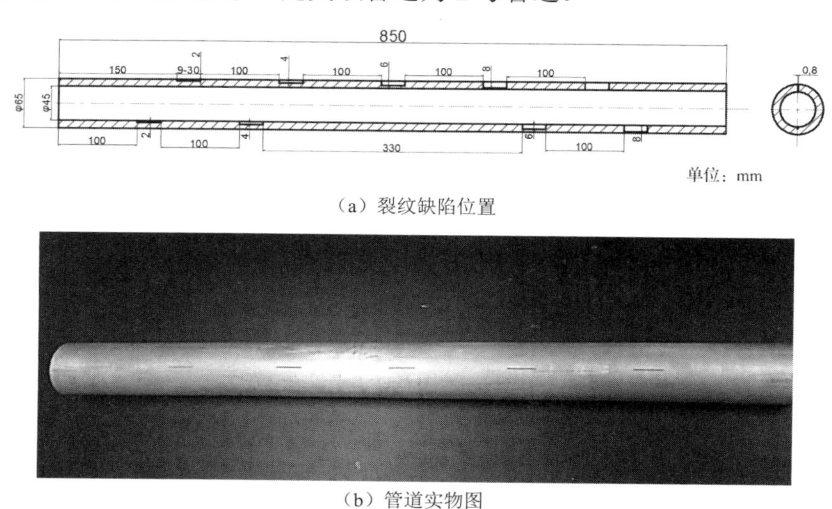

（a）裂纹缺陷位置

（b）管道实物图

图 6-46　内外壁带有不同深度裂纹缺陷的管道

利用 PACFM 管道内外壁缺陷定量识别检测系统检测深度不同的管道内外壁的裂纹缺陷。探头周向阵列布置了 10 个 TMR 传感器，一次检测便可全周向对管道进行扫描，激励信号为脉冲方波信号，激励电压为 10V，激励频率为 50Hz，占空比为 50%，因为峰后时间点幅值比峰值对管道外壁缺陷的检测更敏感，所以提取峰后时间点，即 t=0.004s 时刻的幅值，为更好地显示等值线彩色图，对数据做了归一化处理。设置台架的运动速度为 10mm/s，首先扫描带有不同长度轴向裂纹的管道，扫描出 10 条缺陷。图 6-47 所示为内壁带有不同长度裂纹的管道检测结果。其中，图 6-47（a）所示为 B_z 等值线彩色图，因为 B_z 时基信号为一条向上翻转的曲线，所以峰值区域为缺陷出现区域；图 6-47（b）所示为 B_r 等值线彩色图，B_r 时基信号为带有一个波峰和一个波谷的信号，信号呈现先波峰后波谷（或者先波谷后波峰），图中波峰与波谷交替出现处即缺陷出现的位置。图 6-47 直观地展示了系统对管道内壁缺陷的检测结果，从图中可以看出，内壁共有 4 条缺陷，位置出现在 36°处，即对于所检测的管道，PACFM 管道内外壁缺陷定量识别检测系统可以检测的最小缺陷长度为 10mm。

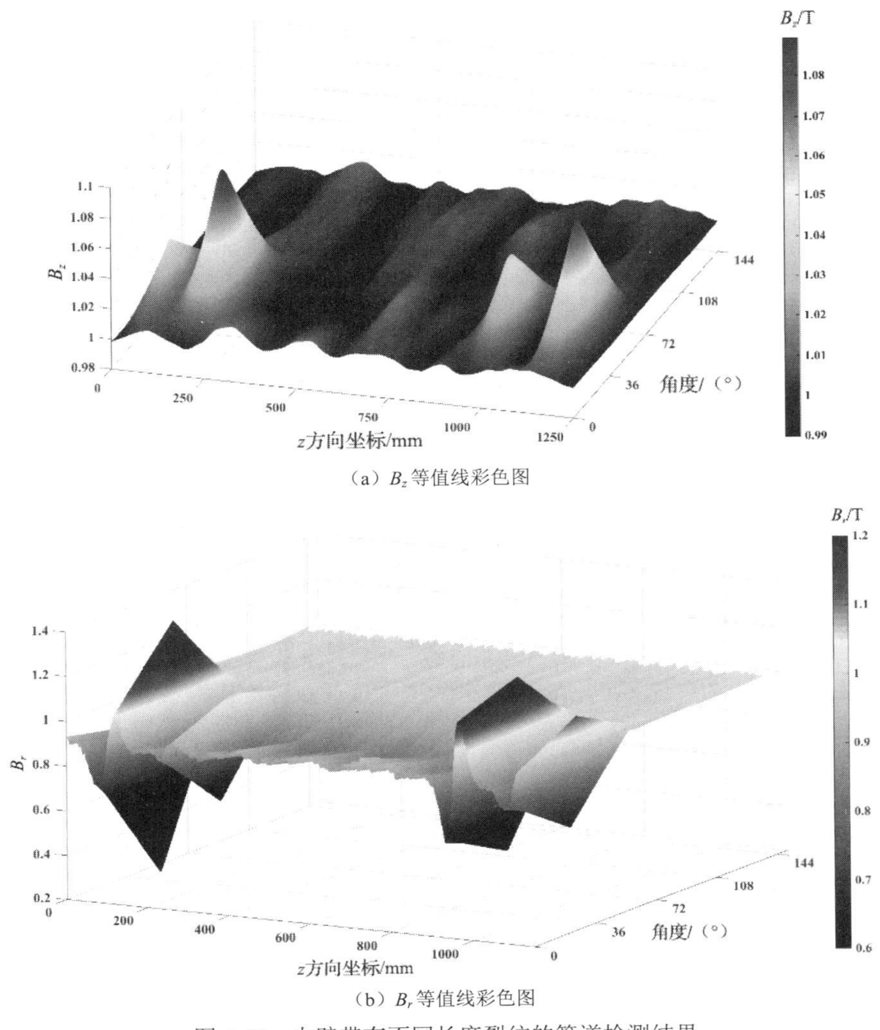

（a）B_z 等值线彩色图

（b）B_r 等值线彩色图

图 6-47　内壁带有不同长度裂纹的管道检测结果

图 6-48 所示为外壁带有不同长度裂纹的管道检测结果，其中，图 6-48（a）所示为 B_z 等值线彩色图，波峰处是缺陷区域；图 6-48（b）所示为 B_r 等值线彩色图。可以看出，颜色变换区域共有 6 个，表明共检测出 6 条长度不同的外壁缺陷。因此对于 1 号管道的内外壁缺陷，所搭建的 PACFM 管道内外壁缺陷定量识别检测系统已全部检出。

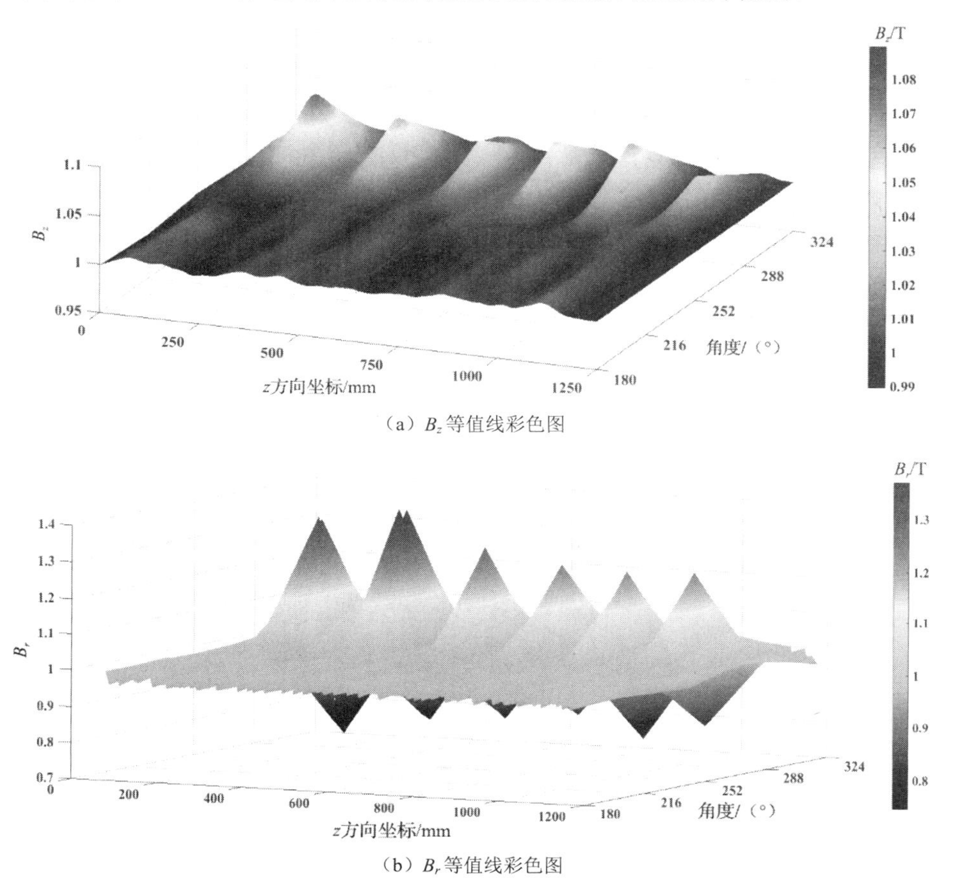

（a）B_z 等值线彩色图

（b）B_r 等值线彩色图

图 6-48　外壁带有不同长度裂纹的管道检测结果

对于 2 号管道，即深度不同的管道内外壁缺陷进行检测，图 6-49 所示为内壁带有不同深度裂纹的管道检测结果。其中，图 6-49（a）所示为 B_z 等值线彩色图；图 6-49（b）所示为 B_r 等值线彩色图。结合图 6-49（a）和（b），可以观察到 4 处颜色发生明显变化的区域，出现在相对于 1 号探头的 288°位置，该 4 处位置即管道内壁缺陷所在的位置。深度越大，颜色变化越明显，即 B_z 和 B_r 信号的畸变越大，所以当检测较深缺陷时，较浅缺陷的检测信号可能会被掩盖。

图 6-50 所示为外壁带有不同深度裂纹的管道检测结果。图 6-50（a）所示为 B_z 等值线彩色图；图 6-50（b）所示为 B_r 等值线彩色图，信号明显畸变处即为缺陷位置。因埋藏深度越浅，B_z 和 B_r 信号的畸变越大，颜色变化越明显，所以从图 6-50 中可以得知，颜色明显变化的区域共有 4 处，出现在相对于 1 号探头的 36°位置，即可以检测出埋深为 6mm、4mm、2mm 和 0mm 的裂纹，埋深为 8mm 的裂纹无法检测出。

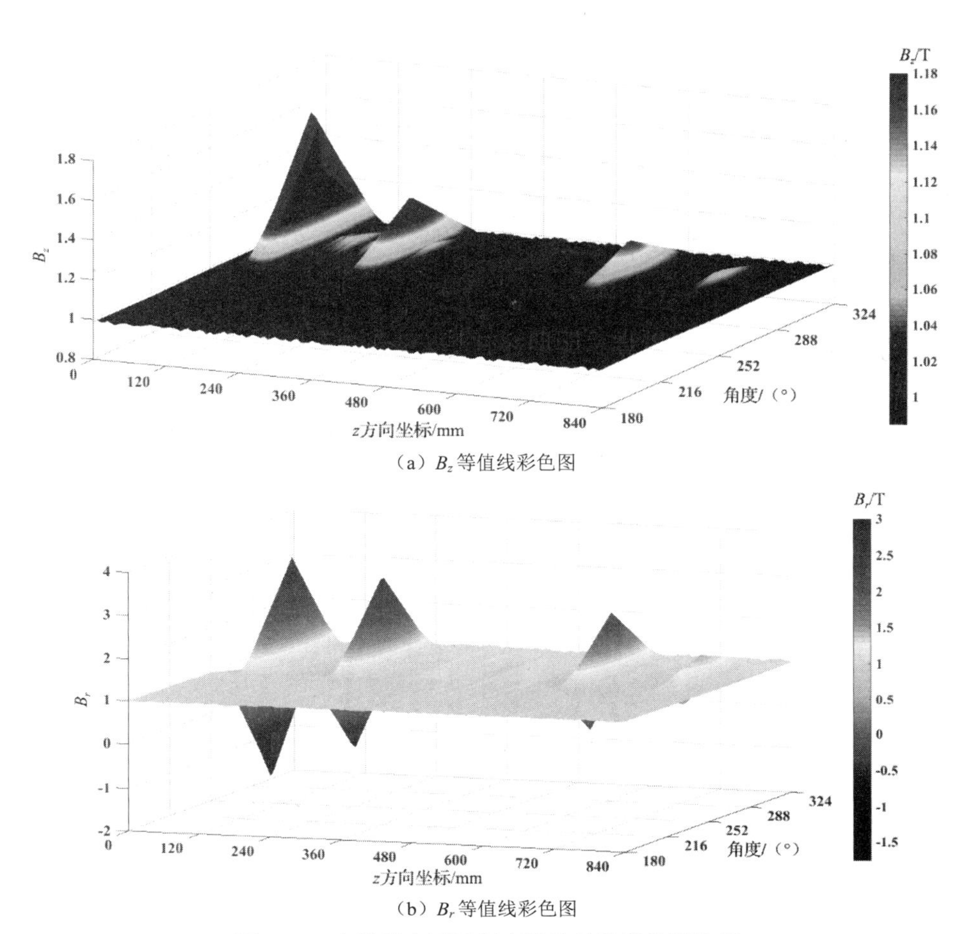

（a）B_z 等值线彩色图

（b）B_r 等值线彩色图

图 6-49　内壁带有不同深度裂纹的管道检测结果

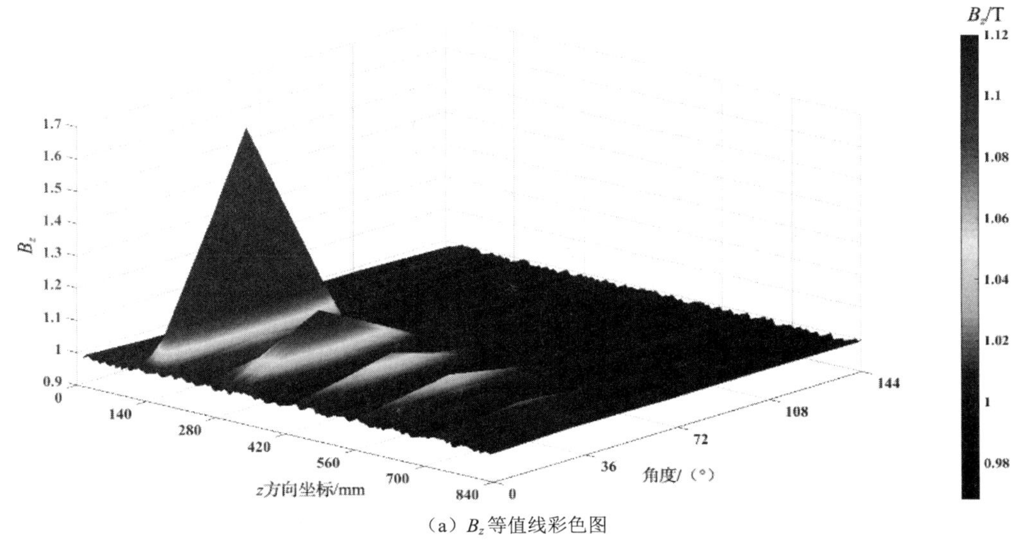

（a）B_z 等值线彩色图

图 6-50　外壁带有不同深度裂纹的管道检测结果

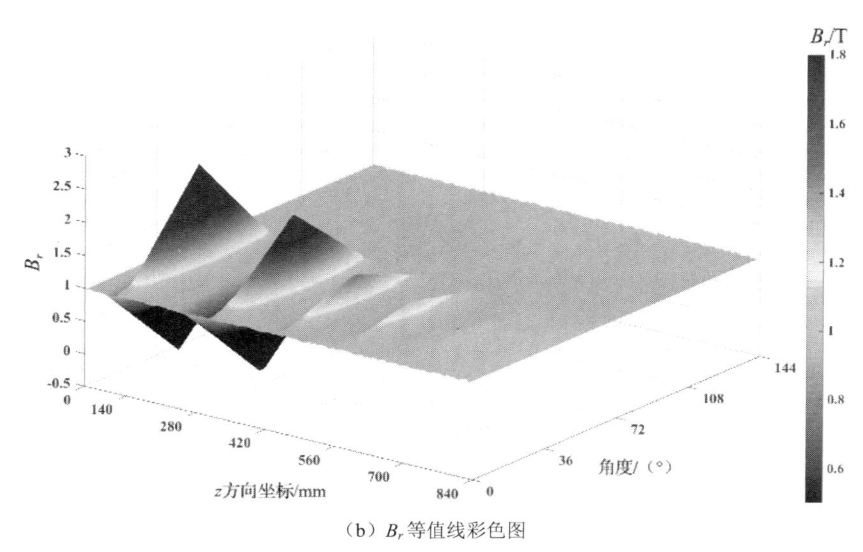

（b）B_r 等值线彩色图

图 6-50　外壁带有不同深度裂纹的管道检测结果（续）

综上，等值线彩色图直观地显示出缺陷的存在及缺陷的位置。针对待测管道搭建的PACFM 管道内外壁缺陷定量识别检测系统，对于管道内壁缺陷，可检测最小长度为 10mm，最小深度为 2mm 的裂纹缺陷。对于管道外壁缺陷，可检测的最大埋深深度为 6mm。所检测的两根管道，缺陷检出率可达 90%。

6.4　多频 ACFM 技术

6.4.1　概述

由于单一频率的 ACFM，在试件中感应产生的交变电磁场受到集肤效应的影响，大部分能量聚集在一定区域，只能获得一个频率成分信息，因此难以实现同时检测表面缺陷和埋深缺陷。PACFM 技术虽然能够对试件深层缺陷进行检测，但是由于脉冲激励信号在低频谐波成分占据大部分激励能量，因此随着频率增加，高频谐波成分呈衰减趋势。本节在传统 ACFM 中引入了多频激励技术，构建多频交流电磁场表面和埋深裂纹识别检测的理论模型，以满足结构物表面及埋深缺陷的检测需求。

6.4.2　多频交流电磁场理论分析

多频 ACFM 技术遵从经典麦克斯韦方程组所设定的电磁场传播规律，为了准确阐述多频 ACFM 技术在结构物缺陷附近电磁场的关系，在传统 ACFM 理论的基础上，引入了多频激励技术，构建了多频 ACFM 理论模型。

由于交流电磁场的激励源为正弦信号（简谐波），其做简谐变化，所以由此产生的空间电磁场也随时间做简谐变化，为计算简便，将简谐变化量写为复数形式，可得到复数形式的麦克斯韦方程组。在导电介质中，微分形式的欧姆定律为

$$\boldsymbol{J} = \sigma \boldsymbol{E} \tag{6-31}$$

若存在均匀的导电介质，则对式（6-31）进行运算：

$$\nabla \cdot \boldsymbol{J} = \nabla \cdot (\sigma \boldsymbol{E}) = \sigma \nabla \cdot \boldsymbol{E} = \frac{\sigma \rho}{\varepsilon} = -\frac{\partial \rho}{\partial t} \tag{6-32}$$

其解为

$$\rho = \rho_0 \mathrm{e}^{-(\sigma/\varepsilon)/t} = \rho_0 \mathrm{e}^{-(t/\tau)} \tag{6-33}$$

因为导电介质内的自由电荷密度随时间按指数规律减小，不存在电荷积累，所以其自由电荷密度为0，即$\rho = 0$。并且ACFM技术主要利用低频电磁信号，因此导电介质中的位移电流密度远小于传导电流密度，忽略导体中的位移电流，即$\frac{\partial \boldsymbol{D}}{\partial t} = 0$，可得出复数形式的麦克斯韦方程组，如下所示：

$$\nabla \times \boldsymbol{H} = \sigma \boldsymbol{E} \tag{6-34}$$

$$\nabla \times \boldsymbol{E} = -\mathrm{j}\omega \boldsymbol{B} \tag{6-35}$$

$$\nabla \cdot \boldsymbol{D} = 0 \tag{6-36}$$

$$\nabla \cdot \boldsymbol{B} = 0 \tag{6-37}$$

由ACFM原理可知，缺陷的存在导致电场扰动，从而引起磁场畸变，所以可以将缺陷存在的矢量磁位分为两部分，即

$$\boldsymbol{A}(X,Y,Z) = \boldsymbol{A}_{\mathrm{O}}(X,Y,Z) + \boldsymbol{A}_{\mathrm{P}}(X,Y,Z) \tag{6-38}$$

式中，$\boldsymbol{A}_{\mathrm{O}}$为激励电流感应的一次磁场的矢量势函数；$\boldsymbol{A}_{\mathrm{P}}$为缺陷引起电场扰动感应的二次磁场的矢量势函数。

由电磁感应定理可知，矢量势函数$\boldsymbol{A}_{\mathrm{O}}$和$\boldsymbol{A}_{\mathrm{P}}$都满足拉普拉斯方程：

$$\frac{\partial^2 \boldsymbol{A}}{\partial X^2} + \frac{\partial^2 \boldsymbol{A}}{\partial Y^2} + \frac{\partial^2 \boldsymbol{A}}{\partial Z^2} = 0 \tag{6-39}$$

其中，$\boldsymbol{A}_{\mathrm{O}}$满足无缺陷时的边界条件和$\boldsymbol{A}_{\mathrm{P}}$满足有缺陷时的边界条件如下：

$$\frac{\partial^2 \boldsymbol{A}}{\partial x^2} + \frac{\partial^2 \boldsymbol{A}}{\partial y^2} + \frac{k}{u}\frac{\partial^2 \boldsymbol{A}}{\partial z^2} = 0 \tag{6-40}$$

$$\frac{\partial^2 \boldsymbol{A}}{\partial x^2} + \frac{\partial^2 \boldsymbol{A}}{\partial y^2} + \frac{k}{u}\frac{\partial^2 \boldsymbol{A}}{\partial z^2} = \left(2 + \frac{ck}{u}\right)\frac{\partial \boldsymbol{A}}{\partial z}\delta(y) \tag{6-41}$$

式中，$k^2 = \frac{2i}{\delta^2}$；$c$为缺陷宽度；$\delta$为集肤深度；$\boldsymbol{A}$为矢量势函数；$u$为磁导率。

导电媒质中的电磁波具有传输衰减的特点，电磁波从表面向内部传播越深，电磁场的幅度越按照$\mathrm{e}^{-\alpha z}$规律衰减。若电磁场的幅度衰减至表面幅度的$\frac{1}{\mathrm{e}}$时，则此时的电磁场传播距离为集肤深度δ，其表达式如下：

$$\delta = \frac{1}{\alpha} = 1/\omega\sqrt{\frac{\mu\varepsilon}{2}\left(\sqrt{1 + \frac{\sigma^2}{\omega^2\varepsilon^2}} - 1\right)} \tag{6-42}$$

由于导电媒质 $\frac{\sigma}{\omega\varepsilon} \gg 1$，所以式（6-42）可近似为

$$\delta = \frac{1}{\alpha} = 1/\sqrt{\pi f \mu \sigma} \tag{6-43}$$

式中，f 为激励电流的频率；μ 为材料的磁导率；σ 为材料的电导率。

多频激励技术能将多个频率正弦信号同步叠加，同步合成后的表达式如式（6-44）所示。

$$S(t) = \sum_{i=1}^{N} A_i \sin(2\pi f_i t + \varphi_i) \tag{6-44}$$

式中，N 为频率成分数量；A_i 为第 i 个频率成分的幅值量；f_i 为第 i 个频率成分的频率；φ_i 为第 i 个频率成分的初始相位。通常情况下，每个频率成分的幅值会设为同一个数值。

由于多频激励技术可选择一系列频率分量进行合成，同时用两个或两个以上频率进行检测，将混频信号进行参数分离以得到不同频率的响应信号，不同频率的响应信号又对应不同的集肤深度，所以从多频率成分中可提取各集肤深度响应的特征信号，以达到多参数测量的目的。

6.4.3 多频交流电磁场仿真分析

1. 模型建立

采用多频激励技术，利用多个频率波形合成信号作为激励，通过混频信号激励下的探头响应，实质上是各个频率单独激励下的响应线性合成。混频信号激励后需要经过分频处理，得到的不同频率下的缺陷特征与单独频率分别激励得到的缺陷特征基本相同。因此，不同频率对应的集肤深度不同，仿真采用单独频率分别激励，所以要针对不同类型的缺陷分别建立三维仿真模型。

对于表面裂纹采用较高频率进行仿真分析，对于埋深裂纹则采用较低频率进行仿真分析，为了简化建模，三维交流电磁场有限元仿真模型主要包括带有表面裂纹或埋深裂纹的试件、U 形磁芯、激励线圈、壳体、空气等，如图 6-51 所示。

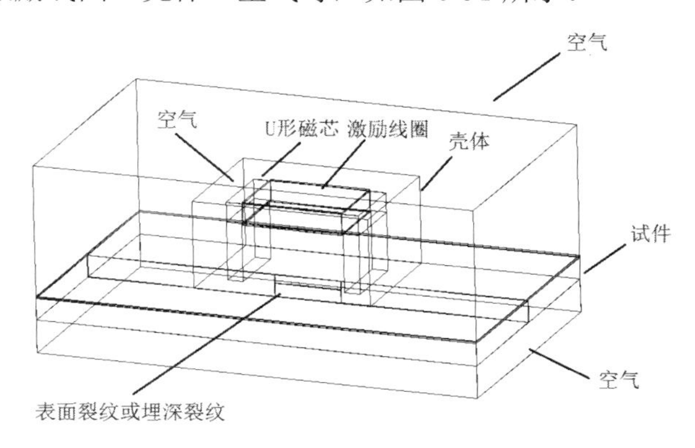

图 6-51　三维交流电磁场有限元仿真模型

激励线圈缠绕在 U 形磁芯的横梁上，位于壳体内部的空气中，整个探头和试件均处于空气环境中，缺陷位于试件正中央，为窄开口裂纹，通过赋予不同的材料属性，实现对表

面裂纹或埋深裂纹三维模型的仿真分析。仿真模型各部分的尺寸参数如表 6-10 所示。

表 6-10 仿真模型各部分的尺寸参数

模型各部分	长/mm	宽/mm	高/mm	磁芯腿部长度/mm	磁芯水平高度/mm	线圈厚度/mm
U 形磁芯	60.0	32.0	36.0	7.0	9.0	—
试件	200.0	120.0	10.0	—	—	—
激励线圈	45.0	—	—	—	—	0.6
壳体	80.0	60.0	40.0	—	—	—
外围空气	200.0	120.0	85.0			
表面裂纹	30.0	0.5	6.0	—	—	—
埋深裂纹	30.0	0.5	2.0			

2. 材料属性

本节对低频谐波电磁场进行分析，ANSYS 的计算单元为 SOLID117 单元，同时需要定义实常数，如给定的相应线圈的截面积、匝数、电流方向等，并需要赋予三维模型的各部分相应的材料属性，电磁场分析的材料单元属性主要包括材料的相对磁导率和电阻率。仿真模型的材料参数属性如表 6-11 所示。

表 6-11 仿真模型的材料参数属性

模型各部分	材料	相对磁导率	电阻率/Ω·m
U 形磁芯	锰锌铁氧体	10000	—
试件	铝	1	2.82×10^{-8}
激励线圈	铜	1	1.3×10^{-8}
壳体	塑料	1	1050
外围空气	空气	1	3×10^{13}
壳体内部空气	空气	1	3×10^{13}
裂纹	空气	1	3×10^{13}

3. 网格划分

由于仿真结果受到试件表面集肤效应和缺陷附近电磁场的影响，因此试件上表面和缺陷附近的单元网格划分必须精细。为此，我们对带缺陷的试件，先对其上的面和面上的线进行非等距划分，再对整个试件进行扫略划分，从而确保试件表面和缺陷附近单元体的计算精度。另外，我们对 U 形磁芯、激励线圈、裂纹也采用了扫略划分形式，使单元网格规则而密集，而对壳体内部空气和整个外围空气则通过调节单元网格的尺寸大小进行自由划分，这样既可以节约计算时间，又可以保持一定的计算精度。图 6-52 所示为网格划分结果。

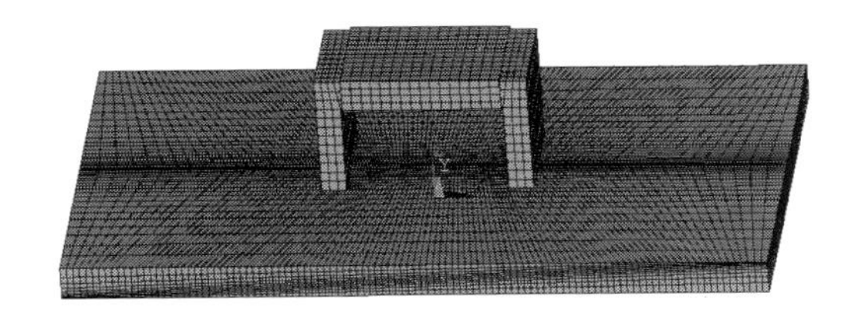

图 6-52 网格划分结果

4．边界条件及参数加载

在电磁场问题实际求解中，需要给模型边界设定磁力线平行边界条件和磁力线垂直边界条件，其中磁力线垂直边界条件是自然生成的，而磁力线平行边界条件要通过选取整个模型外表面边界，设定 AZ=0 用于模拟。除此之外，首先在加载电流之前需要试件表面一侧的耦合节点 VOLT 自由度为零，即 VOLT=0。然后通过选取线圈模型，按照一定方向加载电流密度。设定边界条件效果如图 6-53 所示；加载电流密度效果如图 6-54 所示。

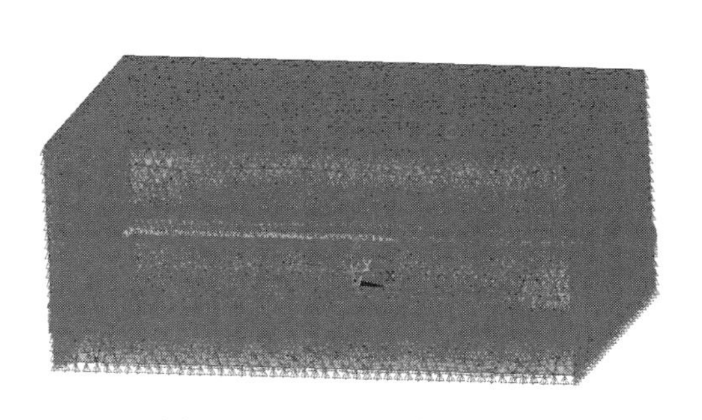

图 6-53　设定边界条件效果

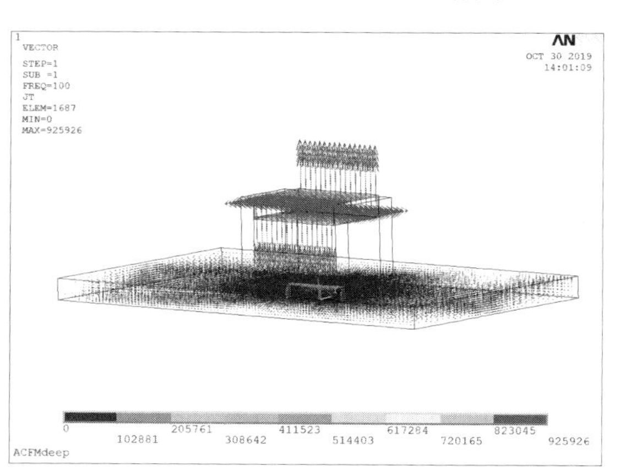

图 6-54　加载电流密度效果

5．求解及结果分析

本节的电磁场分析属于低频范畴，所以选择的仿真分析类型为谐波分析，采用实部与虚部的输出格式，ANSYS 仿真有多种选择求解器的方法，包括波前法、直接解法、雅可比共轭梯度法、不完全乔列斯基共轭梯度法等，本节采用直接解法，直接求解器包含两种，波前解算器和稀疏矩阵直接解算器，根据模型大小和硬盘内存的使用要求，此处选择稀疏矩阵直接解算器，谐性频率即激励频率大小，各子部的加载方式采用斜坡（Ramped）加载模式，利用该模式进行求解，能保证计算精度与周期。在后处理过程中，利用 POST1 通用后处理器得到谐波磁场的分析结果，通过设定固定路径，提取一定提离高度下多个方向上的磁感应强度信号，从而完成对交流电磁场的仿真分析。

多频 ACFM 技术的关键参数就是激励频率，激励频率的选择决定了感应电流的集肤深度和强度。根据理论分析，激励线圈缠绕在 U 形磁芯上，由于 U 形磁芯的高磁导率特性，能将通电线圈产生的磁力线通过 U 形磁芯聚集在磁芯的两腿底部，并且通过试件表面及内部进行传导，从而形成磁力线回路，该方向的磁场信号即 x 方向的磁场信号 B_x。除此之外，通电激励线圈会在 U 形磁芯两腿处产生圆形的感应电流场，在磁芯两腿之间的感应电流场则呈均匀直线分布。当激励线圈通入不同频率的正弦信号时会在试件表面和不同深度层产生均匀的感应电流，频率越高，激励线圈产生的磁力线越接近试件表面，感应电流的集肤深度越浅，越无法检测埋深深度较大的裂纹。频率越低，激励线圈产生的磁力线越能抵达试件更深的位置，且感应电流的集肤深度较深，感应电流的强度较小，对一定埋深深度的裂纹具有一定的检测能力。

通过仿真分析，提取频率为 1kHz 时在无缺陷条件下试件表面的感应电流密度分布，其仿真图如图 6-55 所示。可以看出，在磁芯两腿处产生了圆形感应电流场，其感应电流场的旋转方向相反，在两腿之间的感应电流场呈均匀分布，表面感应电流分布情况与理论描述的一致。提取在无缺陷条件下不同频率（100Hz、500Hz、2kHz、5kHz）试件内部的感应电流密度分布，如图 6-56 所示。可以看出，在任何频率下，试件表面的感应电流密度都比试件内部的感应电流密度大，同时感应电流密度随着深度的增加而递减。当频率为 100Hz 时，试件内部的感应电流密度最大值为 58516A/m^2；当频率为 500Hz 时，试件内部的感应电流密度最大值为 1.33×10^5A/m^2；当频率为 1kHz 时，试件内部的感应电流密度最大值为 2.76×10^5A/m^2；当频率为 5kHz 时，试件内部的感应电流密度最大值为 4.23×10^5A/m^2。在相同深度下，试件表面的感应电流密度随着频率的增加而增大，且由于集肤效应的影响，感应电流越来越集中于试件表面，试件内部的感应电流密度分布情况与理论描述的一致。

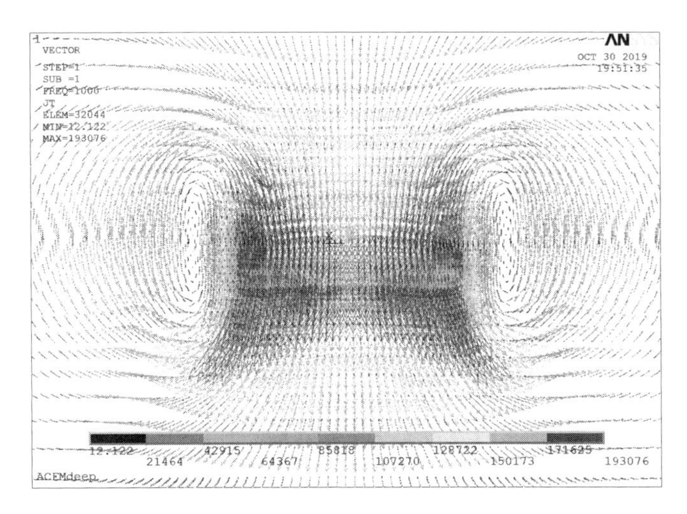

图 6-55　频率为 1kHz 时在无缺陷条件下试件表面的感应电流密度分布的仿真图

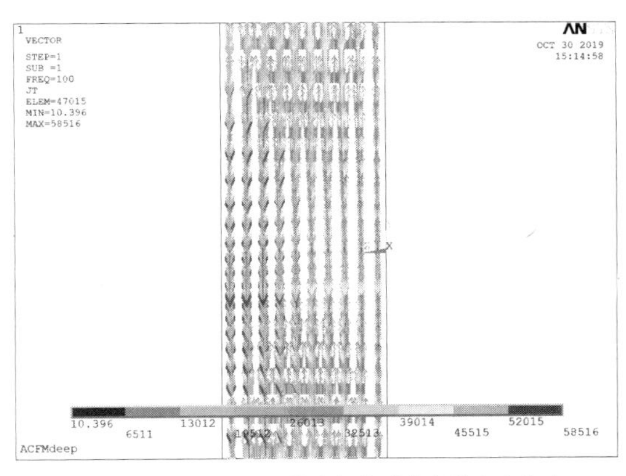

（a）频率在 100Hz 下试件内部的感应电流密度分布

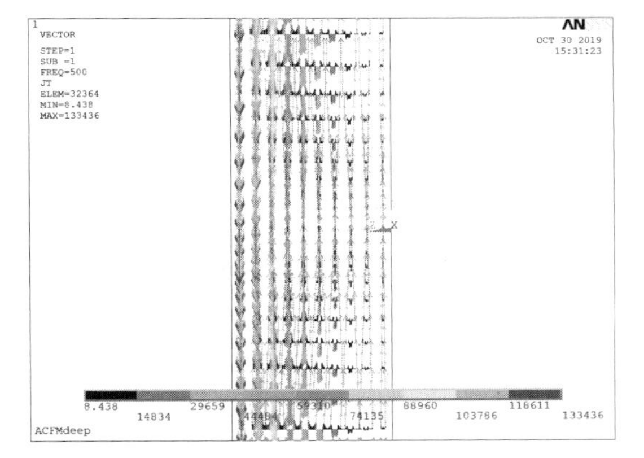

（b）频率在 500Hz 下试件内部的感应电流密度分布

图 6-56　在无缺陷条件下不同频率试件内部的感应电流密度分布

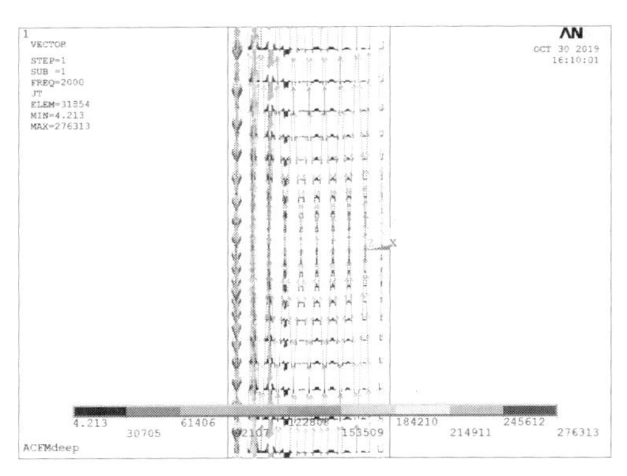

（c）频率在 1kHz 下试件内部的感应电流密度分布

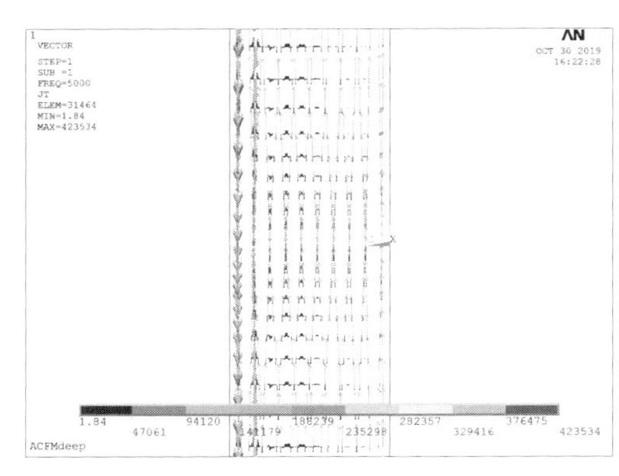

（d）频率在 5kHz 下试件内部的感应电流密度分布

图 6-56　在无缺陷条件下不同频率试件内部的感应电流密度分布（续）

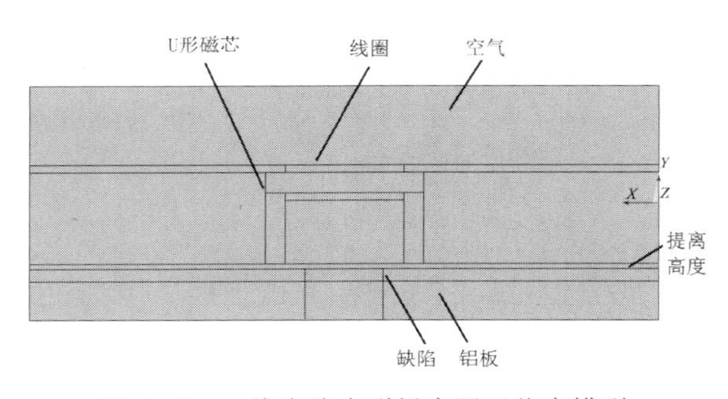

图 6-57　二维交流电磁场有限元仿真模型

在三维仿真模型结果的基础上，通过建立二维交流电磁场有限元仿真模型，验证在频率变化下磁力线的分布情况，如图 6-57 所示。该有限元仿真模型仅包括试件、U 形磁芯、线圈、缺陷及空气。

提取不同频率下（100Hz、500Hz、1kHz、5kHz）U 形磁芯周围磁力线的分布情况，如图 6-58 所示。可知，磁力线大多数聚集在 U 形磁芯内部，U 形磁芯外部形成了多条磁力线回路，仿真结果只选取了 80 条磁力线作为参考，对比四张图可知，随着频率的增加，磁力线在试件内部的分布逐渐聚集在试件表面，频率越低磁力线在试件内部传导越深，与理论描述的一致，所以可以通过选取不同频率来实现对试件表面或者埋深裂纹的检测。

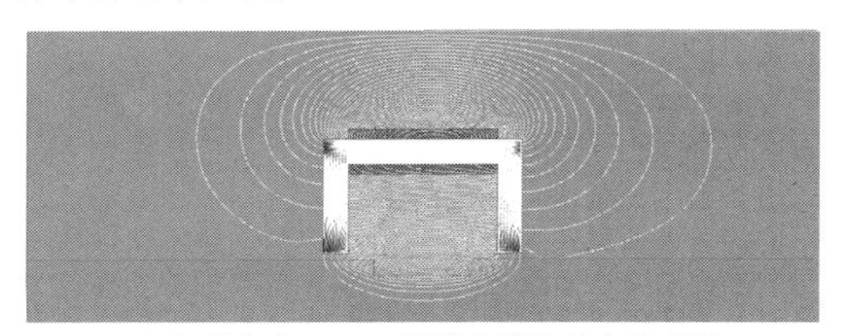

（a）频率在 100Hz 下磁力线的分布仿真图

（b）频率在 500Hz 下磁力线的分布仿真图

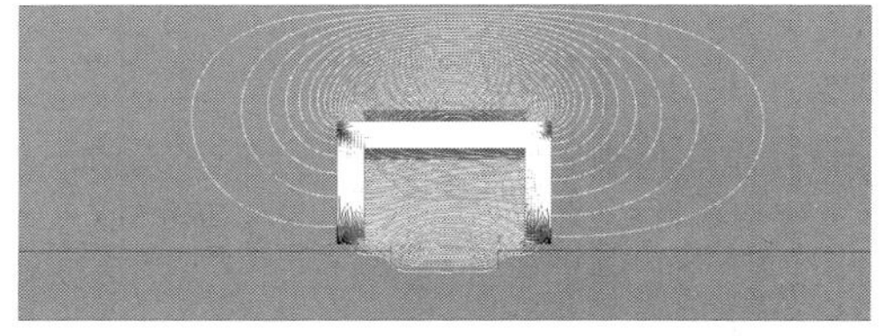

（c）频率在 1kHz 下磁力线的分布仿真图

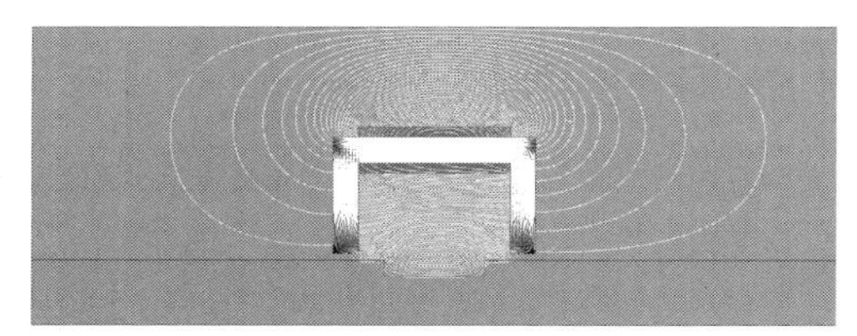

（d）频率在 5kHz 下磁力线的分布仿真图

图 6-58　不同频率下 U 形磁芯周围磁力线的分布情况

6. 缺陷附近电磁场的分布规律

根据二维交流电磁场有限元仿真模型的结果可知，不同激励频率对感应电流在试件内部分布和磁力线在试件内部分布均会产生影响，时变的电磁场进入试件内部会存在集肤效应。若激励频率较高，则集肤深度较浅，大部分的感应电流都聚集在试件表面，无法渗入试件内部较深处，当遇到表面缺陷时，会产生较大的扰动场，畸变的电场扰动会引起空间磁场的畸变，从而完成对表面缺陷的检测。若激励频率较低，则集肤深度大于缺陷距离试件表面的深度，产生的感应电流会渗透在试件深处，若遇到缺陷则会因此产生电场扰动，从而引起磁场畸变，完成对深层缺陷的检测。所以利用其特征即可完成对不同深度缺陷的检测。利用集肤效应公式，在三维有限元仿真模型中，采用低频激励和高频激励分别对非表面缺陷和表面缺陷进行检测，激励线圈在试件表面感应出交变电流场，其感应电流的穿透深度通过集肤效应公式可求得。集肤深度参数如表 6-12 所示。根据实验室之前的研究表明，1～3mm 是测量铝板表面裂纹的最佳集肤深度，所以选择频率为 2kHz 的激励信号作为高频激励对表面缺陷进行仿真分析。为了达到一定的感应电流穿透深度，将频率为 100Hz 的激励信号作为低频激励对非表面缺陷进行仿真分析，探究不同频率对于不同位置下的缺陷的电磁场分布的影响。

表 6-12　集肤深度参数

频率 f / Hz	磁导率 μ /（H/m）	电导率 σ /（S/m）	集肤深度/mm
100	$4\pi e^{-7}$	$0.355e^{8}$	8.45
2000	$4\pi e^{-7}$	$0.355e^{8}$	1.89

1）表面裂纹附近电磁场的分布规律

利用三维有限元仿真模型，将试件上表面处的体单元赋予空气材料，代表对其表面裂纹进行仿真分析，将频率设置为 2kHz，激励电流的幅值设置为 50mA，激励信号加载至 U 形磁芯横梁上的线圈中，检测探头放置于裂纹正上方并固定，分别提取试件表面裂纹周围和试件内部裂纹周围的感应电流分布，如图 6-59 和图 6-60 所示。当感应电流远离缺陷时，感应电流的方向与裂纹的方向垂直，当感应电流经过表面缺陷时，感应电流从裂纹的两端以相反方向绕过，在裂纹两端产生聚集，感应电流的密度明显增大，与此同时，在裂纹中心经过的感应电流，则沿着裂纹底部绕过，电流扰动规律与 ACFM 技术原理的电流扰动规律一致。

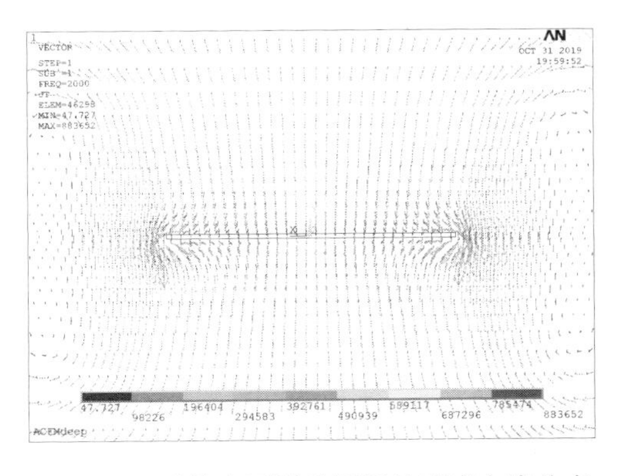

图 6-59　试件表面裂纹周围的感应电流分布

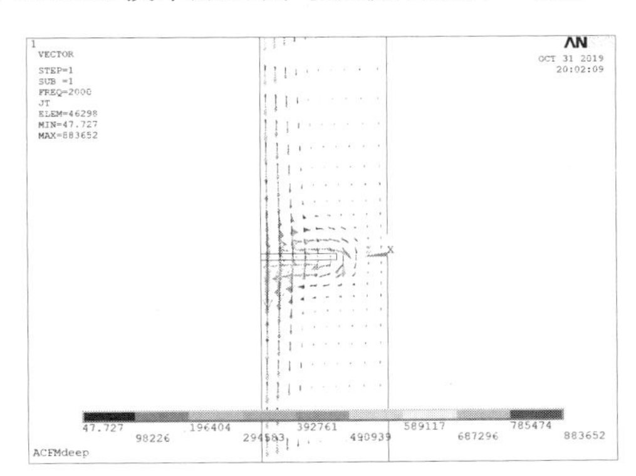

图 6-60　试件内部裂纹周围的感应电流分布

为了更加直观地展示缺陷周围感应电流的畸变情况，本书提取了缺陷区域的感应电流，由于感应电流裂纹从两端聚集绕过，使感应电流密度达到峰值，在裂纹中心处，感应电流密度呈波谷形式，感应电流从裂纹底部绕过，使感应电流分布稀疏。表面感应电流的三维分布图如图 6-61 所示。为了更加直观地比较缺陷处和无缺陷处的感应电流密度数值，定义了路径 1，该路径沿着裂纹方向提取裂纹中心处的感应电流密度，绘制-0.020～0.020m 路径的感应电流密度曲线；定义了路径 2，该路径为无缺陷处平行于裂纹方向的一条路径，同样绘制该路径的感应电流密度曲线，如图 6-62 所示。从图中可知，缺陷处的感应电流密度在裂纹两端达到峰值，数值在 9.3×10^5A/m^2 左右，缺陷内部的感应电流密度明显下降，同时感应电流在缺陷底部存在聚集现象，所以感应电流密度数值有一定的上升趋势。无缺陷处的感应电流密度基本保持一个定值，呈现均匀感应电场区域。

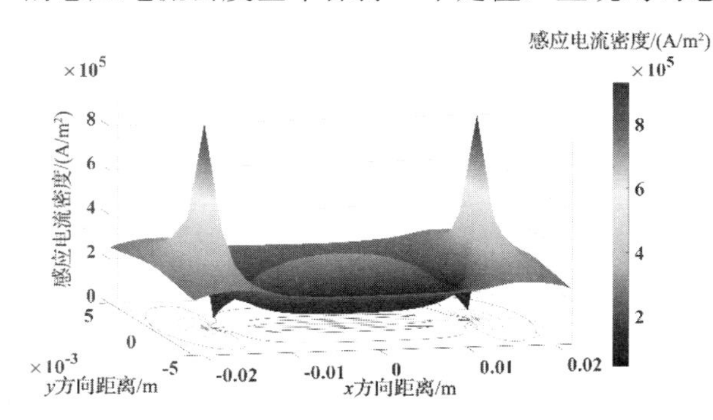

图 6-61　表面感应电流的三维分布图

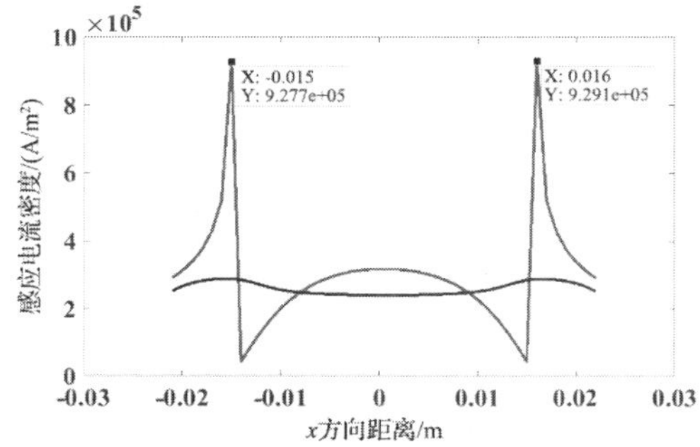

图 6-62　路径 2 的表面感应电流密度曲线

缺陷处的感应电流扰动将引起空间磁场的畸变，本节定义了检测探头的移动路径，该路径为裂纹正上方，x 方向的坐标为-0.050～0.050m，按照步进距离为 0.001m 进行扫查移动，为了获取裂纹上方的空间畸变磁场信号，每移动一步进距离，提取 y 方向-0.010～0.010m 每个位置上方 x 方向和 z 方向上的磁感应强度，最终绘制裂纹区域范围内的空间磁场分布三维图。表面缺陷空间磁场 B_x 和表面缺陷空间磁场 B_z 分别如图 6-63 与图 6-64 所示。x 方向的空间磁场分布呈波谷形状，在裂纹两端出现了极大值，在裂纹中心区域急剧下降。z 方向的空间磁场分布呈波峰和波谷形状，由于裂纹两端的扰动电流方向相反，导致畸变磁场在裂纹端点处出现了两个方向相反的极值。由此可得，表面缺陷空间磁场 B_x 与 B_z 的分布变化趋势符合 ACFM 原理。

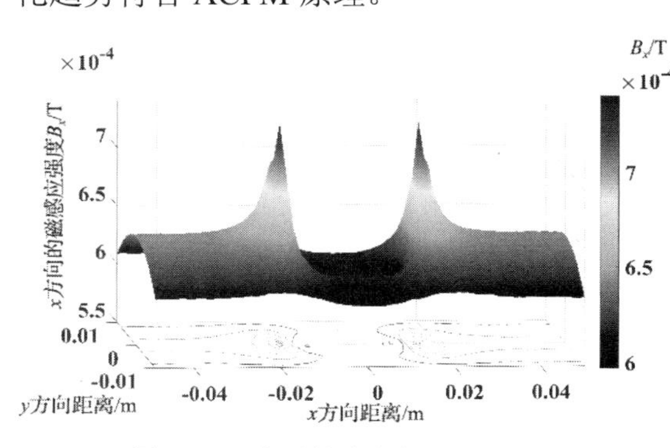

图 6-63　表面缺陷空间磁场 B_x

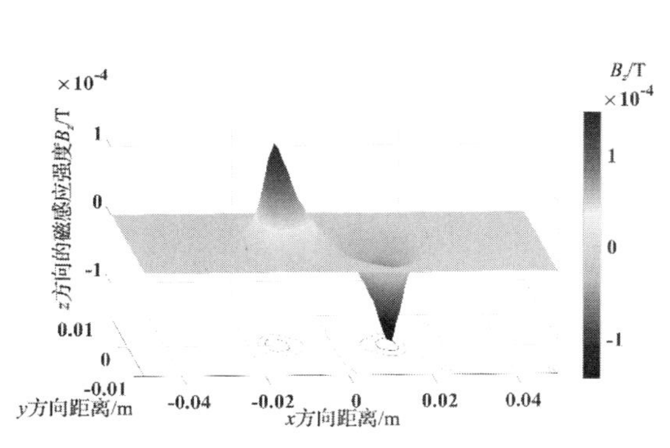

图 6-64　表面缺陷空间磁场 B_z

2）埋深裂纹附近电磁场的分布规律

利用三维有限元仿真模型，将试件下表面赋予空气材料，用于模拟埋深裂纹并对其进行仿真分析，裂纹深度为 6mm，距离试件上表面 4mm，所以选择 100Hz 的激励频率，激励电流为 50mA。在激励线圈内部通入正弦交流电，分别提取试件底面缺陷周围和试件内部缺陷周围的感应电流分布，如图 6-65 与图 6-66 所示。感应电流从试件表面向内部渗透，当感应电流达到埋深缺陷所在的深度时会发生扰动，在裂纹上方发生聚集并从裂纹的两侧通过，其余感应电流在裂纹两端发生聚集扰动。一方面由于感应电流具有集肤效应，随着深度的增加其会不断衰减，另一方面由于感应电流在缺陷上方聚集，所以在裂纹上方的感应电流密度值最大，导致试件表面的感应电流密度值比无缺陷时试件表面的感应电流密度值大。

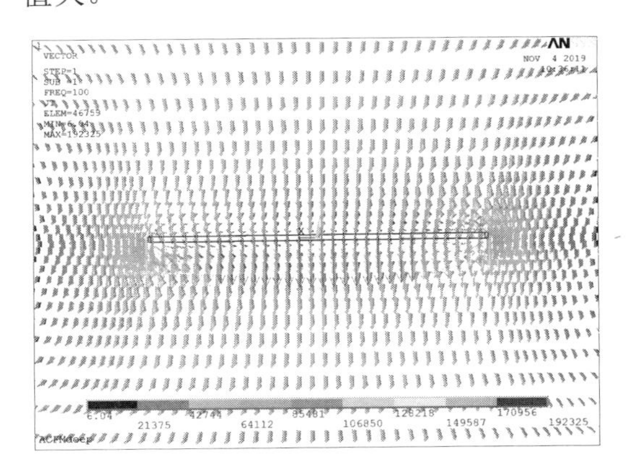

图 6-65　试件底面缺陷周围的感应电流分布

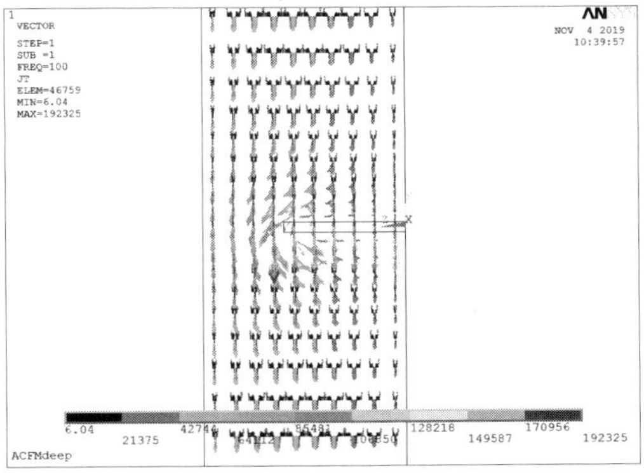

图 6-66　试件内部缺陷周围的感应电流分布

为了更加直观地反映试件表面和试件底部的感应电流分布情况，本节提取了试件表面的三维感应电流密度值分布图，如图 6-67 所示。试件表面的感应电流密度呈凸形状，在磁芯正下方区域的感应电流密度值最大，激励频率为 100Hz 的感应电流密度值远远小于激励频率为 2kHz 的感应电流密度值，所以激励频率为 2kHz 时更容易对表面缺陷进行检测。试件底面的三维感应电流密度值分布图如图 6-68 所示。由于试件底部存在裂纹，在裂纹深度下的感应电流在裂纹上方聚集，感应电流密度值存在最大值，对比试件表面的感应电流密度，由于感应电流由外部向内部逐渐递减，因此试件底部的感应电流密度值比试件表面的感应电流密度值小。

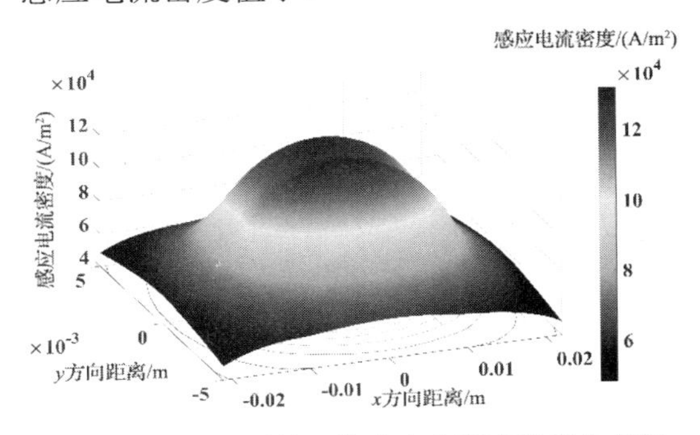

图 6-67　试件表面的三维感应电流密度值分布图

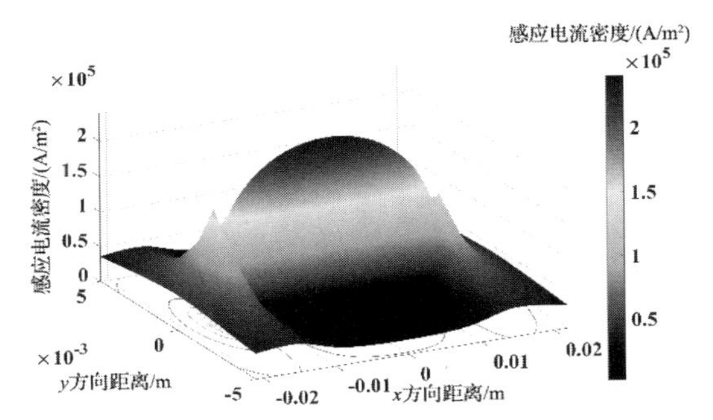

图 6-68　试件底面的三维感应电流密度值分布图

同样为了获取空间磁场的畸变情况，按照表面缺陷的提取路径，在相同路径下提取对应位置上的 x 方向和 z 方向上的磁感应强度，最终绘制出相同提离高度下的空间磁场分布三维图。埋深缺陷空间磁场 B_x 和埋深缺陷空间磁场 B_z 分别如图 6-69 与图 6-70 所示。x 方向的磁感应强度呈波谷形状，在裂纹两端点之间磁感应强度急剧下降，在平行于裂纹方向的每条路径上 B_x 均呈波谷形式，z 方向的磁感应强度在裂纹两端出现正向极大值和负向极大值，呈现波峰和波谷形式。埋深缺陷磁感应强度的变化趋势与 ACFM 原理的磁感应强度的变化趋势一致。

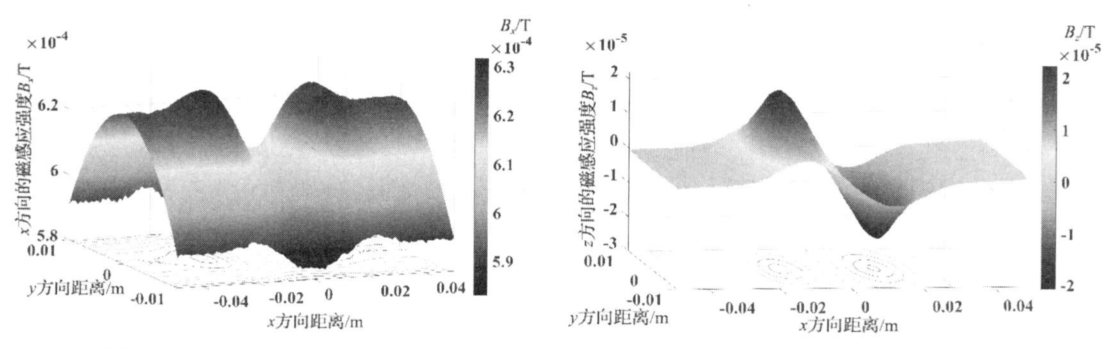

图 6-69　埋深缺陷空间磁场 B_x

图 6-70　埋深缺陷空间磁场 B_z

6.4.4　实验验证及结果分析

多频 ACFM 实验系统如图 6-71 所示。该系统主要包括检测仪器、三轴扫描机械台架、检测探头、上位机和台架控制箱，为了简化多频交流电磁场的功能性测试，本节借助三轴扫描机械台架携带检测探头进行扫查实验，检测仪器和上位机采用以太网通信，检测探头和检测仪器之间采用 30m 雷莫连接线进行检测信号传输。

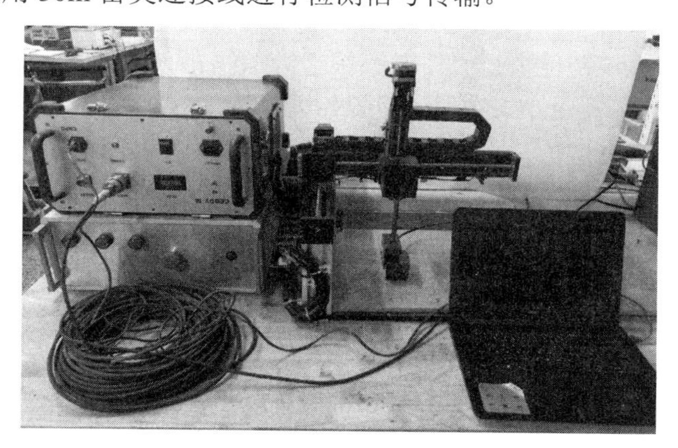

图 6-71　多频 ACFM 实验系统

本实验使用的测试试件为铝板试件，铝板试件表面设有不同尺寸的人工裂纹。其长度均为 30mm，宽度均为 0.5mm，裂纹深度分别为 5mm、6mm、7mm、8mm、9mm。人工裂纹的具体分布位置如图 6-72 所示。若从试件表面扫查则为表面缺陷检测，若从试件反面扫查则为埋深缺陷检测。

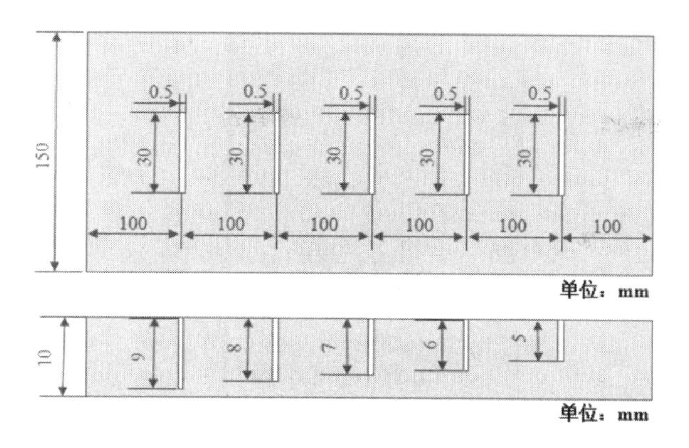

图 6-72　人工裂纹的具体分布位置

利用多频 ACFM 实验系统，分别对深度为 5～9mm 的表面裂纹进行实验，提取信号频谱图中对应频率的最大幅值点，得到不同深度表面裂纹的多频响应特征三维分布图。图 6-73 所示为不同深度表面裂纹在 x 方向的磁感应强度 B_x 的多频响应特征三维分布图。图 6-74 所示为不同深度表面裂纹在 z 方向的磁感应强度 B_z 的多频响应特征三维分布图。可知，不同表面裂纹 B_x 的多频响应特征三维分布图在 8 个频率（80Hz、100Hz、200Hz、300Hz、400Hz、500Hz、1kHz、2kHz）成分上均呈现波谷形状，且在裂纹两端 B_x 的幅值大小均大于背景磁场大小。B_z 的多频响应特征三维分布图在 8 个频率成分上均呈现波峰和波谷形状。

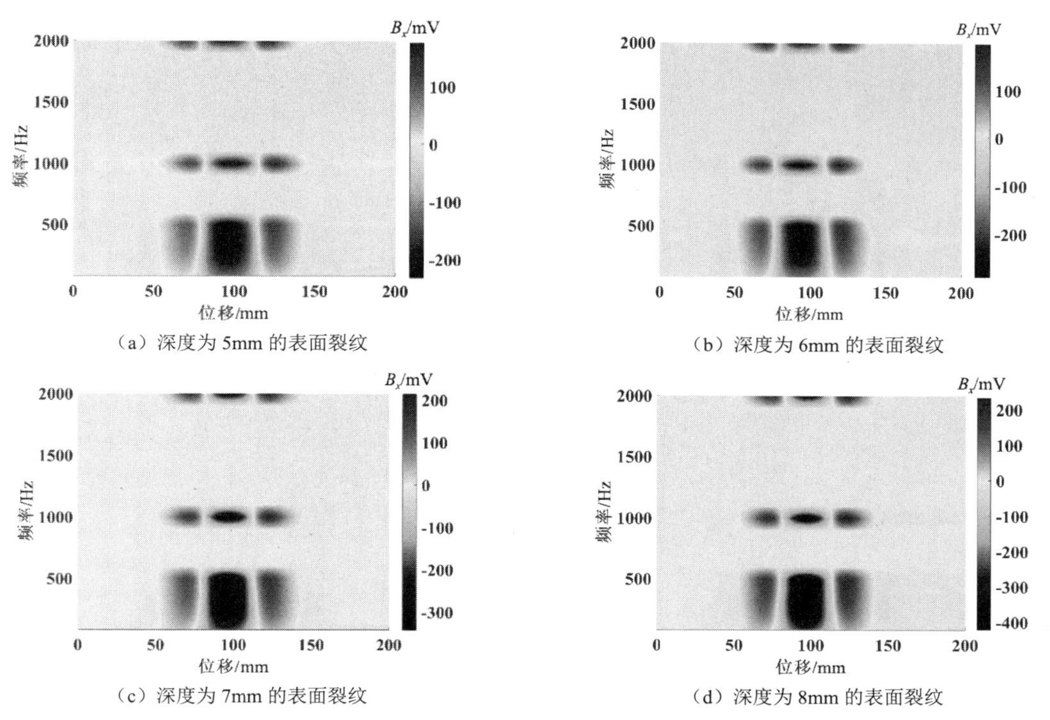

（a）深度为 5mm 的表面裂纹　（b）深度为 6mm 的表面裂纹

（c）深度为 7mm 的表面裂纹　（d）深度为 8mm 的表面裂纹

图 6-73　不同深度表面裂纹在 x 方向的磁感应强度 B_x 的多频响应特征三维分布图

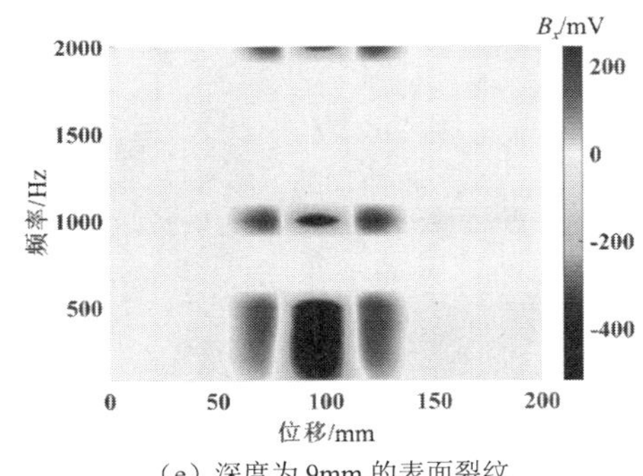

（e）深度为9mm的表面裂纹

图 6-73　不同深度表面裂纹在 x 方向的磁感应强度 B_x 的多频响应特征三维分布图（续）

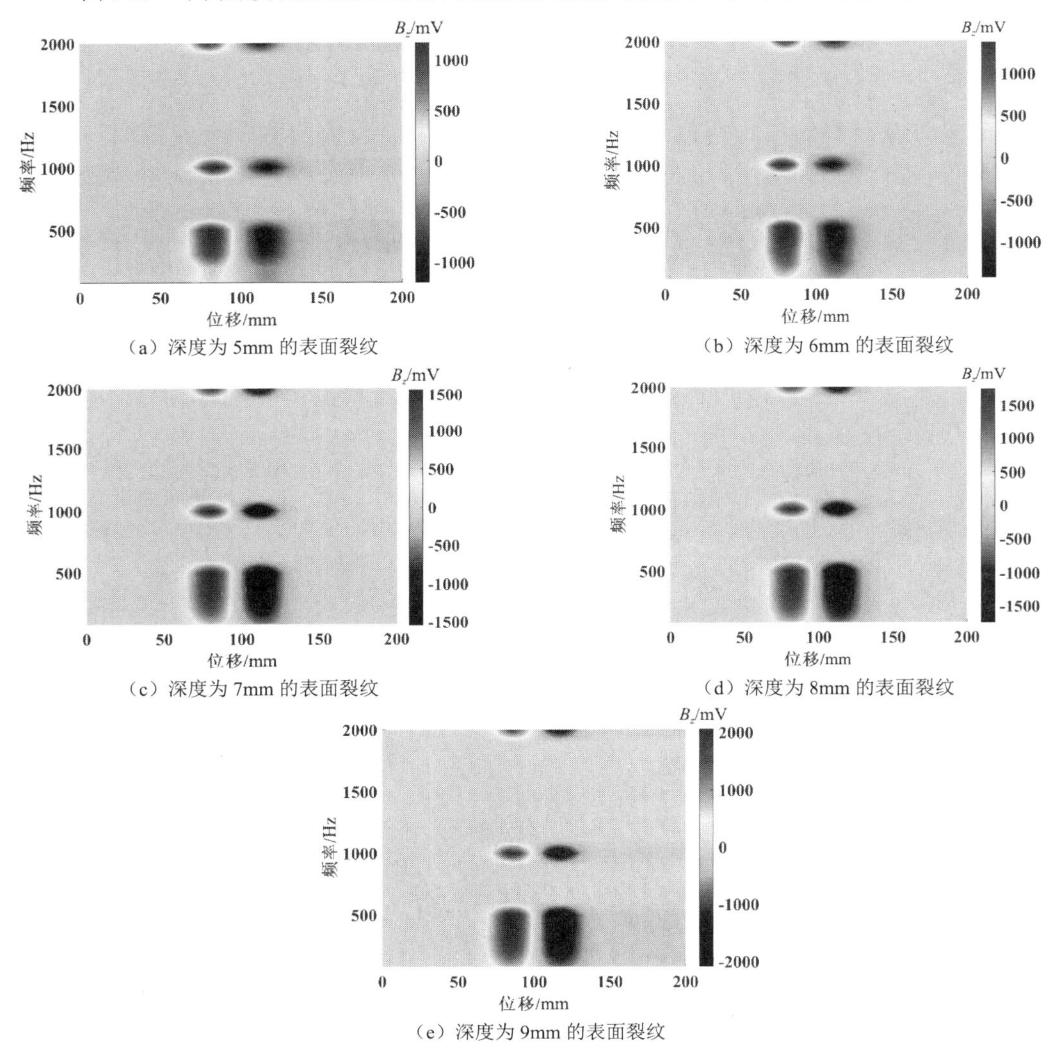

（a）深度为5mm的表面裂纹

（b）深度为6mm的表面裂纹

（c）深度为7mm的表面裂纹

（d）深度为8mm的表面裂纹

（e）深度为9mm的表面裂纹

图 6-74　不同深度表面裂纹在 z 方向的磁感应强度 B_z 的多频响应特征三维分布图

将试件反方向放置，分别对埋深深度为1mm、2mm、3mm、4mm、5mm的裂纹进行实验，提取信号频谱图中对应频率的最大幅值点，得到不同埋深深度裂纹的多频响应特征三维分布图。图 6-75 所示为不同埋深深度裂纹在 x 方向的磁感应强度 B_x 的多频响应特征三维分布图。图 6-76 所示为不同埋深深度裂纹在 z 方向的磁感应强度 B_z 的多频响应特征三维分布图。可知，在低频段（80～500Hz），B_x 的多频响应特征三维分布图主要呈现波谷形状，且波谷区域即图中位移为 125mm 处的深色区域，波谷随着埋深深度的增加而降低，测量的最佳频率随着埋深深度的增加而减小。当频率为 1000Hz 时，B_x 的多频响应特征三维分布图随着埋深深度的增加由最初较浅的波谷形状逐渐翻转成波峰形状，且随着埋深深度的增加，1000Hz 处的波峰逐渐增大。当频率为 2000Hz 时，B_x 的多频响应特征三维分布图主要呈现波峰形状，且随着埋深深度的增加，2000Hz 处的波峰逐渐消失，即埋深深度越大，越无法完成对埋深裂纹的检测。当频率为 300Hz 以下时，B_z 的多频响应特征三维分布图先出现波谷再出现波峰。当频率大于 300Hz 且小于 1000Hz 时，B_z 的多频响应特征三维分布图先出现波峰再出现波谷，当频率为 2000Hz 时，基本无法完成对埋深裂纹的检测，与背景磁场大小基本一致。

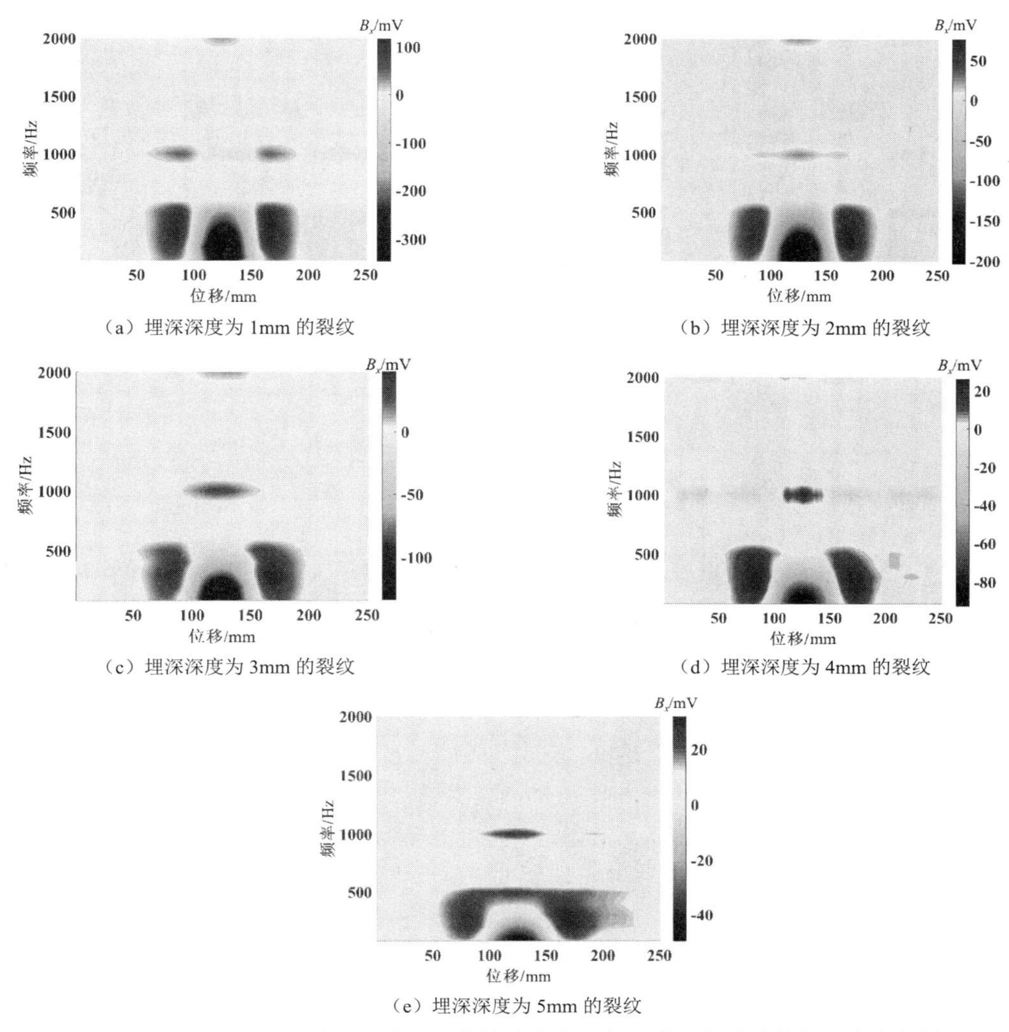

（a）埋深深度为 1mm 的裂纹

（b）埋深深度为 2mm 的裂纹

（c）埋深深度为 3mm 的裂纹

（d）埋深深度为 4mm 的裂纹

（e）埋深深度为 5mm 的裂纹

图 6-75　不同埋深深度裂纹在 x 方向的磁感应强度 B_x 的多频响应特征三维分布图

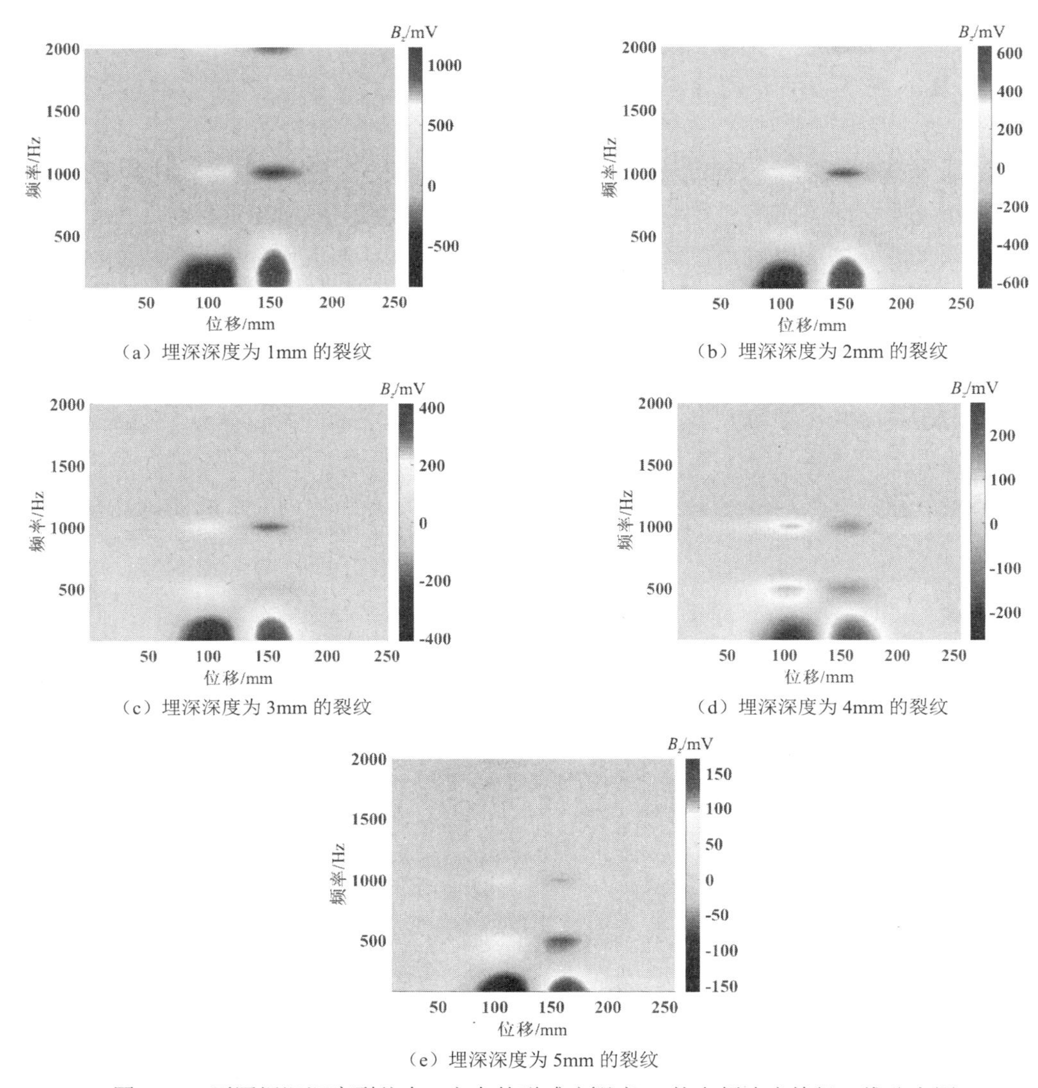

（a）埋深深度为 1mm 的裂纹

（b）埋深深度为 2mm 的裂纹

（c）埋深深度为 3mm 的裂纹

（d）埋深深度为 4mm 的裂纹

（e）埋深深度为 5mm 的裂纹

图 6-76　不同埋深深度裂纹在 z 方向的磁感应强度 B_z 的多频响应特征三维分布图

综合对比表面裂纹和埋深深度裂纹的多频响应特征三维分布图，可以看出，不同表面裂纹 B_x 的多频响应特征三维分布图在 8 个频率成分上均呈现波谷形状，而埋深深度裂纹的波谷形状主要出现在 300Hz 以下的频段，在其余频段则有可能出现波峰形状，且随着埋深深度的增加，出现波谷的频率点会越低，若埋深深度较大，在 2000Hz 时则无法检测出缺陷。对比 B_z 的多频响应特征三维分布图可知，表面裂纹在 8 个频率成分上均能呈现波峰和波谷形状，且每个频率成分的波峰和波谷会一致性出现，而埋深深度裂纹在 300Hz 以下频段和 300Hz 以上频段 B_z 波峰和波谷的出现并非一致，即低频段和高频段波峰和波谷出现的顺序相反。随着埋深深度的增加，B_z 波峰和波谷出现相反的频率点，根据上述现象，可以完成对裂纹类型的判定，其中埋深深度裂纹根据 B_x 出现波谷的频率点和 B_z 出现波峰和波谷交替的频率点，可以初步判断埋深深度裂纹的深度。

参考文献

[1] GUO-MING C, WEI L, ZE-XIN W. Structural Optimization of 2-D Array Probe for Alternating Current Field Measurement[J]. NDT & E International, 2007, 40(6): 455-461.

[2] LI W, YUAN X, CHEN G, et al. High Sensitivity Rotating Alternating Current field Measurement for Arbitrary-Angle Underwater Cracks - ScienceDirect[J]. NDT & E International, 2016, 79: 123-131.

[3] GE J, YU F, TOMIZAWA T, et al. Yusa. Inspection of Pitting Corrosions on Weld Overlay Cladding Using Uniform and Rotating Eddy Current Testing[J]. IEEE Transactions on Instrumentation and Measurement, 2021, 70: 1-10.

[4] YANG G, DIB G, UDPA L, et al. Rotating Field EC-GMR Sensor for Crack Detection at Fastener Site in Layered Structures[J]. IEEE Sensors Journal, 2015, 15(1): 463-470.

[5] ZHAO J, LI W, YUAN X, et al. A Novel Fatigue Crack Angle Quantitative Monitoring Method Based on Rotating Alternating Current Field Measurement[J]. Measurement, 2022(195): 195.

[6] HUANG R, LU M, CHEN Z, et al. Reduction of Coil-Crack Angle Sensitivity Effect Using a Novel Flux Feature of ACFM Technique[J]. Sensors (Basel, Switzerland), 2021, 22(1). 201.

[7] LI W, CHEN GM. Defect Visualization for Alternating Current Field Measurement Based on the Double U-shape Inducer Array[J]. Chinese Journal of Mechanical Engineering, 2009, 45(9): 233-237.

[8] YAN L, WAN BL, HU B, et al. Surface Crack Orientation Detection Method of Stainless Steels Based on Electromagnetic Field[J]. China Mechanical Engineering, 2022, 33(9): 1057-1064.

[9] YAN L, WAN BL, HU B, et al. Research on Crack Detection Method Based on Double Axis TMR Electromagnetic Sensor[J]. Chinese Journal of Scientific Instrument, 2021, 42(9): 106-114.

[10] GE J, LI W, CHEN G, et al. Investigation of Optimal Time-domain Feature for Non-surface Defect Detection Through a Pulsed Alternating Current Field Measurement Technique[J]. Measurement Science & Technology, 2017. 1088: 1361-6501.

[11] JIANMING ZHAO, WEI LI, JIUHAO GE, et al. Coiled Tubing Wall Thickness Evaluation System Using Pulsed Alternating Current Field Measurement Technique[J]. IEEE Sensors Journal, 2020, PP(99): 1.

[12] XIANGCHAO HU, FEILU LUO, YUNZE HE, et al. Pulsed Alternating Current Field Measurement Technique for Defect Identification and Quantification[J]. Journal of Mechanical Engineering, 2011, 47(4): 17.

[13] OLEKSII KARPENKO, ANTON EFREMOV, CHAOFENG YE, et al. Multi-frequency fusion algorithm for detection of defects under fasteners with EC-GMR probe data - ScienceDirect[J]. NDT & E International, 2020, 110(6): 102227.

[14] YUAN X, LI W, CHEN G, et al. Inspection of Both Inner and Outer Cracks in Aluminum Tubes Using Double Frequency Circumferential Current Field Testing Method[J]. Mechanical Systems and Signal Processing, 2019, 127(JUL.15): 16-34.

[15] ZHONGWEI KANG, MENGCHUN PAN, FEILU LUO, et al. Application of Frequency Sweeping Method in Alternative Current Field Measurement (ACFM)[C]//第三届国际仪器科学技术学术研讨会, 2004.

[16] ZHONGWEI KANG. The Quantitative Measurement Model of ACFM Based on Swept Frequency Method[J]. Key Engineering Materials, 2007, 353-358(Pt4): 2273-2276.

[17] YE C, WANG Y, TAO Y. High-Density Large-Scale TMR Sensor Array for Magnetic Field Imaging[J]. IEEE Transactions on Instrumentation and Measurement, 2019, 68(7): 2594-2601.

[18] GE J, LI W, CHEN G, et al. Multiple Type Defect Detection in Pipe by Helmholtz Electromagnetic Array Probe[J]. Ndt & E International, 2017, 91(oct.): 97-107.

[19] ZHAO J, LI W, ZHAO J, et al. A Novel ACFM Probe with Flexible Sensor Array for Pipe Cracks Inspection[J]. IEEE Access, 2020, PP(99): 1.

[20] JIANCHENG L, HONGXU T, GUOQIANG Z, et al. Joint Detection of MMM and ACFM on Critical Parts of Jack-up Offshore Platform[J]. The Ocean Engineering, 2017.

[21] ZHANG NA YE, CHAO FENG, LEI TAO, et al. Eddy Current Probe With Three-Phase Excitation and Integrated Array Tunnel Magnetoresistance Sensors[J], IEEE Transactions on Industrial Electronics, 2021, 68(6): 5325-5336.

[22] YE CHAO FENG, WANG YANG, MEILING. Synthetic Magnetic Field Imaging with Triangle Excitation Coil for Inspection of Any Orientation Defect[J], IEEE Transactions on Instrumentation and Measurement, 2020, 69(2): 533-541.

第7章

交流电磁场工程应用

ACFM 是检测金属材料表面裂纹的一种手段，检测结果能为评估结构物状态提供重要数据。ACFM 具有成熟的人员培训和标准体系，可用于工业结构的在役无损检测，检测结果具有认可性。ACFM 标准对 ACFM 人员资格要求、系统设备、校准方法、操作规程等进行了统一要求，针对金属材料检测的图谱分析和裂纹判断给予规范指导，保证对金属材料做出正确的检验和评定，以确保检测质量。

现行描述 ACFM 的标准体系主要有美国材料与试验协会（ASTM）发布的 *Standard Practice for Examination of Welds Using the Alternating Current Field Measurement Technique*，标准号：ASTM E2261/E2261M-17(2021)；美国船级社（ABS）发布的 *Guide for Nondestructive Inspection of Hull Welds*，标准号：ABS 14-2018；美国机械工程师协会（ASME）发布的 *ASME Boiler and Pressure Vessel Code*，标准号：ASME BPVC-V-2019；美国腐蚀工程师协会（NACE）发布的 *Detection, Repair, and Mitigation of Cracking in Refinery Equipment in Wet H2S Environments*，标准号：NACE SP0296-2020；美国石油学会（API）发布的 *Guidance for Post-hurricane Structural Inspection of Offshore Structures*，标准号：API Bull 2HINS。以上是应用 ACFM 技术的主要参考标准，除此之外还有 *FIRMS ENGAGED IN NON DESTUECTIVE TESTING(NDT) ON OFFSHORE PROJECTS AND OFFSHORE UNIT/COMPONTS*、*Specific Requirements For The Certification of Personnel In Alternating Current Field Measurenent (ACFM) Testing of Ferritic Welds*、*TWI ACFM Course Notes for Use with CSWIP and Lloyds ACFM Level 1 and 2 Training Courses* 等。国内也发布了一些有关交流电磁场检测的标准，如中国-团体（CN-TUANTI）发布的《水下钢结构交流电磁场裂纹检测规范》，标准号：T/CDSA 305.22-2017；中国船级社发布的《在役导管架平台结构检验指南》。

20 世纪 80 年代英国伦敦大学将 ACFM 技术首次应用于北海油田导管架结构焊缝节点的缺陷检测，代表着 ACFM 技术被应用的开始。随着 ACFM 理论不断发展及 ACFM 设备的研发，目前 ACFM 仪器已经成功应用于海洋工程、核工业、石油化工、轨道交通和特种装备等领域，取得了良好的工程应用效果和经济效益。本书 7.1 节讲述 ACFM 在海洋工程方面的应用，7.2 节讲述 ACFM 在核工业方面的应用，7.3 节讲述 ACFM 在石油化工方面的应用，7.4 节讲述 ACFM 在轨道交通方面的应用，7.5 节讲述 ACFM 在特种装备方面的应用。

7.1 海洋工程

海上平台是海上油气资源生产的关键基础性设施，其安全性能至关重要。由于其所处的环境较恶劣，作业工况较复杂，因此海上平台在服役过程中不可避免会出现各类损伤，如腐蚀、裂纹等，严重影响了其结构的安全性。

在国外，从 1997 年开始，巴西国家石油公司便引入了 ACFM 设备，作为其海上平台常规结构检查的一部分。巴西国家石油公司利用 ACFM 设备对位于北里奥格兰德州东北部的 7 个海上钻井平台的焊缝进行了检测，焊缝处的水深为 7～30m，共检测了 25 条焊缝，在检测中又发现了部分裂纹，与水下磁粉检测相比，使用 ACFM 设备估计节约成本 4.5 万美元。同时还利用 ACFM 设备对塞阿拉海上平台进行水下检测，水深为 42m，共计检测了 59 条焊缝，与水下磁粉检测相比，使用 ACFM 设备检测时间快了 4 倍，节约费用约 25 万美元，水下 ACFM 示意图如图 7-1 所示。

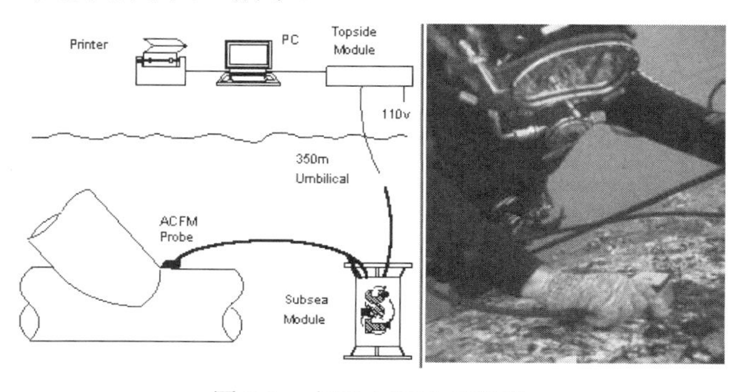

图 7-1 水下 ACFM 示意图

我国于 1995 年在惠州 21-1 油田采用 ACFM 设备进行了平台水下检测，取得了良好的效果，这也是 ACFM 技术在国内的首次应用。2012 年深圳市德润青华水下工程科技股份有限公司承接了“惠州导管架检测项目”，并成功采用 ACFM 技术对 6 座石油平台共 555 条焊缝进行了检测，取得了显著效果。2020 年，中国石油大学（华东）李伟教授团队研发的水下 ACFM 仪在烟台蓬莱 PL25-6WHPF 平台进行缺陷检测。2022 年国家重大装备攻关陵水专项“浮体结构自动化检测系统”在南海进行海试，该系统装配了李伟教授团队研发的水下 ACFM 仪，推进了国内水下 ACFM 仪的工程应用。同时李伟教授团队研发的水下 ACFM 仪还能用于对海上风电设备焊缝的检测。ACFM 技术的现场应用照片如图 7-2～图 7-6 所示。

图 7-2 隔水管检测现场

图 7-3 平台水下结构物检测

图 7-4　海上平台管道焊缝检测

图 7-5　陵水专项“浮体结构自动化检测系统”海试

图 7-6　海上风电检测

7.2　核工业

核电厂中有各种热交换器和承压设备，这些核安全设备在投入运行前及正式运行后都必须按照相应规范进行无损检测，由于核电厂自身的特点，这些设备有的在放射性条件下运行，有的要承受高温高压，因此对这些设备进行检测的周期较频繁，其检测规范和其他相关要求也更加严格。核电厂内的关键部件众多，如反应堆压力容器、管道焊缝、乏燃料水池等，要对其进行无损检测，除要求仪器具有一定的耐压性能外，还要求其具有一定的耐辐射性能。

覆面板作为乏燃料水池的第一屏障，钢包层一般使用厚度为 3～6mm 的不同长宽尺寸的 304L 不锈钢，并通过氩弧焊将不锈钢与不锈钢拼接在一起，覆面板拼接的位置和结构的差异性，会产生许多不同类型的焊缝，现有的焊缝类型有平对接型，主要包括平面对接型、平面 T 型和折板 L 对接型等。这些焊缝在乏燃料水池的运行过程中，受到腐蚀而产生渗漏的概率很大。在国外，一家欧洲的核电公司采购了 TSC 的 ACFM 设备，如图 7-7 所示，并于 2005 年 4 月委托法国的 CIS 实验室对 ACFM 探头的抗辐照能力进行了测试，如图 7-8 所示。测试结果表明，ACFM 探头在 600Gy 的辐照剂量下运行良好。2005 年 4 月至 5 月，该 ACFM 设备在欧洲的核电站对反应堆池和乏燃料水池之间的中转池的焊缝进行了检测，共检测了 75%的焊缝，剩余 25%的焊缝由于存在干扰物无法检测，最终检测出 17 个微小的缺陷。国内，中核武汉核电运行技术股份有限公司与中国石油大学（华东）联合开发的 ACFM 仪搭载水下机器人实现了对乏燃料水池焊缝区域直径为 0.5mm 通孔的有效检测。

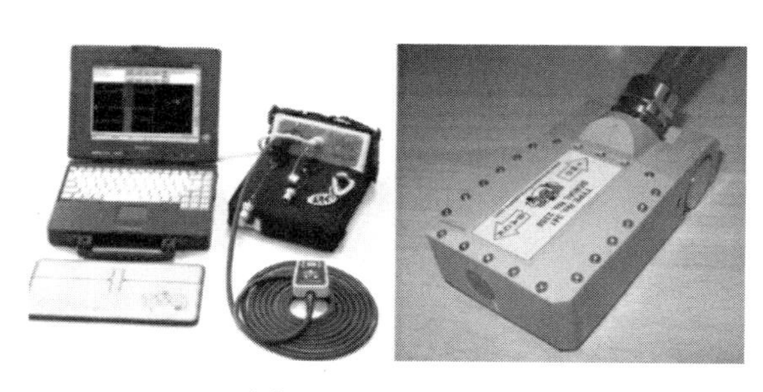

图 7-7 ACFM 设备

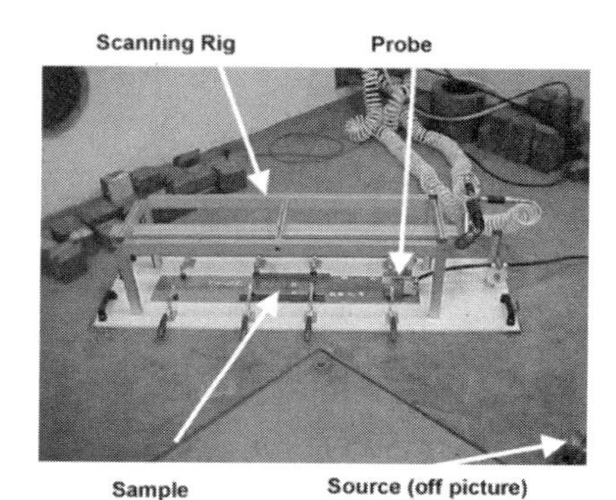

图 7-8 辐照测试

核电站中管道和压力容器的焊缝也是核设施安全的重要影响因素，常规的无损检测技术，如磁粉、渗透等在狭窄空间及复杂工况下稳定性较弱，中国石油大学（华东）李伟教授团队先后在大亚湾核电站及甘肃核产业园进行了管道焊缝检测及压力容器焊缝检测，ACFM 相比传统检测方式具有速度快、精度高的优点，现场应用照片如图 7-9～图 7-12 所示。

图 7-9 国内乏燃料水池焊缝检测

（a）稳压器

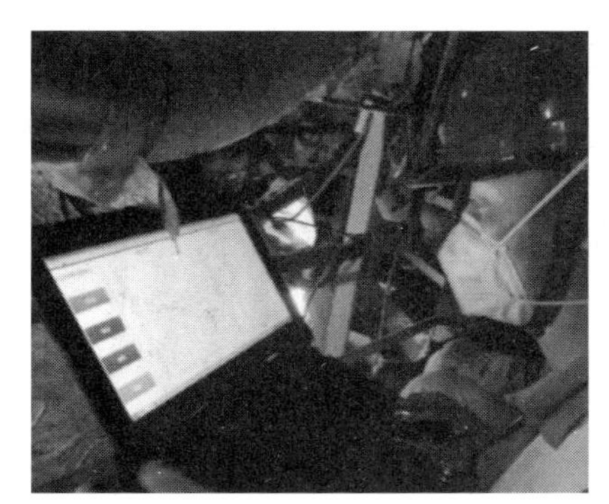

（b）仪器显示

图 7-10　某核电站稳压器检测

图 7-11　大亚湾核电站管道现场检测

图 7-12　甘肃核产业园管道及压力容器焊缝检测

CNFG-3G 新燃料运输容器为中国核电工程有限公司（CNPE）自主设计的运输新燃料组件的专用设备，中国石油大学（华东）李伟教授团队将 ACFM 技术应用到对新容器的焊缝检测中，新容器检测现场如图 7-13 所示。李伟教授团队研发了专用的探头，优化了信号处理算法，并形成了检测工艺规程，经验证，ACFM 的能力在一定范围内不低于渗透检测的检测能力。

图 7-13　新容器检测现场

7.3　石油化工

立式圆筒储油罐作为石油化工和储运系统的重要设备，主要用于储存液态石油。储油罐主要由罐底、罐壁及附件等组成，其失效形式主要为罐底板的腐蚀失效和罐壁板的强度破坏。东北石油大学的冷建成将 ACFM 技术运用到储油罐底板角焊缝的无损检测中，实现了对裂纹缺陷的定性定量化评估。

用于油气勘探的钻铤螺纹接头是钻柱的关键部件，且极易发生疲劳失效。钻杆失效主要与材料性能、操作不当、井况不良、服役载荷等多方面因素有关，主要断裂失效形式包括过载断裂、低应力脆断、应力腐蚀及腐蚀疲劳等，其中腐蚀疲劳为主要失效形式，且主要发生在钻杆螺纹旋合的 1～3 扣螺纹根部。Knight 将 ACFM 技术运用到对钻铤螺纹的检测中，取得了良好的检测效果。钻杆螺纹检测如图 7-14 所示。中国石油大学的刘向阳通过完整的理论分析与数值仿真，开发了钻杆螺纹高灵敏度检测系统，实现了集钻杆螺纹缺陷检测、实时报警与缺陷评估为一体的完整的检测过程。

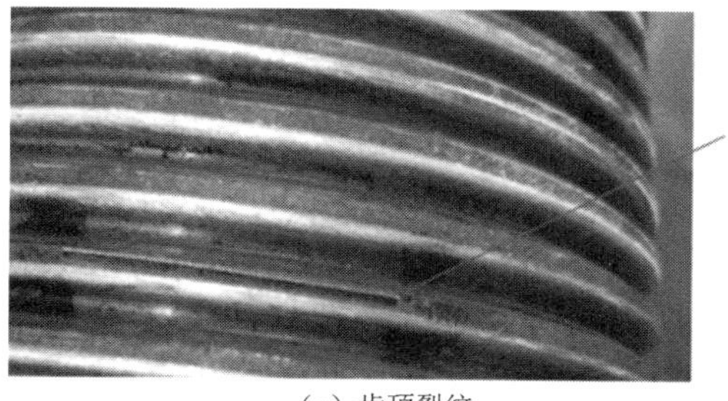

（a）齿顶裂纹

（b）检测系统

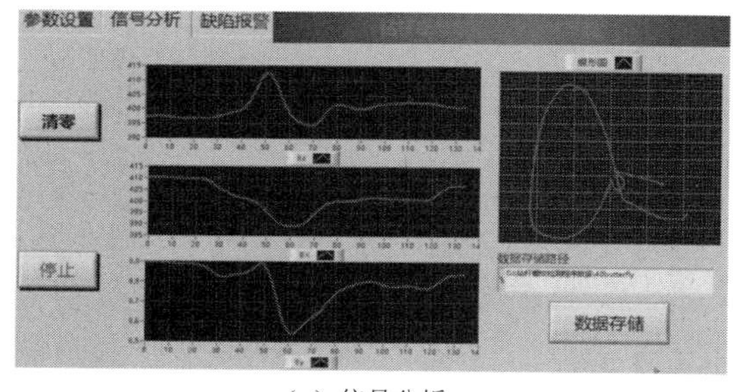

（c）信号分析

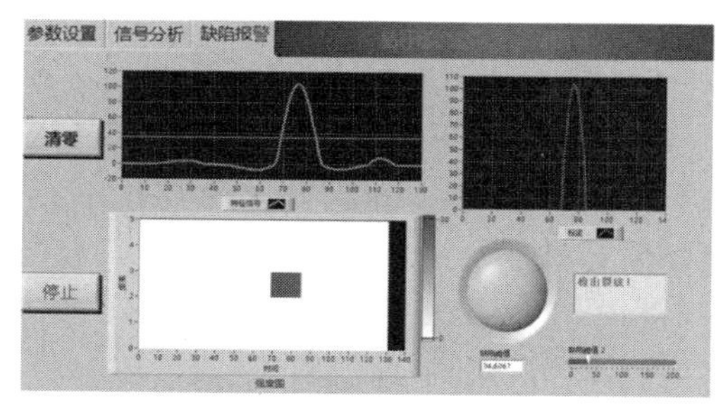

（d）缺陷判定

图 7-14　钻杆螺纹检测

油气管线是承载国家战略能源运输的重要媒介，相关数据表明：至2019年年底，我国建成的油气长输管道总长度超13.9万千米，《中长期油气管网规划》也指出，“到2025年，全国油气管网规模达到24万千米”。然而油气主要长期服役在腐蚀、高温高压等恶劣环境中，外加人为安装、操作不当等主客观因素的干扰，管道的内外部都极易产生缺陷，严重危害了油气资源的安全、稳定运行，引发严重的泄漏甚至爆炸事故，中国石油大学（华东）李伟教授团队利用自主研发的ACFM设备在西部管道、大庆油田及塔里木油田对油气管道进行了缺陷检测，同时开发了应力检测设备，联合中国石油天然气管道局对应力的变化趋势进行了检测。管道缺陷检测现场和应力检测如图7-15和图7-16所示。此外，李伟教授团队还将ACFM技术运用到对连续油管的检测中，根据连续油管的特点，开发了专用的检测探头，实现了对缺陷及壁厚的检测。连续油管检测如图7-17所示。

图7-15 管道缺陷检测现场

（a）应力评估设备

（b）牵拉试验现场

图7-16 应力检测

（a）检测探头

（b）连续油管检测现场

图7-17 连续油管检测

7.4 轨道交通

机车在运行时车轮会承受车厢的重力和铁轨施加的横向作用力，使车轮在长期服役后发生一定的材质疲劳，产生滚动接触疲劳裂纹（RCF 裂纹），磨耗、擦伤或裂纹等形式的损伤会相继出现。因此，为保证机车的安全运行，对轮辋等关键部位缺陷的定期检测和维修至关重要。

在国外，英国的伯明翰大学和华威大学对 ACFM 技术在钢轨 RCF 裂纹检测中的应用进行了深入研究。伯明翰大学的研究人员研发了一种用于检测 RCF 裂纹的机器人系统，该系统包括一个小车、一个机械臂及 TSC 的 AMIGO ACFM 设备。华威大学的研究人员研究了簇状 RCF 裂纹对 ACFM 信号的影响，并结合人工神经网络对簇状 RCF 裂纹进行了评估。国外钢轨 ACFM 自动化检测设备如图 7-18 所示。

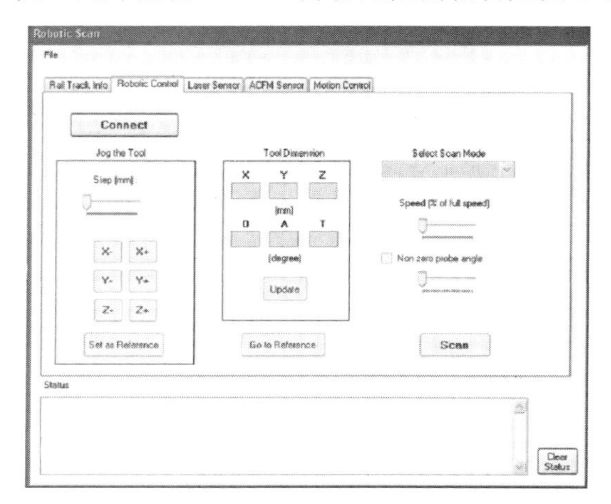

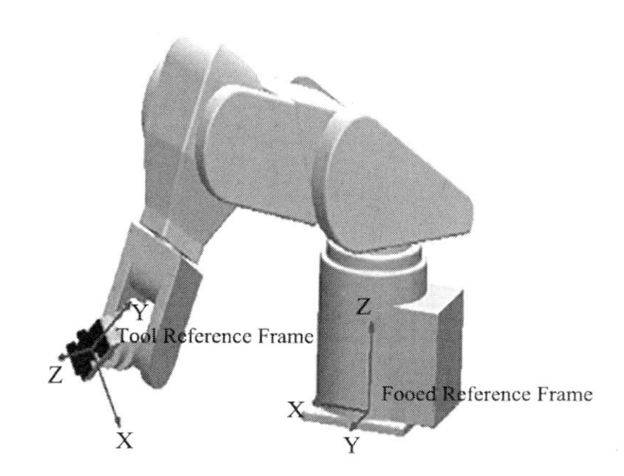

图 7-18 国外钢轨 ACFM 自动化检测设备

在国内，上海地铁率先将 ACFM 技术应用于对构架焊缝的检测中。而国内有关 ACFM 技术在轮辋 RCF 裂纹检测方面的技术和应用研究较少。目前国内大多采用超声波检测技术对轮辋 RCF 裂纹进行检测，技术本身的局限性，使超声波检测难以对试件表面的浅裂纹进行有效检测，并且需要使用耦合剂，检测步骤较烦琐，存在较大弊端，无法快速对轮辋 RCF 裂纹进行检测和深度评估。以中国石油大学（华东）李伟教授为代表的研究团队对轨道交通无损检测进行了细致的研究，薛瑞琪针对机车轮辋 RCF 裂纹检测技术进行了详细的研究，设计了迎合不同检测需求的系列化探头，搭建了完善的实验系统，实现了缺陷的自动识别。轮辋 RCF 裂纹 ACFM 实验系统如图 7-19 所示。

图 7-19 轮辋 RCF 裂纹 ACFM 实验系统

此外，中国石油大学（华东）还与某轨道交通技术厂商合作对车轮试件进行了实地检验，如图 7-20 所示，在测试中效果良好。

图 7-20　车轮试件实地检验

7.5　特种装备

焊缝检测在压力容器的定期检验中是一个非常重要的环节，裂纹是焊缝检测中常见的表面缺陷，严重威胁着压力容器的安全运行。现在通常采用磁粉检测或者渗透检测的方法对焊缝进行检测，检测效率低，检测结果受人为因素影响较大，且只能对裂纹进行定性分析。滨州市特种设备检验研究所的李冰利用 ACFM 设备对某石化企业的 1000m^3 丙烯球罐焊缝进行了检测，检测出多条裂纹，并利用磁粉检测进行了复检，如图 7-21 所示。

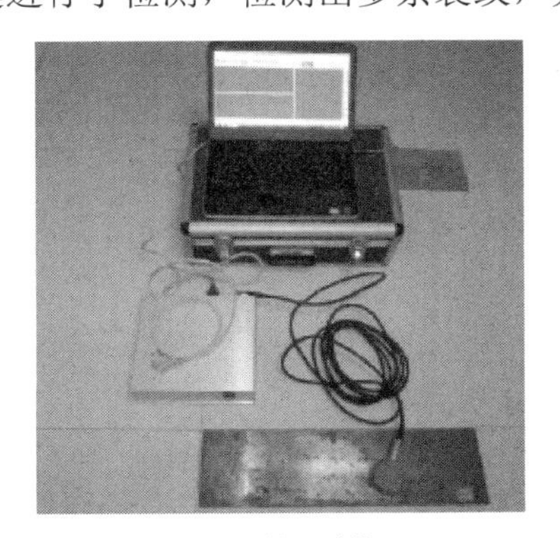

（a）检测系统

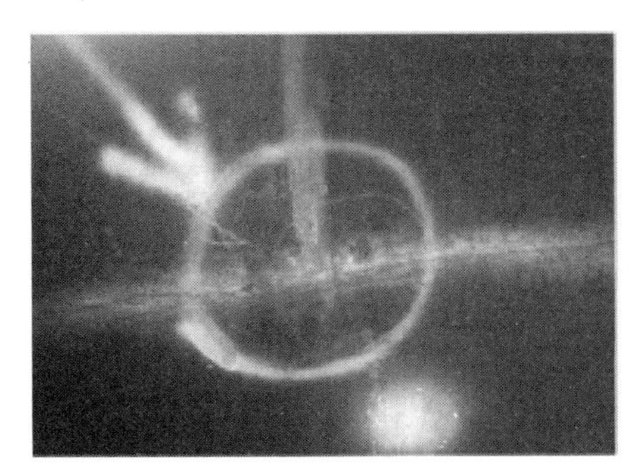

（b）焊缝裂纹

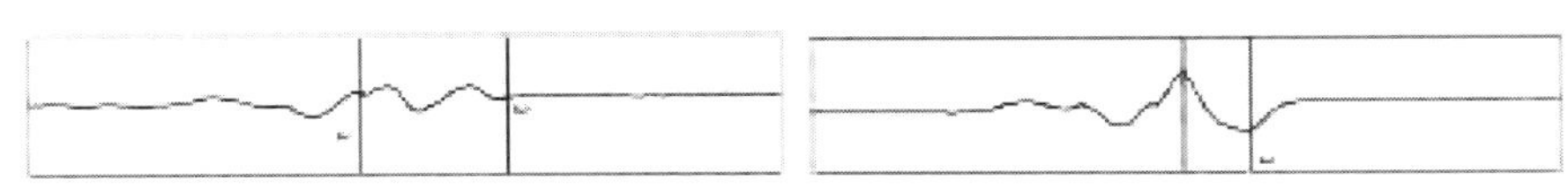

（c）检测结果

图 7-21　丙烯球罐焊缝检测

蒸压釜属于大型压力容器，被广泛用于建筑、化工、医药、橡胶和玻璃制品等采用压力蒸压生产工艺的行业中。蒸压釜的工况为高温高压，使用过程中要承受温差与压力循环交变载荷，因此极易导致法兰釜齿跟部的应力集中，产生疲劳裂纹，进而引发法兰釜齿失效，造成严重爆炸事故。广东省特种设备检测研究院的陈晨研制了适用于法兰釜齿跟部缺陷检测的 ACFM 系统，并利用蒸压釜的人工缺陷及自然缺陷对该系统进行了测试（见图 7-22），测试结果表明，ACFM 技术可用于对蒸压釜的检测。

（a）蒸压釜法兰釜齿

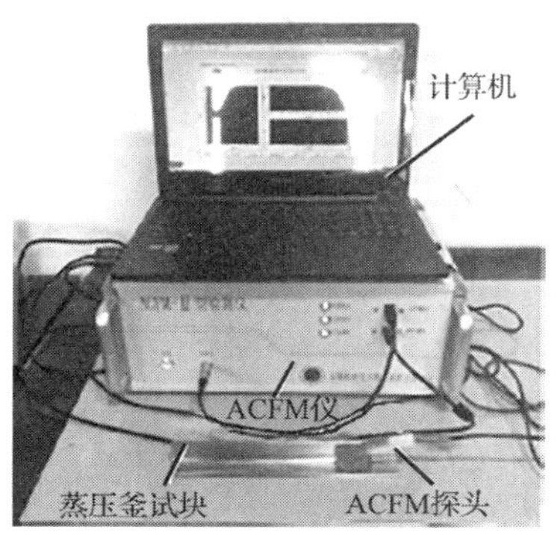

（b）测试系统

图 7-22　蒸压釜、法兰釜齿检测

高压氢气瓶是近年来车用氢气储存的重要手段，高压氢气瓶的类型分为Ⅰ型、Ⅱ型、Ⅲ型和Ⅳ型 4 种，其中Ⅰ型高压氢气瓶为全金属气瓶，Ⅱ型高压氢气瓶为金属内胆纤维环向缠绕气瓶、Ⅲ型高压氢气瓶为金属内胆纤维全缠绕气瓶、Ⅳ型高压氢气瓶为非金属内胆纤维全缠绕气瓶，其中Ⅳ型高压氢气瓶应用较广泛，常见的Ⅲ型高压氢气瓶内胆多采用铝合金 6061 材质。为保证铝制内胆在高压临氢环境及疲劳载荷的作用下能长期、安全运行，需要在制造及使用过程中对其进行检测，由于铝不具有磁性，且晶粒粗大，具有各向异性特征，常用的磁粉、超声波等技术检测效果不佳，特别是针对高压氢气瓶进行检测时，由于缠绕层不可拆卸，检测难度较大。而交流电磁场是一种新型的非接触式电磁无损检测，可对铝材等金属进行检测，无须拆除涂层，为高压氢气瓶铝制内胆的检测提供了一种新方法。

参考文献

[1] 汪良生. 南海惠州油田水下无损检测[M]. 北京：中国船级社, 1996.

[2] 徐国梁, 邱壮扬. 广泛应用于海上石油平台水下无损检测的设备——交流电场探伤仪（ACFM）[C]//第八届中国国际救捞论坛. 2024.

[3] 吴泽民. 海洋平台局部损伤检测方法研究[D]. 大庆：东北石油大学, 2013.

[4] 朱宗玖, 李仁浩. 核工业水管泄露的分布式光纤检测研究[J]. 温州大学学报（自然科学版）, 2020, 41(2): 41-46.

[5] 钟志民. 核电站在役检查无损检测鉴定的现状及发展[J]. 无损检测, 2010, 32(5): 385-389.

[6] 陈姝, 祁攀, 冯美名, 等. 乏燃料水池覆面的焊缝的检测方法初步研究[J]. 科技视界, 2019, (3): 144-147.

[7] 吴海林, 聂勇. 核电厂涡流检测的现状及展望[J]. 无损检测, 2018, 40(5): 20-23.

[8] SMITH M, LAENEN C. Inspection of Nuclear Storage Tanks Using Remotely Deployed ACFMT[J]. Insight, 2007, 49(1): 17-20.

[9] 冷建成, 周国强, 吴海涛, 等. 交流电磁场技术在储油罐角焊缝无损检测中的应用[J]. 压力容器, 2014, 31(4): 70-74.

[10] 巨西民, 刘琰, 郭海鸥. 石油钻杆的磁粉检测[J]. 无损探伤, 2012, 36(4): 38-40.

[11] KNIGHT M J, BRENNAN F P, DOVER W D. Effect of Residual Stress on ACFM Crack Measurements in Drill Collar Threaded Connections[J]. Ndt & E International, 2004, 37(5): 337-343.

[12] 王会江. 接触式石油管螺纹测量仪控制系统的设计与研究[D]. 汉中: 陕西理工大学, 2017.

[13] NICHOLSON G L, KOSTRYZHEV A G, HAO X J, et al. Modelling and Experimental Measurements of Idealised and Light-moderate RCF Cracks in Rails Using an ACFM Sensor[J]. NDT&E International, 2011, 44(5): 427-437.

[14] NICHOLSON G L, DAVIS C L. Modelling of the Response of an ACFM Sensor to Rail and Rail Wheel RCF Cracks[J]. NDT&E International, 2012, 46(1): 107-114.

[15] KNIGHT M J, BRENNAN F P, DOVER W D. Effect of Residual Stress on ACFM Crack Measurements in Drill Collar Threaded Connections[J]. Ndt & E International, 2004, 37(5): 337-343.

[16] ROWSHANDEL H, NICHOLSON G L, DAVIS C L, et al. A Robotic Approach for NDT of RCF Cracks in Rails Using an ACFM Sensor[J]. Insight - Non-Destructive Testing and Condition Monitoring, 2011, 53(7): 368-376.

[17] 倪然, 马庆春, 迟宝权, 等. 车轮踏面擦伤检测技术及数据分析方法[J]. 自动化技术与应用, 2006, 25(5): 1003-7241.

[18] 胡栋, 李杜伟, 陈增江, 等. 高压氢气瓶铝制内胆交流电磁场检测技术[J]. 低温与特气, 2021, 39(2): 42-45.

[19] 陈晨, 孙宏达, 文青山, 等. 蒸压釜釜齿裂纹的 ACFM 检测系统设计与试验研究[J]. 压力容器, 2020, 37(10): 23-28, 51.

[20] 李兵, 于亮. 交流电磁场检测技术在压力容器焊缝检测中的应用[J]. 中国特种设备安全, 2016, 32(4): 47-50.